DIGITAL SERIES

未来へつなぐ
デジタルシリーズ

Webシステムの開発技術と活用方法

速水治夫　編著

服部　哲
大部由香
加藤智也
松本早野香　著

19

共立出版

Connection to the Future with Digital Series
未来へつなぐ デジタルシリーズ

編集委員長： 白鳥則郎（東北大学）

編集委員： 水野忠則（愛知工業大学）
高橋 修（公立はこだて未来大学）
岡田謙一（慶應義塾大学）

編集協力委員：片岡信弘（東海大学）
松平和也（株式会社 システムフロンティア）
宗森 純（和歌山大学）
村山優子（岩手県立大学）
山田圀裕（東海大学）
吉田幸二（湘南工科大学）

（50音順）

未来へつなぐ デジタルシリーズ　刊行にあたって

　デジタルという響きも，皆さんの生活の中で当たり前のように使われる世の中となりました．20世紀後半からの科学・技術の進歩は，急速に進んでおりまだまだ収束を迎えることなく，日々加速しています．そのようなこれからの21世紀の科学・技術は，ますます少子高齢化へ向かう社会の変化と地球環境の変化にどう向き合うかが問われています．このような新世紀をより良く生きるためには，20世紀までの読み書き（国語），そろばん（算数）に加えて「デジタル」（情報）に関する基礎と教養が本質的に大切となります．さらには，いかにして人と自然が「共生」するかにむけた，新しい科学・技術のパラダイムを創生することも重要な鍵の1つとなることでしょう．そのために，これからますますデジタル化していく社会を支える未来の人材である若い読者に向けて，その基本となるデジタル社会に関連する新たな教科書の創設を目指して本シリーズを企画しました．

　本シリーズでは，デジタル社会において必要となるテーマが幅広く用意されています．読者はこのシリーズを通して，現代における科学・技術・社会の構造が見えてくるでしょう．また，実際に講義を担当している複数の大学教員による豊富な経験と深い討論に基づいた，いわば"みんなの知恵"を随所に散りばめた「日本一の教科書」の創生を目指しています．読者はそうした深い洞察と経験が盛り込まれたこの「新しい教科書」を読み進めるうちに，自然とこれから社会で自分が何をすればよいのかが身に付くことでしょう．さらに，そういった現場を熟知している複数の大学教員の知識と経験に触れることで，読者の皆さんの視野が広がり，応用への高い展開力もきっと身に付くことでしょう．

　本シリーズを教員の皆さまが，高専，学部や大学院の講義を行う際に活用して頂くことを期待し，祈念しております．また読者諸賢が，本シリーズの想いや得られた知識を後輩へとつなぎ，元気な日本へ向けそれを自らの課題に活かして頂ければ，関係者一同にとって望外の喜びです．最後に，本シリーズ刊行にあたっては，編集委員・編集協力委員，監修者の想いや様々な注文に応えてくださり，素晴らしい原稿を短期間にまとめていただいた執筆者の皆さま方に，この場をお借りし篤くお礼を申し上げます．また，本シリーズの出版に際しては，遅筆な著者を励まし辛抱強く支援していただいた共立出版のご協力に深く感謝いたします．

　　　　　　　　　「未来を共に創っていきましょう．」

編集委員会
白鳥則郎
水野忠則
高橋　修
岡田謙一

はじめに

本書執筆時点（2012年12月）で日本のインターネット人口普及率は80％近くに達している．パソコンや携帯端末などからインターネットにアクセスし，情報を検索したり，コミュニケーションしたりすることが浸透している．

「インターネットで検索する」といった場合，多くの人はWebブラウザと呼ばれるソフトウェアを起動し，検索キーワードを入力して[検索]ボタンをクリックする．その結果から，探している情報がありそうなWebページを順番に見ていくであろう．つまり「インターネット＝Web」と思われている（もちろんそれは正しくない）．

Webはわたしたちの生活になくてはならなくなり，現在Web上では，目的地までのルート検索やショッピングなど，さまざまなサービス（本書ではWebシステム）が数多く提供されている．以前は，専用のソフトウェアを利用していた電子メールの送受信や文書の共有もWebシステムとして提供されている．実際，本書の執筆でも，Web上のファイル共有サービスを利用して共著者間で文書を共有し作業を進めた．

またWeb技術の発展にともない，Webをアプリケーション・プラットフォームとしたWebシステムを構成する機能やデータの一部が，Webサービスとして提供されており，それらを組み合わせたシステムも多くなっている．

それらのシステムはどのように実現されているのだろうか．

必要に応じてWebサービスを適切に取り入れてWebシステムを開発するためには，プログラミングの知識だけでは不十分で，Webページを提供するWebサーバとクライアント（Webブラウザ）の間でどのようなメッセージがやり取りされているのかを理解し，現在のWebシステムには欠くことのできないデータベース，Webサービスの基礎となっているXMLなど幅広い技術を身につけることが不可欠である．さらに，このような幅広い技術とともに，それらが社会や生活の中でどのように活用されているのか，またそのときのポイントは何かを理解することもWebシステムを開発するためには不可欠な知識である．

本書は，Webシステムの開発に不可欠な技術的な側面と社会的な側面の両方を体系的に理解できるように解説する．技術的な側面の解説では，具体的なプログラムコードも取り上げ，Webシステムを開発するために必要な知識と技術を詳細に説明する．社会的な側面の解説では，地域コミュニティでの応用を中心に，Webシステムの実践例を分析的に解説する．さらに，ソーシャルメディアやコンテンツ管理システム（CMS）などのサービスが地域でどのように活用されているのかを解説する．Web技術を扱った書籍は数多く出版されているが，地域での活用事例の解説を取り入れていることは，本書の特徴の1つである．

本書は，大学の学部レベルの情報系学生向けの教科書として利用されることも想定している．また，これからWebシステムの開発や実践に取り組みたい人の入門書・参考書として利用されることを想定し，文系・理系を問わず，できる限り少ない前提知識で読むことができるように配慮している．ただし，プログラミングとインターネットの基本事項については，大学のリテラシー科目の授業を受け，知っていることを前提とする．

本書の構成は，以下のとおりである．

第1章では，インターネットとWebシステムの歴史を振り返り，Webシステムの構成を解説する．第2章では，Webシステムの基盤となるHTTPを解説する．WebブラウザとWebサーバとの間でどのようなメッセージがやり取りされているのかを解説する．第3章では，クライアントサイド技術を解説する．HTML文書の書き方や視覚要素の指定方法，クライアントサイドの動的処理を実現する代表的な存在JavaScriptを解説する．JavaScriptの解説では，変数や配列，制御構造などプログラミングの基本も解説し，プログラミング経験が少ない読者も第4章以降を読み進められるように考慮する．第4章では，サーバサイド技術を解説する．Webシステムの動作の起点となるフォーム，各種サーバサイドの動的処理技術，データベースを解説する．第4章までの知識があれば，Webシステムを開発することができる．第5章では，Webサービス技術を解説する．XMLと2つのタイプのWebサービスを解説する．第6章では，Webを基盤とするために必要となるプログラミング技術を解説する．マッシュアップとセッション管理を解説し，Webシステムのセキュリティ対策を解説する．

第7章では，Webシステムの活用事例を解説する．地域でソーシャルメディアやCMSがどのように利用されているのかを解説する．

大学の授業で利用する場合，第1章から第3章と第7章を7回に分けて実施し，8回目に中間試験を実施する．第7章を第1章の次に実施することで具体的なイメージを持ってもらうとよい．そして第4章から第6章までを7回に分けて実施し，最後に期末試験を実施する．神奈川工科大学に所属する著者の経験から，このような進め方がよいであろうと提案しているが，より文系に近い学科の場合，第5章と第6章はハードルが高いかもしれないため，第4章までと第7章に時間を割いたほうがよいかもしれないし，クライアントサイド技術に特化して授業を進めてもいいかもしれない．

いずれにせよ，本書がWebシステムに興味のある学生をはじめ，これからWebシステムの開発に取り組みたい人たちに幅広く役立てていただければ幸いである．

本書をまとめるにあたって，大変ご協力を戴きました，情報系教科書シリーズの編集委員長の白鳥則郎先生，編集委員の水野忠則先生，高橋修先生，岡田謙一先生および，編集協力委員の松平和也先生，宗森純先生，村山優子先生，山田曉裕先生，吉田幸二先生，ならびに共立出版の編集部の島田誠氏，他の方々に深くお礼を申し上げます．

2013年2月

執筆者　速水治夫
　　　　服部　哲
　　　　大部由香
　　　　加藤智也
　　　　松本早野香

目次

刊行にあたって　i
はじめに　iii

第1章　Webシステムの概要　1

1.1	Webシステムとは	1
1.2	インターネット	3
1.3	Webシステムの歴史	4
1.4	HTMLとURIとHTTP	9
1.5	Webシステムの構成	13

第2章　HTTP　15

2.1	HTTPとは	15
2.2	HTTPリクエストとレスポンス	16
2.3	リクエストメッセージの詳細	20
2.4	レスポンスメッセージの詳細	21
2.5	TCP/IPの基礎知識	22

第3章　クライアントサイド技術　30

3.1	クライアントサイド技術とは	31
3.2	HTML	32
3.3	クライアントサイドの動的処理技術	50

第4章 サーバサイド技術　69

- 4.1 サーバサイド技術とは　69
- 4.2 フォーム処理　70
- 4.3 サーバサイドの動的処理技術　84
- 4.4 データベース　94

第5章 Webサービス技術　117

- 5.1 Webサービス技術とは　118
- 5.2 XML　118
- 5.3 XML Webサービス技術　136
- 5.4 REST方式のWebサービス　147

第6章 Webプログラミング技法　157

- 6.1 Webプログラミング技法とは　158
- 6.2 マッシュアップ　158
- 6.3 セッション管理　166
- 6.4 Webシステムのセキュリティ　178

第7章 Webシステムの事例　193

- 7.1 ソーシャルメディア　193
- 7.2 地域情報システム　201

索引　219

第1章
Webシステムの概要

□ 学習のポイント

　技術を学ぶうえでその背景を理解しておくことは非常に有用である．また，Webシステムの土台となる基礎技術にはどのようなものがあるのか，Webシステムの全体構成はどのようになっているのかを理解しておくことは，Webシステムを開発するために必要不可欠である．また，Webはインターネット上の1つのシステムであるため，インターネットの基礎知識を理解しておくことも重要である．

　本章では，まずインターネットについて概要と歴史を解説する．そして，Webの誕生から発展までを解説し，その基礎技術とWebシステムの基本構成を解説する．

　本章は次の項目の理解を目的とする．

- インターネットとは何か，また，それはどのように発展してきたのか（1.2節）．
- なぜWebが誕生したのか，そして，静的なコンテンツの提供からWebサービスの登場まで，どのようにWebが発展してきたのか（1.3節）．
- WebシステムのプラットフォームとなるWebの基礎知識として，HTMLとURIとHTTPの概要（1.4節）．
- Webシステムの構成（1.5節）．

□ キーワード

　Web，Webブラウザ，インターネット，Webサーバソフトウェア（Webサーバ），Webアプリケーション，ハイパーテキスト，ハイパーリンク（リンク），HTML，HTML文書，Webページ，LAN，WAN，ARPANET，TCP/IP，プロトコル，CERN，ティム・バーナーズ=リー，W3C，Mosaic，Apache，静的なコンテンツ，CGI，動的処理技術，動的なコンテンツ，データベース，Webサービス，Web API，URI，絶対URI，相対URI，HTTP

1.1　Webシステムとは

　Webシステムとは，Web (World Wide Web) を基盤としたアプリケーションシステムであり，Webブラウザ，インターネット，Webサーバソフトウェア（または単にWebサーバ），Webサーバソフトウェアを介して実行されるプログラム（Webアプリケーション），データベースなど多くの要素から構成される [1,2]．

　Webはインターネット上の1つのシステムであり，相互にリンクされたハイパーテキスト

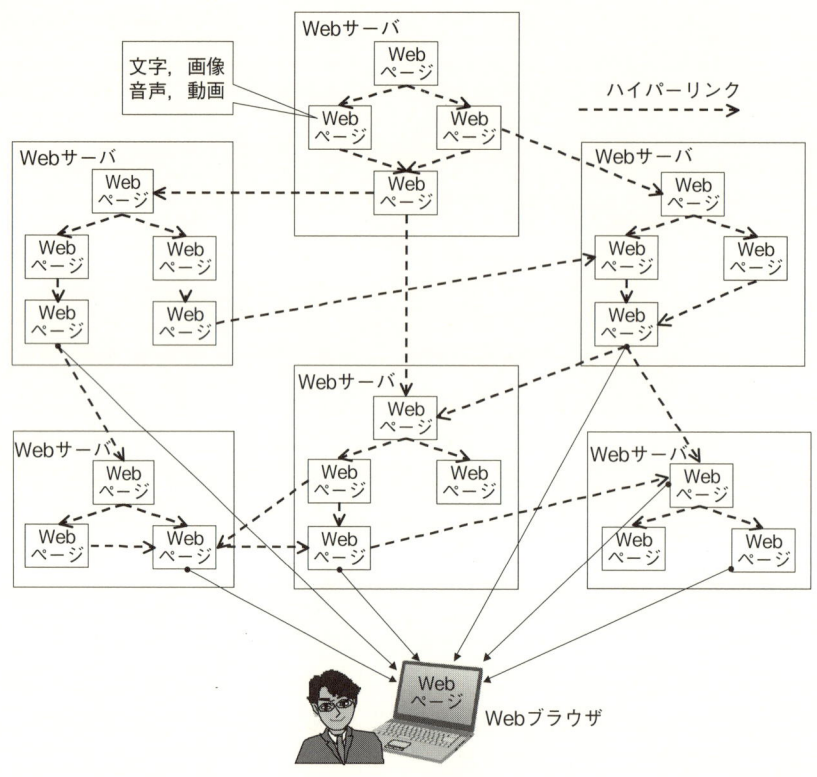

図 1.1　Web

の分散システムである．ハイパーテキストは文書（テキスト）中の任意の場所に文書間の参照（リンク，ハイパーリンク）を埋め込むことで複数の文書を関連付けて結びつけるための仕組みである．Webでは HTML (HyperText Markup Language) というハイパーテキスト記述言語により文書が記述され，HTML により記述された文書（HTML 文書）が Web ページである．HTML では文字だけでなく，画像，音声，動画など，さまざまな形式の情報を扱うことができる．そして，Web ブラウザを利用すれば，ハイパーリンクを次々とたどり，Web ページが世界中のどこにあるのかをほとんど意識することなく閲覧することができる（図 1.1）．

　Web システムと同じような言葉に Web アプリケーションがある．本書では，Web アプリケーションを「Web サーバソフトウェアを介して実行され，Web ブラウザからのリクエストに応じて何らかの処理を実行し，その結果から動的に HTML 文書を生成し，Web サーバソフトウェア経由で Web ブラウザに返すプログラム（コンピュータプログラム）」とし，Web システムの構成要素の一部と考える．

　今日では，出発地から目的地までの経路を検索したり，オンラインでショッピングしたりするためのシステム，あるいは，防災や観光などの地域情報を集約・共有するためのシステムなど，多種多様な Web システムが開発されている．

1.2 インターネット

(1) インターネットとは

　複数のコンピュータを通信回線で接続し，情報を交換したり，処理の結果を返したりできるようにしたものがネットワーク（コンピュータネットワーク）である．もちろん，ネットワークがなければ Web も Web システムも存在することはない．一般に，企業や大学などの組織には数多くのコンピュータが存在し，これら組織内のコンピュータネットワークは LAN (Local Area Network) と呼ばれている．LAN はその名前のとおり，比較的狭い範囲のネットワークであるが，複数の LAN を接続したものが WAN (Wide Area Network) である．そしてインターネットは，各組織の LAN が異なる種類であったとしても，それらを接続できるようにし，全世界規模で LAN をつないだ WAN である（図 1.2）．

(2) インターネットの歴史

　インターネットの歴史は 1960 年代後半から始まる．当時，アメリカ国防総省が中心となり，通信技術の研究開発が行われた．その結果，データを特定の大きさに区切ったパケットによる情報交換の可能性が示された．そして 1969 年に 4 つの大学と研究機関（カリフォルニア大学サンタバーバラ校，カリフォルニア大学ロサンゼルス校，スタンフォード研究所，ユタ大学）の 4 台のコンピュータを接続したネットワークが誕生した．このネットワークは ARPANET (Advanced Research Projects Agency Network) と呼ばれている．1960 年代は冷戦時代であった．有事に備えて強固なコンピュータネットワークを構築することが重要な課題であり，そのために研究開発されたものが ARPANET である．

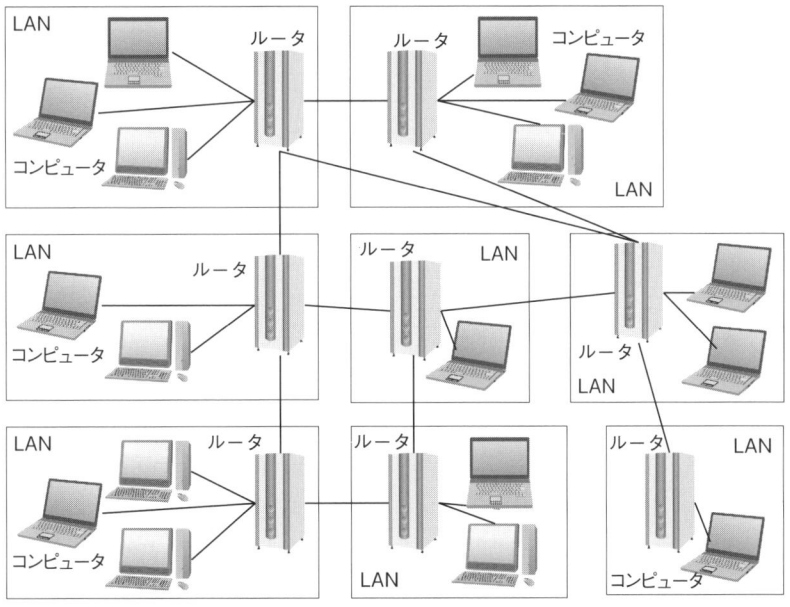

図 1.2　インターネット

1969年のARPANET誕生からわずか数年で50以上の大学や研究機関がARPANETに参加し，1970年代にはTCP/IPが開発された．TCP/IPは1982年に仕様が確定され，翌年の1983年にARPANETのプロトコル群（プロトコル体系）として正式に採用された．コンピュータとコンピュータとが互いにやり取りするためには約束事（ルール）が必要であり，この約束事のことをプロトコル（通信規約）と呼ぶ．インターネットではTCP/IPがプロトコル群として利用されている（TCP/IPについては2.5節を参照）．

1983年にARPANETから軍事部門が分離され，1980年代後半には大学や研究機関でのインターネットの学術利用は広く認知された．その後はインターネットの商用利用も認められ，インターネットは一般の企業や家庭まで広く普及した．インターネットが一般家庭にまで普及した要因の1つとして1995年のWindows 95の発売がある．1995年より前は，インターネットの利用目的は電子メールの送受信やFTP (File Transfer Protocol) によるファイル転送が主流であったが，1995年を境にインターネット上を流れるデータ量（トラフィック）としてWeb（正確にはHTTP）によるものがもっとも多くなった．

1.3 Webシステムの歴史

表1.1はWebシステムの歴史を，Webの基礎技術，クライアントサイドの動的処理技術（Webブラウザを含む），サーバサイド技術（Webサーバソフトウェアを含む），Webサービス技術に分けて，とても簡略的に年表としてまとめたものである．本節では，Webの誕生と普及，動的処理技術の開発，データベースとマッシュアップという3つの視点からWebシステムの歴史を概観する [3]．

(1) Webの誕生と普及

Webは，1989年にCERN (European Organization for Nuclear Research；欧州原子核研究機構）のティム・バーナーズ＝リー (Tim Berners-Lee) により提案された．Webはもともと，世界中のさまざまな大学や研究機関の研究者どうしで情報を共有するための分散システムの必要性のために考案された．

ティム・バーナーズ＝リーは1990年にWebの基礎技術 (HTML, URI, HTTP) を作り，最初のWebサーバソフトウェア (HTTPd) とWebブラウザ (WorldWideWeb) を開発した．1991年にこれらのソフトウェアがインターネット上に公開され，米国でも最初のWebサーバが公開された．WebサーバソフトウェアはHTMLで記述されたWebページをインターネット上に公開するためのソフトウェアであり，Webブラウザはインターネット上に公開されたWebページを閲覧するためのソフトウェアである．また，HTTP (HyperText Tranfer Protocol) はWebサーバソフトウェアとWebブラウザがやり取りするためのプロトコルである．

コンピュータネットワーク上に実現されるシステムの代表的な方式として，クライアント・サーバ方式がある．クライアント・サーバ方式では，何らかのサービスを提供するサーバとそのサービスを利用するクライアントが存在する．クライアントはサーバにサービスのリクエスト（要求）を送信し，サーバはそのリクエストに対してレスポンス（応答）を返す（図1.3）．イ

表 1.1　Web システムの歴史の概要

年代	仕組み	クライアントサイド	サーバサイド	Web API
1989	Web			
1990	HTML，URI，HTTP	WorldWideWeb ※	HTTPd ※※	
1993	HTML 1.0	Mosaic ※	NCSA HTTPd ※※，CGI	
1994		Netscape Navigator ※		
1995	HTML 2.0	Internet Explorer ※	Apache HTTP Server ※※，PHP，MySQL	
1996		Opera ※，Java アプレット，JavaScript，Flash	IIS ※※	
1997	HTML 3.0，HTML 4.0		PostgreSQL，JSP/サーブレット	
1998				XML
1999	HTML 4.01			
2003		Safari ※		Amazon Web サービス
2004		FireFox ※	nginx ※※	
2005				Google Maps API
2006				Twitter API，JSON
2008	HTML5（作業草稿）	Google Chrome ※		

※ Web ブラウザ　　※※ Web サーバソフトウェア

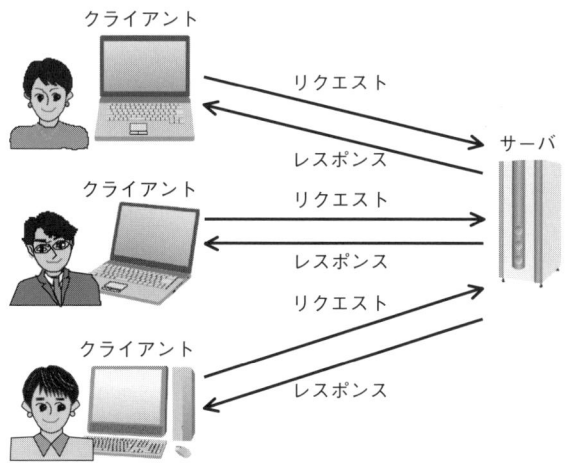

図 1.3　クライアント・サーバ方式

ンターネット上の Web はクライアント・サーバ方式のシステムであり，Web ブラウザがクライアントに相当する．Web サーバ以外にも，メールサーバ，ファイルサーバ，プリンタサーバなどさまざまなサービスを提供するサーバが存在する．なお，クライアントやサーバという用語は，クライアントソフトウェアやサーバソフトウェアというプログラムを指すこともあれば，クライアントソフトウェアやサーバソフトウェアが動作しているコンピュータを指すこともある．したがって，「Web サーバ」は「Web サーバソフトウェア」と「Web サーバソフトウェア

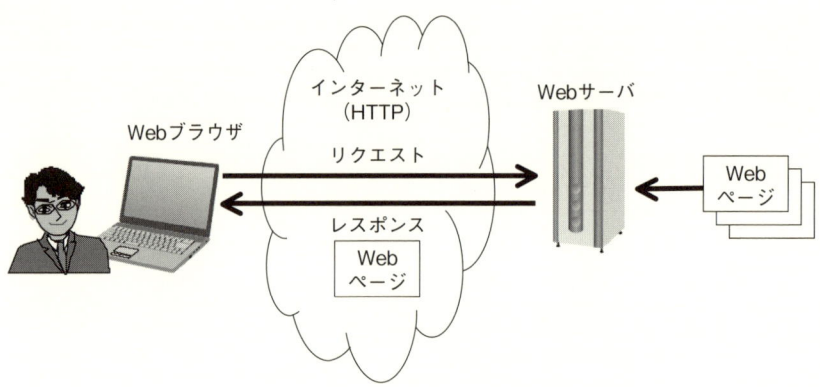

図 1.4 静的なコンテンツの配信・閲覧

が動作しているコンピュータ」の両方の意味を持つ．そのため本書では，「ソフトウェア」ということを強調したいときは「Web サーバソフトウェア」と明記する．

　HTML は徐々に仕様が固められていき，1993 年に HTML 1.0 が公開された．その後，HTML 2.0（1995 年），HTML 3.2（1997 年），HTML 4.0（1997 年）と発展していった．Web に関連する各種技術仕様の標準化は W3C（World Wide Web Consortium）という非営利団体によって進められている（3.2.4 項を参照）．今日主流の HTML 4.01 は 1999 年に仕様が公開された（W3C 勧告）．現在，HTML5 の作業草稿が 2008 年に公開され，2014 年の W3C 勧告を目指して標準化が進められている．

　1993 年にイリノイ大学の NCSA（Center for Supercomputing Applications；米国立スーパーコンピュータ応用研究所）のマーク・アンドリーセン（Marc Andreessen）らが Mosaic という Web ブラウザを開発した．Mosaic より前の Web ブラウザは Web ブラウザ単体では文字情報しか扱えなかったが，Mosaic は文字情報と画像を同一のウィンドウ内に混在させることができた．その後，Mosaic は現在主流の Web ブラウザ（Internet Explorer や Firefox など）に発展していった．Mosaic の開発は Web の普及に大きなインパクトを与え，今日では「インターネット ＝Web」と＜誤って＞考えられるほどに普及している．

　一方，Web サーバソフトウェアも NCSA において世界で 2 番目のソフトウェア（NCSA HTTPd）が開発された．その後，Apache HTTP Server（あるいは単に Apache）や IIS（Internet Information Server）などの Web サーバソフトウェアが 1990 年代中ごろに開発された．Apache は現在もっとも多く利用されている Web サーバソフトウェアである．また 2004 年に開発された ngixn（エンジンエックス）の利用も広がりつつある．

(2) 動的処理技術の開発

　先述のように，Web はもともと，世界中に分散した研究者どうしで情報を共有するためのインターネット上の分散システムであった．つまり，あらかじめ用意された静的なコンテンツ（Web サーバを通して公開される情報であり，Web ページに含まれる文字や画像，音声，動画などのこと）を配信・閲覧するためのものであった（図 1.4）．

　その後，Java アプレットや JavaScript，Flash などクライアントサイドの動的処理技術が登

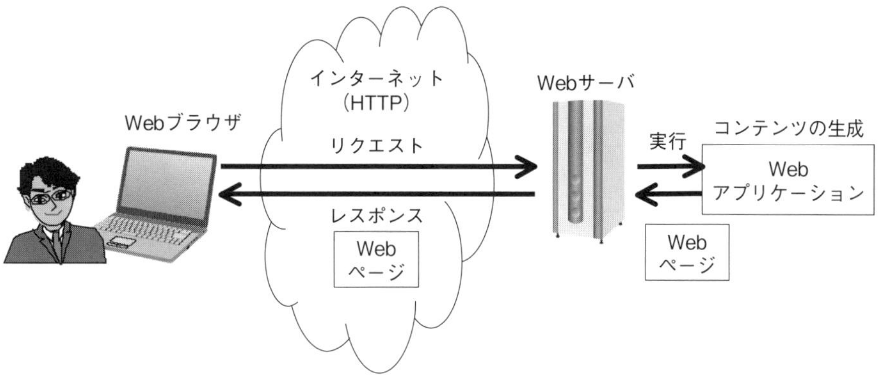

図 1.5　動的なコンテンツの生成

場し，Web ブラウザでアニメーションやインタラクティブな操作を可能にする Web ページの作成が可能になった．Web ブラウザ上で動作するプログラムにより，ユーザは Web ページを単純に閲覧するだけでなく Web ページ上でインタラクティブな操作を実行することができるようになった．しかし，そのプログラムも含めて Web ページはあらかじめ用意された静的なコンテンツとして作成されていた．

一方，Mosaic の開発以降，Web は大きく普及し，数多くの Web サーバが世界中で構築されたものの，Web の有効な活用方法については未発達であった．そこで開発されたのが CGI（Common Gateway Interface）である．

CGI の仕組みを使うと，Web サーバは Web ブラウザからのリクエストに応じて，Perl などのプログラミング言語で作成された CGI プログラム（Web アプリケーション）を実行し，そのプログラムの処理の結果として作成される Web ページ（HTML 文書）を Web ブラウザに返すこと，つまりユーザの操作に応じてインタラクティブに動的なコンテンツを生成することができる（図 1.5）．これによって，Web サーバへのアクセス数を表示するプログラムや掲示板システムなどさまざまな Web アプリケーションが作成された．

CGI はサーバサイドの動的処理技術の中で最古のものであるが，CGI の他にも，JSP/サーブレット，PHP，Python，ASP などさまざまなサーバサイドの動的処理技術が開発され，それらは Web システム開発の裾野の拡大に大きく貢献した．

その結果，今日では情報検索サービス，ショッピングサイト，乗り換え案内サービス，地図検索サイト，ソーシャルネットワークサービスなど無数の Web システムが開発されている．

(3) データベースとマッシュアップ

Web システムが高度化してくると，大量のデータを管理するためにデータベースが不可欠となった．今日でも Web システムのデータベースのほとんどは後述するリレーショナルデータベースが利用されており，MySQL や PostgreSQL などのオープンソースのリレーショナルデータベース管理システムでも，高度な Web システムの開発が可能となっている．

PHP など Web アプリケーションの作成に向いているプログラミング言語は MySQL や PostgreSQL などのリレーショナルデータベース管理システムを標準でサポートしており，オープ

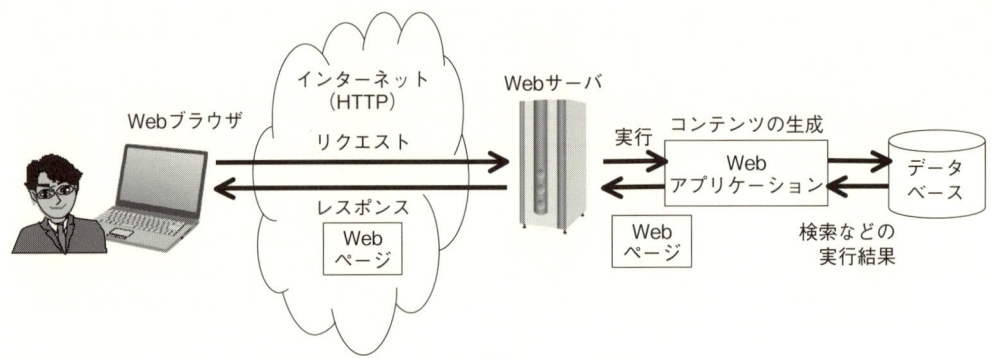

図 1.6 データベースの利用

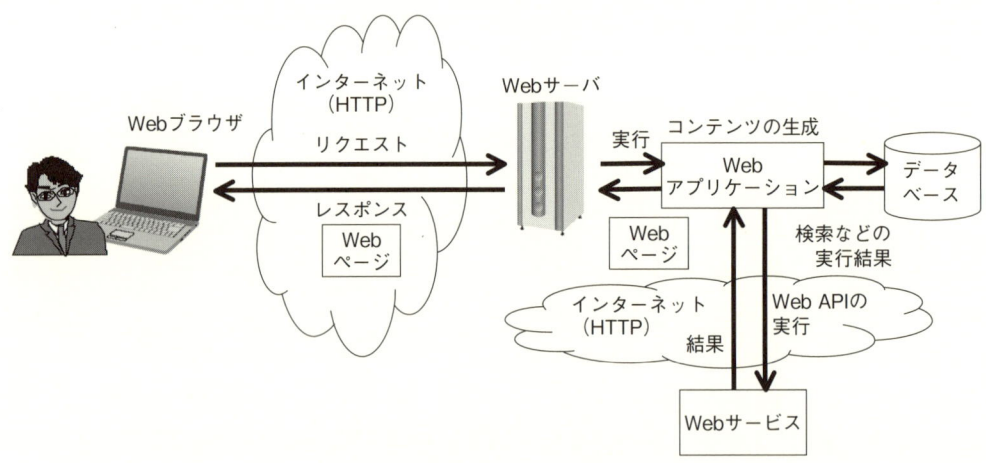

図 1.7 Web サービスの利用

ンソースのリレーショナルデータベース管理システムの利用を広めている．そして現在，Webシステムのほとんどはその構成要素としてデータベースを利用し，Webアプリケーションは処理の途中でデータベースへアクセスし，データを検索したり更新する（図 1.6）．データベースを使用する Web アプリケーションを特に Web データベースと呼ぶこともある．

　一方，地図検索サイトやショッピングサイトなどの Web システムのデータやアプリケーション機能の一部を Web ブラウザから利用するだけでなく Web アプリケーションなどのプログラムからも利用できるようにするために，HTTP や XML などのインターネットの標準的な技術を応用した Web サービス技術が開発された．Web サービス技術により，Web システムのデータやアプリケーション機能の一部が Web サービスとしてインターネット上に公開され，外部のプログラムは Web サービスが提供する API (Web API; Web Application Programming Interface) を実行することで，そのデータや機能を利用することができるようになった（図 1.7）．

　API とは，簡単にいえば，汎用性の高い共通の機能をアプリケーション（プログラム）から利用できるようにするための関数である．たとえば，OS はウィンドウの描画などの機能を API

として提供している．この API をインターネット上で公開，つまり HTTP により利用可能にしたものが Web API である．Web サービスが提供する Web API を利用すると，地図データや商品データなど膨大なデータの管理・検索などといった高度な機能をすべて自前で用意するのではなく，さまざまな Web サービスから提供されるデータや機能を組み合わせて 1 つの Web システムを開発することができる．このような Web システムの開発手法はマッシュアップと呼ばれ，最近の Web システム開発では不可欠な技術となっている．Web API を実行した結果は XML (eXtensible Markup Language) や JSON (JavaScript Object Notation) などプログラムで扱いやすい形式で返される．図 1.7 には示していないが，JavaScript のプログラムなど Web ブラウザ上で動作するプログラムから Web API を実行することも可能である．

1.4 HTML と URI と HTTP

Web が誕生して開発された HTML，URI，HTTP は今でも Web システムを支える基礎技術である．本節では，それらを概観する．

(1) HTML (HyperText Markup Language)

1.1 節で述べたように，Web では，データや文書などの情報は HTML により記述される．

(2) URI (Uniform Resource Identifier)

URI は Web 上でのコンテンツの所在を示すものである．Web 上では URI を使って文書どうしが結びつけられている．URI の以前は URL (Uniform Resource Locator) と呼ばれていたが，今日では URN (Uniform Resource name) も含む URI が使われることが多い（コラム参照）．

URI は，図 1.8 のようにスキーム，ホスト名，パスの 3 つの部分から構成される．

スキーム：URI の最初の部分（スキーム）は情報の取得方法を示す．http の他には ftp などがある．

ホスト名：ホスト名はサーバ名とドメイン名からなり，世界中に分散した Web サーバを一意に特定するための名前である．詳細は省略するが，ホスト名ではドットで区切られた階層構造により Web サーバを指定する．この階層構造はドットより右側に置かれるものほど上位に位置する．企業であれば部 → 課，大学であれば学部 → 学科 → 研究室に例えれば，階層構造を理解しやすくなる．つまり図 1.8 の例では，www.ic.hym.kanagawa-it.ac.jp というホスト名

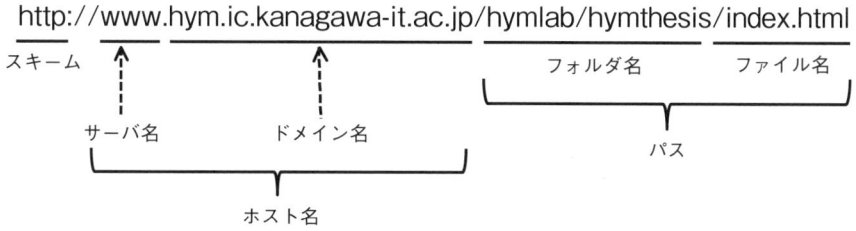

図 1.8　URI の例

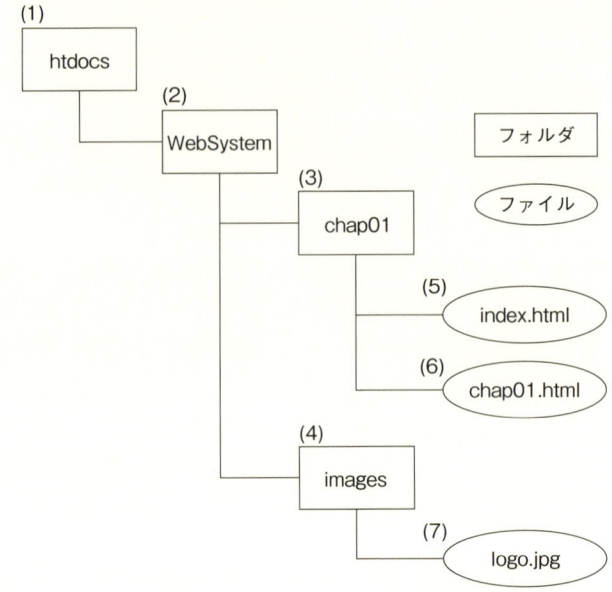

図 1.9 Web サーバ上のフォルダの階層構造の例

の Web サーバは，jp ドメイン（全世界的にみたときの日本のドメイン）の中の，ac ドメイン（教育機関のドメイン）の中の，kanagawa-it ドメイン（神奈川工科大学のドメイン）の中の，ic ドメイン（情報学部のドメイン），hym ドメイン（速水研究室のドメイン）に含まれる．正式には，ホスト名の後ろに「:80」のようにポート番号を指定し，サーバコンピュータ上で起動している Web サーバソフトウェアを特定する必要がある．ただし，代表的なプロトコルで利用されるポートは Well-known ポート番号として取り決められているため，通常はポート番号までは入力されない．

パス：パスは Web サーバ内のファイルの位置を示す．図 1.8 の例では about/character というディレクトリ（フォルダ）の中にある index.html というファイルを示している．URI ではフォルダの階層は「/」（スラッシュ）で区切られる．

URI では，スキームとホスト名を省略することができる．スキームとホスト名が省略された場合，これらは推定される．たとえば，Web ページ中でリンク先を指定するときにスキームとホスト名が省略された場合，Web ブラウザは同一の Web サーバ上のコンテンツへのリンクと推定する．スキームとホスト名を省略していない URI を絶対 URI と呼び，スキームとホスト名が省略された URI を相対 URI と呼ぶ．また，相対 URI のうち，スラッシュで始まるものを絶対 (absolute) パスと呼び，スラッシュ以外で始まるものを相対 (relative) パスと呼ぶ．

絶対パスの例として「/WebSystem/chap01/index.html」などがある．一方，相対パスの例として「./chap01.html」や「../images/logo.jpg」などがある．図 1.9 に例示したフォルダの階層構造の図を用いて絶対パスと相対パスを説明する．

絶対パスの最初の「/」は，Web サーバソフトウェアが公開するフォルダの階層構造の最上位に位置するフォルダ（ルートディレクトリと呼ばれ，Apache の設定ファイルでは DocumentRoot

で指定される）を示しており，絶対パスではルートディレクトリからのパスを記述する．図 1.9 の (1) の htdocs フォルダがルートディレクトリとして設定されているとすると，「/WebSystem/chap01/index.html」は htdocs フォルダの中の WebSystem フォルダ（図 1.9 では (2) のフォルダ）の中の chap01 フォルダ（図 1.9 では (3) のフォルダ）の中の index.html（図 1.9 では (5) のファイル）を示している．

相対パスを説明するため，現在 Web ブラウザには図 1.9 の (5) の index.html が表示されており，その Web ページの中で「./chap01.html」や「../images/logo.jpg」という相対パスで記述された URI が存在したとする．

「.」（ドット 1 つ）は，Web ブラウザで表示している Web ページ（つまり図 1.9 の (5) のファイル）が保存されているフォルダ（図 1.9 では (3) の chap01 フォルダ）を示している．したがって，「./chap01.html」は，chap01 フォルダの中にある chap01.html（図 1.9 では (6) のファイル）という Web ページを示している．「./」を省略して「chap01.html」と記述しても同じである．

「..」（ドット 2 つ）は，Web ブラウザで表示している Web ページ（図 1.9 の (5) のファイル）が保存されているフォルダ（(3) の chap01 フォルダ）より 1 つ階層が上位のフォルダ（図 1.9 では (2) の WebSystem フォルダ）を示している．したがって，「../images/logo.jpg」は，chap01 フォルダより 1 つ階層が上の WebSystem フォルダ（(2) のフォルダ）の中にある images フォルダ（図 1.9 の (4) のフォルダ）の中の logo.jpg（図 1.9 では (7) のファイル）を示している．

(3) HTTP (HyperText Transfer Protocol)

HTTP は Web サーバソフトウェアと Web ブラウザが情報をやり取りするためのプロトコル（通信規約）である．HTML で作成された文書（HTML 文書）は基本的に HTTP に基づいてやり取りされ，Web ブラウザの画面に表示される．

コラム　URI，URL，URN

本書では，Web 上のコンテンツを示すものを URI という用語に統一している．しかし URI に類似した用語として，URL や URN がある [4]．URL は Web 上のコンテンツ（リソース）の「所在地」を示す方法として考案された．URL ではコンテンツを別の Web サーバに移動してしまうと，一般に，これまでの URL でアクセスできなくなってしまう．この問題に対して，Web 上のコンテンツを「所在地」という概念に依存せず，「名前」によって統一的かつ永続的に特定するために URN が考案された．URN では Web 上のコンテンツに永続的な名前が割り当てられるため，コンテンツが別の Web サーバに移動されても，そのコンテンツを同じURN で指し示すことが可能である．URI は Web 上のコンテンツの「所在地」を示す URL と「名前」を示す URN とをあわせたもの，つまり Web 上のコンテンツを指し示す「所在地」や「名前」の総称と考えることができる（図 1.10）．

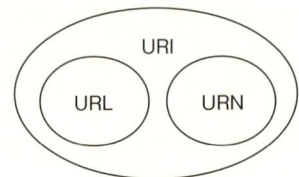

図 1.10　URI と URL と URN の関係

> **コラム**　ホスト名とドメイン名
>
> 　ホストはインターネットを含むコンピュータネットワークの用語であり，ネットワークに接続され，他のコンピュータからの要求を処理して結果を返すコンピュータを意味する．そのためホスト名は，そのようなホストコンピュータの名前である．インターネットでは，ホスト名はホストに割り当てられるドメイン名である．つまり，ホストはどこかのドメインに含まれるため，ホスト名はそのドメイン内での名前（サーバ名あるいはローカル名）とそのドメインの名前から構成される．そのため，インターネットでは「ホスト名」と「ドメイン名」はしばしば同じ意味で使われ，本書でも特に断りのない限り両者を同じ意味で利用する．

> **コラム**　Web サイト
>
> 　一般に，1 つの Web サーバでは複数の Web ページが公開される．そして，特定のドメイン（たとえば www.kait.jp など）の中で管理されている Web ページ全体のことを Web サイトと呼ぶ．通常，Web サイトは Web サーバと同じところに位置する．

> **コラム**　プロトコル
>
> 　インターネットを含め，コンピュータネットワークにおいてコンピュータとコンピュータとがデータをやり取りすることを考えると，その両者間で，データの送受信の方法やフォーマット，途中で障害が発生した場合の処理方法など，ありとあらゆることを事前に約束しておく必要がある．コンピュータとコンピュータとが互いにやり取りするために必要なすべての約束事（ルール）のことをプロトコル（通信規約）という．
> 　プロトコルを人と人との会話に例えると理解しやすい．日本語や英語などの言語がプロトコル，会話がやり取り，会話の内容がデータと考えてみる．A さんが日本

語，Bさんが英語の場合，会話は成立せず，その内容を伝えることができない（もちろんジェスチャーなどの手段はあるが，ここでは言語以外を考慮しない）．

人間どうしでは対面での会話以外にも電話や手紙など，やり取りするためにさまざまな媒体が存在し，それぞれに約束事が存在する．これと同じように，コンピュータとコンピュータのやり取りにおいてもさまざまなプロトコルが存在する．

1.5 Webシステムの構成

Webシステムの構成を図1.11に示す．

基本的にはユーザの入力をWebブラウザがWebサーバソフトウェアに送信し，Webサーバソフトウェアを介して実行されるプログラム（Webアプリケーション）がその入力に応じて処理を行い，その結果をHTML文書としてブラウザに返す．

多くの場合，Webアプリケーションは処理の過程でデータベースにアクセスする（Webデータベース）．Webデータベースは，WebブラウザとWebサーバ（＋Webアプリケーション）とデータベース（データベース管理システム）の3層構造である（4.4節を参照）．

また最近は，Web APIとして提供される，Webサービスのデータや機能が利用されることも増えている．クライアントサイド，サーバサイドに関係なくプログラムからWeb APIを利用することができる．

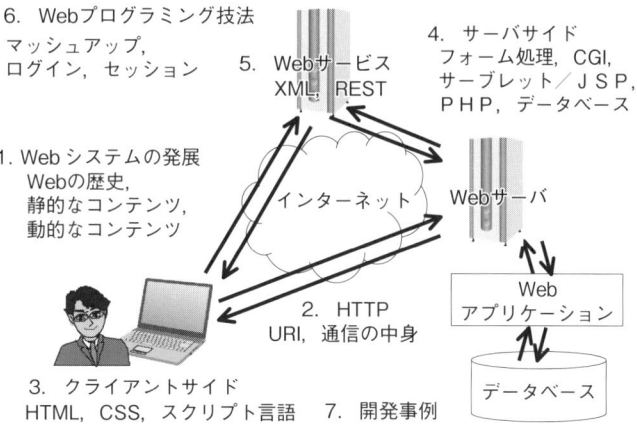

図 1.11 Webシステムの構成

演習問題

設問1 お気に入りのWebシステムを1つ取り上げ，そのシステムで使われている技術を調べよう．

設問2 現在，どのようなWebサーバソフトウェアが存在するかを，商用やオープンソースを問わず調べよう．

設問3 現在，どのようなWebブラウザが存在するかを調べよう．

設問4 現在，どのようなWeb APIが存在するかを調べよう．

設問5 マッシュアップの手法を利用しているWeb上のサービスを1つ取り上げ，どのようなAPIが利用されているかを調べよう．

参考文献

[1] 小森裕介,「プロになるためのWeb技術入門」, 技術評論社（2010）.

[2] 金城俊哉,「最新WEB技術マスタリングハンドブック」, 秀和システム（2002）.

[3] きしだなおき,「Web開発の過去・現在・そして未来」, WEB+DB PERSS, Vol. 56, pp. 105-132（2010）.

[4] 山本陽平,「Webを支える技術」, 技術評論社（2010）.

第2章 HTTP

―□ 学習のポイント ―

　WebシステムはHTTPを基盤として構成される．HTTPはTCP/IPと呼ばれるインターネットで標準的に使用されるプロトコル群のアプリケーション層に位置する．
　WebブラウザとWebサーバソフトウェアにはHTTPが実装されており，HTTPではWebブラウザがリクエストメッセージをWebサーバに送信し，そのリクエストに対してWebサーバがレスポンスメッセージを返す．Webシステムを開発するためにはHTTPの基礎知識を身につけておくことがとても重要である．Webシステムを開発するうえでTCP/IPを深く理解する必要はないが，最低限の知識を理解しておくことはWebシステムの開発にとても役に立つ．
　本章では，WebブラウザとWebサーバソフトウェアの間でやり取りされるHTTPのリクエストとレスポンスのメッセージの具体例を確認し，それぞれ詳細を解説する．また，TCP/IPの基本を解説する．
　本章では次の項目の理解を目的とする．

- WebブラウザからWebサーバソフトウェアに送られるリクエストメッセージの内容 (2.2節, 2.3節)．
- WebサーバソフトウェアからWebブラウザに返されるレスポンスメッセージの内容 (2.2節, 2.4節)．
- IPアドレスやDNS，パケット通信などTCP/IPの基礎知識 (2.5節)．

―□ キーワード ―

　HTTP, リクエストメッセージ, リクエストライン, メソッド, メッセージヘッダ, メッセージボディ, レスポンスメッセージ, ステータスライン, ステータスコード, IPアドレス, TCP/IP, DNS, パケット

2.1 HTTPとは

　HTTP (HyperText Transfer Protocol) とは，WebサーバソフトウェアとWebブラウザがデータを送受信するときに利用するプロトコルであり，WebシステムはHTTPを基盤として構成される [1,2]．
　HTTPの最初のドラフトは1993年に公開され，1996年にRFC 1945としてHTTP/1.0が策定された．その後，1997年にRFC 2068としてHTTP/1.1が策定され，その更新版である現在のHTTP/1.1が1999年にRFC 2616として策定された．1990年にティム・バーナーズ＝リーがWebの基礎技術を作成したときにはHTTPも含まれていたが，このバージョン（後にHTTP/0.9と呼ばれるようになった）には仕様書は存在しない．

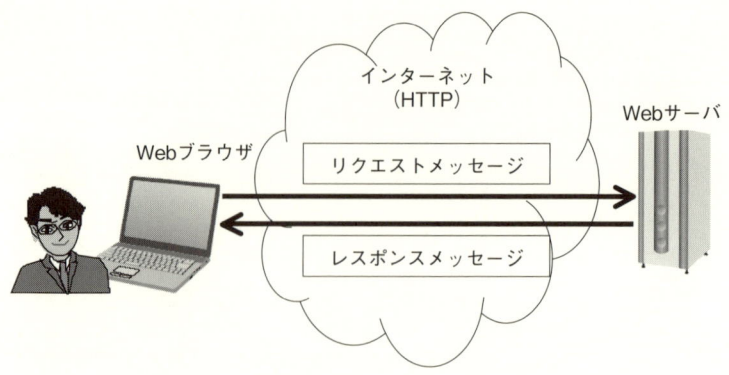

図 2.1　リクエストレスポンス方式の HTTP

HTTP/0.9 では GET メソッドのみが利用された．そして 1.0，1.1 とバージョンが上がるにつれて，POST や PUT などのメソッドが追加された（TCP/IP については 2.3 節を参照）．
HTTP は TCP/IP と呼ばれるプロトコル群のアプリケーション層に位置する．TCP/IP では IP アドレスで相手側コンピュータを識別する（TCP/IP については 2.5 節を参照）．

2.2　HTTP リクエストとレスポンス

HTTP でのデータのやり取りの仕組みはシンプルなリクエストレスポンス方式である．HTTP では，Web ブラウザが Web サーバに対してリクエストメッセージを送信し，そのリクエストに対して Web サーバがレスポンスメッセージを返すことによりデータがやり取りされる（図 2.1）．

リクエストメッセージとレスポンスメッセージの例として，Web ブラウザを起動して，http://localhost/index.html にアクセスしたときのリクエストメッセージとレスポンスメッセージを，それぞれリスト 2.1 とリスト 2.2 に示す．詳細は 2.3 節と 2.4 節で説明するが，リクエストメッセージでは，HTTP/1.1 により，Web サーバ（localhost）上の index.html を取り出すということを伝えている．一方，レスポンスメッセージでは，Web サーバでの処理が正常に終了したことを示しており，そのメッセージには index.html の中身が含まれている．

リスト 2.1　リクエストメッセージの例

```
GET /index.html HTTP/1.1
Accept: application/x-ms-application, image/jpeg, application/xaml+xml,
image/gif, image/pjpeg, application/x-ms-xbap, application/vnd.ms-excel,
application/vnd.ms-powerpoint, application/msword, */*
Accept-Language: ja-JP
User-Agent: Mozilla/4.0 (compatible; MSIE 8.0; Windows NT 6.1; WOW64;
Trident/4.0; GTB7.2; SLCC2; .NET CLR 2.0.50727; .NET CLR 3.5.30729;
.NET CLR 3.0.30729; Media Center PC 6.0; .NET4.0C; InfoPath.3)
Accept-Encoding: gzip, deflate
Host: localhost
Connection: Keep-Alive
```

リスト 2.2　レスポンスメッセージの例（リスト 2.1 のリクエストに対するレスポンス）

```
HTTP/1.1 200 OK
Date: Fri, 17 Feb 2012 08:22:47 GMT
Server: Apache/2.2.17 (Win32) mod_ssl/2.2.17 OpenSSL/0.9.8o PHP/5.3.4
mod_perl/2.0.4 Perl/v5.10.1
Last-Modified: Fri, 17 Feb 2012 08:20:48 GMT
ETag: "8d00000003d9e5-16e-4b9249f373800"
Accept-Ranges: bytes
Content-Length: 366
Keep-Alive: timeout=5, max=100
Connection: Keep-Alive
Content-Type: text/html

<!DOCTYPE HTML PUBLIC "-//W3C//DTD HTML 4.01//EN"
"http://www.w3.org/TR/html4/strict.dtd">
<html>
<head>
<meta http-equiv="Content-Type" content="text/html;charset=utf-8"/>
<title>Ｗｅｂシステム（HTTP のリクエストとレスポンス）</title>
</head>
<body>
<h1>Ｗｅｂシステム</h1>
<p>HTTP のリクエストとレスポンス</p>
</body>
</html>
```

> **コラム**　HTTP のリクエストメッセージやレスポンスメッセージを確認するための方法
>
> リクエストメッセージやレスポンスメッセージを確認するためのさまざまな方法がある．このコラムでは，代表的な Web ブラウザの代表的な確認方法を紹介する．
>
> **(1) Internet Explorer**
>
> 「ieHTTPHeaders」というフリーのソフトウェアを利用する．「ieHTTPHeaders」をインストールすると，Internet Explorer の [表示] メニューの [エクスクローラバー] の中に [ieHTTPHeaders] という項目が追加される．この項目を選択するとリクエストメッセージやレスポンスメッセージを確認するための表示領域が Web ブラウザのウィンドウ内に表示される（図 2.2）．

図 2.2　ieHTTPHeaders

(2) Firefox

「Live HTTP Headres」または「Web Developer」というアドオン（Firefox に新たな機能を追加したり，デザインを変更したりするための小さなプログラム）を利用する．「Live HTTP Headres」をインストールすると，Firefox の [ツール] メニューに [Live HTTP Headres] という項目が追加される．この項目を選択するとリクエストメッセージやレスポンスメッセージを確認するためのウィンドウが表示される（図 2.3）．一方，「Web Developer」をインストールすると，Firefox の [ツール] メニューに [Web 開発] というサブメニューが追加される．そのサブメニューに含まれる [Web コンソール] を選択すると，リクエストメッセージやレスポンスメッセージを確認するための表示領域が Web ブラウザのウィンドウ内に表示される．その表示領域にはリクエストの一覧が表示され，その中から 1 つをクリックすることにより，リクエストメッセージとそれに対するレスポンスメッセージが表示される（図 2.4）．

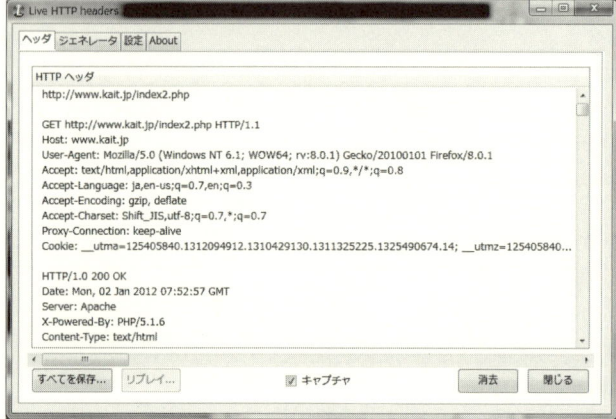

図 2.3　Live HTTP Headres

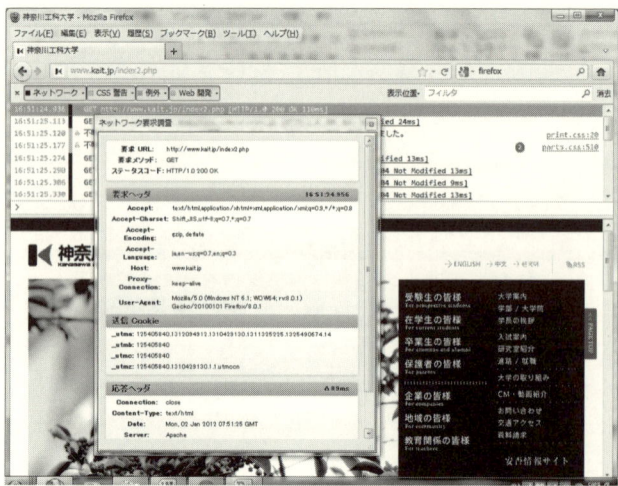

図 2.4　Web Developer

(3) Google Chrome

アドレスバーに「chrome://net-internals/」と入力し，Chromeが用意する開発者向けのページの1つにアクセスする．表示される画面の左側のメニューから[Events]をクリックすると，右側にネットワーク関連で発生したイベント（リクエストの送信など）が一覧で表示される．その中から[Source]が「URL_REQUEST」になっており，かつ[Description]に確認したいリクエストメッセージの送信先URIが含まれる行をクリックすると，さらに右側にリクエストメッセージやレスポンスメッセージが表示される（図2.5）．

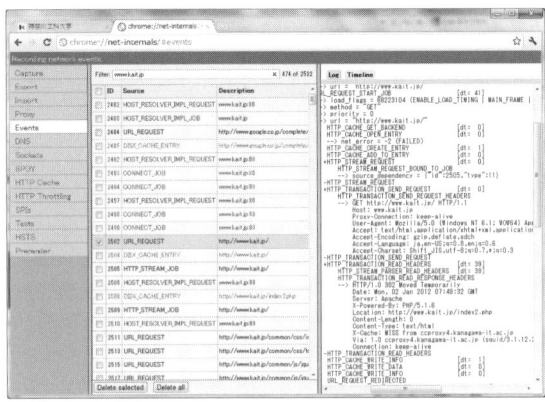

図 2.5　chrome://net-internals/

(4) Safari

[開発]メニューから[Webインスペクタを表示]を選択すると，リクエストメッセージやレスポンスメッセージを確認するための表示領域がWebブラウザのウィンドウ内に表示される．その表示領域の上部のメニューから[ネットワーク]をクリックすると，リクエストの一覧が表示され，リクエストメッセージとそれに対するレスポンスメッセージが表示される（図2.6）．

図 2.6　Webインスペクタ

> ieHTTPHeaders   http://www.blunck.info/iehttpheaders.html
> Web Developer   http://lab.tubonotubo.jp/tools/webdeveloper/index.html
> Live HTTP Headres   https://addons.mozilla.org/ja/firefox/addon/live-http-headers/

2.3 リクエストメッセージの詳細

(1) リクエストライン

リクエストメッセージの1行目にはリクエストラインを書く．リクエストラインには，メソッド，URI，HTTPのバージョン情報が含まれる．リクエストラインでこれら3つの情報は半角スペースで区切られる．リスト2.1の例の場合，以下がリクエストラインである．

```
GET /index.html HTTP/1.1
```

HTTPでは表2.1に示すように，いくつかのメソッドが定義されている．Webシステムでよく利用されるメソッドはGETとPOSTである．GETメソッドは，ユーザがWebページのハイパーリンクをクリックしたときや，WebブラウザのURIを入力するところ（アドレスバーやロケーションバーなどと呼ばれる）にURIを直接入力したとき，お気に入りに登録されたURIをクリックしたときなどに生成される．Webシステムの場合，GETメソッドはWebサーバ上のコンテンツを変更しないとき（たとえばデータベースの検索）に使用する．一方，POSTメソッドはWebページのフォームに記入された内容に応じて，Webサーバ上のコンテンツが変更される場合に使用する．

リクエストラインのURIにはリクエスト対象のコンテンツの絶対URIまたは相対URIを書く．リクエストラインの最後にはHTTPのバージョン情報を書く．

(2) メッセージヘッダ

リクエストラインの次の行，つまりリクエストメッセージの2行目からメッセージヘッダを書く．メッセージヘッダはWebサーバへのリクエストのときに付加的な情報を渡すために使用される．メッセージヘッダには，Webブラウザが受け入れ可能なデータの種類 (Accept)，言語 (Accept-Language)，Webブラウザの情報 (User-Agent)，ホスト名 (Host) などを記述する．それら以外にも，後述のメッセージボディの付加情報として使用される，Content-Type（メッセージボディに含まれるデータの種類）やContent-Length（メッセージボディの長さ）などがある．GETメソッドの場合，メッセージボディは存在しないので，これらのヘッダは記述されない．Webページ内のハイパーリンクをたどったときのリンク元のURI (Referer) やCookie（6.3節を参照）もメッセージヘッダを使って送信される．ただし，CookieはHTTPの仕様書では定義されていない．

メッセージヘッダの各行は，次のように，フィールド名，コロン (:)，値から構成される．

表 2.1 HTTP の主なメソッド

メソッド	説明
OPTIONS	利用可能な通信オプションの情報をリクエストする．
GET	URI で指定した Web サーバ上のコンテンツを取得する．URI が Web アプリケーションを指している場合，そのプログラムの出力結果が返される．
HEAD	レスポンスでメッセージボディを返さないことを除けば，GET と同じである．URI で指定した Web サーバ上のコンテンツのメタ情報（最終更新日時など）を調べるときに使用する．
POST	Web サーバにデータを送信する．フォームに記入されたデータを送信する場合などに使用する．
PUT	URI で指定した Web サーバ上のコンテンツを新しいものに置き換えたり，新たにコンテンツを作成したりする．
DELETE	URI で指定した Web サーバ上のコンテンツを削除する．
TRACE	リクエストメッセージのアプリケーション層でのループバックを遠隔で発動する．つまり，Web サーバは受け取ったリクエストメッセージをそのまま返す．リクエストメッセージがどのプロキシサーバを経由しているのかなどを調べるときに使用する．
CONNECT	プロキシサーバを経由して SSL 通信するときなどに使用する．つまり，暗号化したリクエストメッセージをプロキシ経由で送信する．

フィールド名: 値

(3) メッセージボディ

リクエストメッセージにメッセージボディを含む場合は，メッセージヘッダの後に何も記述しない空白行を1行入れて，その後にメッセージボディを続ける．GET メソッドの場合，Web サーバはメソッドと URI のみでそのリクエストを処理できるため，メッセージボディは含まれない．

2.4 レスポンスメッセージの詳細

(1) ステータスライン

レスポンスメッセージの1行目には，リクエストメッセージのように，ステータスラインを書く．ステータスラインには，リクエストラインと同じように HTTP のバージョン情報を書き，その後ろに，ステータスコードと，そのコードに対応する文字列を含める．リスト 2.2 の例の場合，以下がステータスラインである．

```
HTTP/1.1 200 OK
```

ステータスコードは3桁の数字であり，最初の数字（つまり3桁目の数字）はステータスコードのグループを表しており，それらには表 2.2 に示すように 5 種類ある．ステータスコードの残りの2つの数字は，そのグループ内での詳細を意味する．

たとえば，GET メソッドでリクエストされたコンテンツが Web サーバ上に存在し，そのリクエストの処理が成功した場合は，「200 OK」がそのコンテンツと一緒に返される．一方，リクエストされたコンテンツが Web サーバ内に存在しないときは「404 Not Found」が返される．また，Web サーバ上で動作する Web アプリケーションの実行時にエラーが発生した場合

は「500 Internal Server Error」が返される．これらのステータスコードは Web ブラウザで Web ページを閲覧しているときにもよく見かける．

表 2.2 レスポンスメッセージのステータスコード

ステータスコード	意味	説明
1xx	Informational（情報）	リクエストの処理が継続していることを意味する．
2xx	Success（成功）	リクエストが正常に終了したことを意味する．
3xx	Redirection（リダイレクション）	さらに別のアクションが必要であることを意味する．
4xx	Client Error（クライアントエラー）	Web ブラウザ側にエラーがあったことを意味する．
5xx	Server Error（サーバエラー）	Web サーバ側にエラーがあったことを意味する．

(2) メッセージヘッダ

リクエストメッセージと同じように，ステータスラインの次の行，つまりレスポンスメッセージの2行目からメッセージヘッダを書く．メッセージヘッダの各行は，リクエストメッセージのヘッダと同様に，フィールド名，コロン（:），値から構成される．

```
フィールド名: 値
```

たとえば，Date はレスポンスメッセージが作成された日時を表す．Content-Type は，レスポンスメッセージのボディに含まれるデータの種類を表し，text/html や application/pdf，image/jpeg などがある．Last-Modified は，リクエストされたコンテンツが最後に更新された日時を表す．Location は，Web ブラウザに対してリクエストされたコンテンツの正確な場所を示すために利用され，値として正確な場所の絶対 URI が記述される．その他に，ブラウザに Cookie を保存するための Set-Cookie などがある．ただし，リクエストメッセージのヘッダと同様に，Cookie は HTTP の仕様書では定義されていない．

(3) メッセージボディ

レスポンスメッセージにメッセージボディを含む場合は，メッセージヘッダの後に何も記述しない空白行を1行入れて，その後にメッセージボディを続ける．

2.5 TCP/IP の基礎知識

(1) TCP/IP とは

Web ブラウザから Web サーバへ送信されるリクエストメッセージやそのレスポンスメッセージを運ぶものはインターネットであり，インターネットがなければ Web は存在しない．

一般的に，企業や大学などの組織内には数多くのコンピュータがあり，これらはネットワークでつながっていることが多い．このような組織内のネットワークを LAN と呼ぶ．そしてインターネットは LAN を世界的規模でつなげたものである（1.2節を参照）．

しかし，世界的規模で LAN をつなぎ，そこに含まれるコンピュータ間でメッセージをやり

取りするためにはプロトコルが必要であり，インターネットでは TCP/IP と呼ばれるプロトコル群（プロトコル体系，ネットワークアーキテクチャ）が利用される．

TCP/IP は，ARPANET で開発された [3]．メーカ中心で開発されたのではなく，企業や大学の研究者，つまりユーザが中心となって開発が進められた．また，TCP/IP に含まれるそれぞれのプロトコルの仕様は RFC (Request for Comment) として標準化されている．RFC はプロトコルなどの技術仕様のオープンな形式である．そのため，TCP/IP はネットワーク技術の発展に迅速に対応し，より使いやすい仕様として進化しながら，現在に至っている．

(2) TCP/IP の階層構造と役割

TCP/IP は階層構造を持ち，図 2.7 のように 4 つの層から構成される．それらは上位層から順に，アプリケーション層，トランスポート層，インターネット層，リンク層である．図 2.7 には各層に含まれる代表的なプロトコルも記載してある．

アプリケーション層には，TELNET や FTP，POP3 (Post Office Protocol version 3)，HTTP など，ファイル転送や電子メールなどよく利用するアプリケーションで利用されるプロトコルが多数存在する．

トランスポート層は，データを確実に相手先コンピュータに届ける役割を持つ．トランスポート層には TCP (Transmission Control Protocol) と UDP (User Datagram Protocol) がある．TCP は，コネクション型のプロトコルであり，相手先コンピュータとのデータのやり取りのときコネクションを確立し，そのコネクションの終端を上位層のアプリケーションに結合する．そして，1 つのデータが到着するたびに応答を返すことでデータが相手先コンピュータに正確に届いたかどうかを確認するといった機能により，信頼性の高い通信を行うことができる．一方，UDP はコネクションレス型である．相手先コンピュータからの応答などの機能を持たないため，ブロードキャスト的な（ネットワーク上のすべてのコンピュータに対して同時に同じデータを送信する）通信を行うときに利用される．HTTP はトランスポート層のプロトコルとして TCP を利用する．そのため HTTP で通信を行う場合，データをやり取りするコンピュータ間にコネクションが確立される．しかし，サーバコンピュータでは複数のサーバソフトウェアが稼動してそれぞれのサービスを提供していたり，クライアントコンピュータでは複数の Web ブラウザを起動していたりすることは多い．そのため，上位層のアプリケーションを識別する必要があり，TCP ではポート番号が利用される．トランスポート層ではポート番号を利用してサーバソフトウェアやクライアントコンピュータ上のソフトウェアを区別する．上位

アプリケーション層 (TELNET, FTP, POP3, HTTP, DNS など)
トランスポート層 (TCP, UDP)
インターネット層 (IP)
リンク層

図 **2.7** TCP/IP の階層構造

層のHTTPやFTPなど一般的なアプリケーションには，HTTPは80番，FTPは21番というように，あらかじめポート番号が割り当てられている．これらのポート番号をWell-knownポート番号と呼ぶ．一方，複数のWebブラウザを起動したときもそれぞれにポート番号が割り当てられ，この機能はOSにより提供される．

インターネット層は，アドレッシングとルーティングの役割を持つ．アドレッシングは，データを送信する相手先コンピュータのIPアドレスを指定することである．ルーティングは，アドレッシングで指定された相手先コンピュータにどのようなルートでデータを届けるかを決めることである．インターネット層のプロトコルには，IP (Internet Protocol) やICMP (Internet Control Message Protocol) などがある．

リンク層は，データのやり取りに利用するネットワークに対応する機器（たとえばNIC; Network Interface Card）と，これらの機器をコントロールするデバイスドライバが含まれる．

(3) IPアドレスとDNS

TCP/IPではIPアドレスで相手側コンピュータを識別する．IPアドレスは32ビットの数値（32桁の2進数）であり，通常は，8ビット（1バイト）ごとにドットで区切り，下記のように10進数で表記する．

```
192.168.6.25
```

HTTPはTCP/IPのアプリケーション層のプロトコルであるため，IPアドレスで相手先コンピュータ，つまりWebサーバを識別しなければならない．そのため，URIのホスト名からそのホスト（サーバ）コンピュータのIPアドレスを調べる必要がある．それを実現するための仕組みがDNS (Domain Name System) である．

DNSでは，ホスト名とIPアドレスの対応表と，他のDNSサーバがどこに位置しているのかという情報を持ったサーバコンピュータ（DNSサーバ）をインターネット上に多数用意し，対応表を分散管理している．1.4節で説明したように，ドメインは階層構造を持っており，その階層ごとにDNSサーバが用意され，ホスト名とIPアドレスの対応表を分散管理する．DNSサーバの階層構造の最上位にはルートDNSサーバが位置し，その下に国名を管理するDNSサーバ，組織分類（coやacなど）に対応するDNSサーバ，企業や大学などの組織名に対応するDNSサーバが階層的に位置する（図2.8）．DNSサーバの階層構造の下位のドメインのDNSサーバは，その上位のDNSサーバにIPアドレスが登録されているため，ルートDNSサーバから順番に下位のDNSサーバへ問い合わせて行けば，求めるホスト名のIPアドレスを取得することができる．

DNSサーバに問い合わせるクライアントのことをリゾルバと呼び，リゾルバの機能はSokcetライブラリ（プログラム部品の集まり）としてOSに組み込まれている．クライアントがDNSサーバに問い合わせるとき，まずは，そのクライアントの近くに位置するDNSサーバに問い合わせる．最初に問い合わせるDNSサーバのIPアドレスが必要となるが，このIPアドレスはTCP/IPの設定項目の1つとしてあらかじめコンピュータに設定されている．次のようにipconfigコマンドを使うことでWindowsのコマンドプロンプトから最初に問い合わせるDNS

サーバを確認することができる．網掛け部分が最初に問い合わせる DNS サーバの IP アドレスである．192.168.1.1 と 202.XXX.XXX.XXX（実際の IP アドレスを伏せ字としている）の 2つの IP アドレスが表示されている．これは，プライマリ DNS サーバ (192.168.1.1) とセカンダリ DNS サーバ (202.XXX.XXX.XXX) であり，何らかの原因でプライマリ DNS サーバを利用できないときに，セカンダリ DNS サーバが利用される．

```
C:\Users\ahattori>ipconfig /all

Windows IP 構成

   ホスト名. . . . . . . . . . . . . : ahattori2011-PC
   プライマリ DNS サフィックス . . . :

   （中略）

Wireless LAN adapter ワイヤレス ネットワーク接続 2:

   接続固有の DNS サフィックス . . . :
   説明. . . . . . . . . . . . . . . : Intel(R) Centrino(R) Advanced-N 6250 AGN #2
   物理アドレス. . . . . . . . . . . : 64-80-99-0F-35-68
   DHCP 有効 . . . . . . . . . . . . : はい
   自動構成有効. . . . . . . . . . . : はい
   リンクローカル IPv6 アドレス. . . : fe80::b9ed:9229:14c:f04c%15(優先)
   IPv4 アドレス . . . . . . . . . . : 192.168.1.45(優先)
   サブネット マスク . . . . . . . . : 255.255.255.0
   リース取得. . . . . . . . . . . . : 2012 年 1 月 6 日 9:10:49
   リースの有効期限. . . . . . . . . : 2012 年 1 月 8 日 20:39:35
   デフォルト ゲートウェイ . . . . . : 192.168.1.1
   DHCP サーバー . . . . . . . . . . : 192.168.1.1
   DHCPv6 IAID . . . . . . . . . . . : 325353625
   DHCPv6 クライアント DUID . . . . : 00-01-00-01-15-94-8C-BF-70-58-12-25-10-F8
   DNS サーバー. . . . . . . . . . . : 192.168.1.1
                                       202.XXX.XXX.XXX
   NetBIOS over TCP/IP . . . . . . . : 有効
```

www.hym.ic.kanagawa-it.ac.jp というホスト名の IP アドレスの取得（図 2.8）を例として，クライアント（リゾルバ）が DNS サーバに IP アドレスを問い合わせて取得するまでの流れを説明する．

まず，最初に問い合わせ（図 2.8 の (1)）を受けた DNS サーバ（プライマリ DNS サーバまたはセカンダリ DNS サーバ）が，そのホスト名の IP アドレスを対応表に持っていれば，問い合わせたクライアント（リゾルバ）にその IP アドレスを返答する（図 2.8 の (14)）ことができる．一方，最初に問い合わせを受けた DNS サーバが問い合わされたホスト名の IP アドレスを対応表に持っていない場合，その DNS サーバはルート DNS サーバに問い合わされたホスト名の IP アドレスを問い合わせる（図 2.8 の (2)）．ルート DNS サーバは www.hym.ic.kanagawa-it.ac.jp というホスト名の IP アドレスを対応表に持っていないが，そのホスト名が jp ドメインに含まれることはわかるため，jp ドメインの DNS サーバの IP アドレスを返す（図 2.8 の (3)）．次に，クライアントから最初に問い合わせを受けた DNS サーバは，jp ドメインの DNS サーバ

に www.hym.ic.kanagawa-it.ac.jp の IP アドレスを問い合わせる（図 2.8 の (4)）．以下は同様に，ac ドメインの DNS サーバ（図 2.8 の (6)），kanagawa-it ドメインの DNS サーバ（図 2.8 の (8)），ic ドメインの DNS サーバと問い合わせ（図 2.8 の (10)），最終的に hym ドメインの DNS サーバから www.hym.ic.kanagawa-it.ac.jp の IP アドレスを取得し（図 2.8 の (13)），それをクライアントに返す（図 2.8 の (14)）．その後は Web ブラウザが Web サーバとやり取りする（図 2.8 の (15) と (16)）．

DNS サーバへの問い合わせは，次のように nslookup コマンドを使うことで Windows のコマンドプロンプトからも実行することができる．nslookup コマンドの実行途中の部分は利用しているコンピュータのネットワーク環境によって異なるものの，実行結果の最後の行が DNS サーバから返答された結果（IP アドレス）である．「権限のない回答」とあるのは，DNS サー

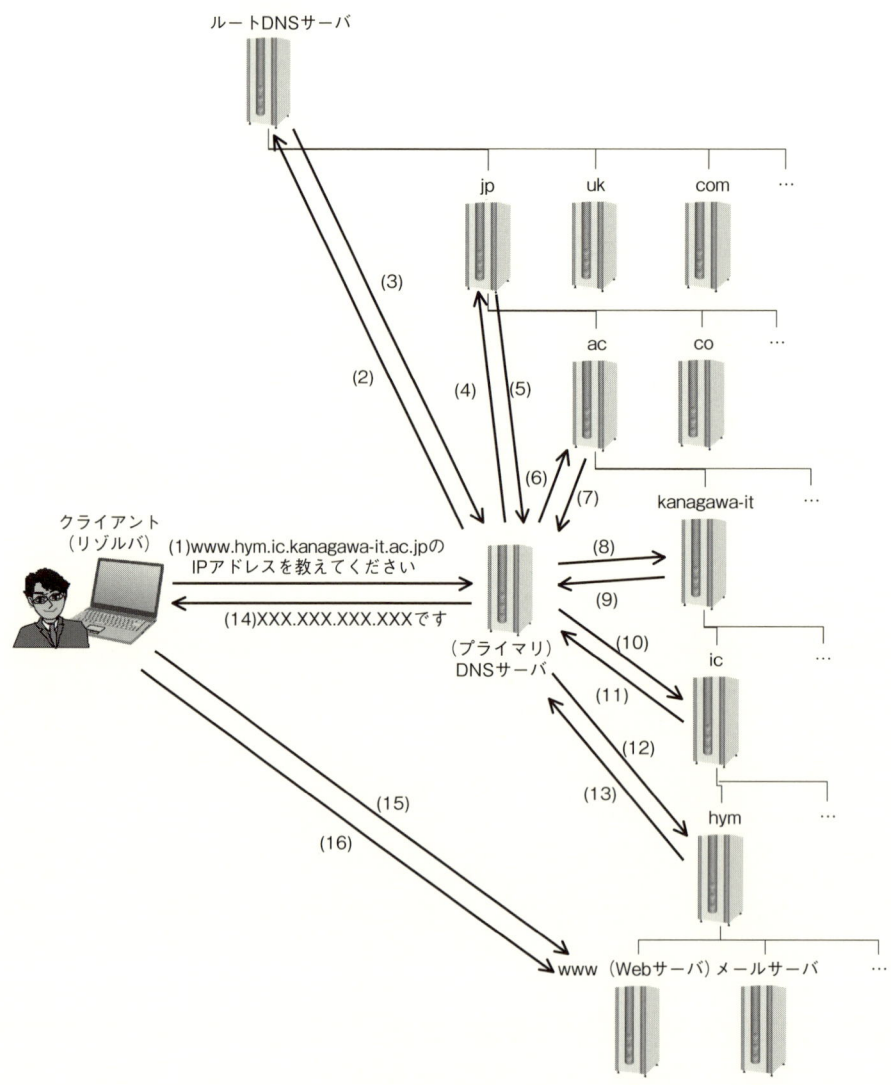

図 **2.8** DNS の仕組み

バ上のキャッシュ（DNS サーバは一度問い合わせたホスト名を一定期間保持する）を利用して返答されたことを意味する．

```
C:\>nslookup www.kait.jp
サーバー:   UnKnown
Address:   192.168.1.1

権限のない回答:
名前:     www.kait.jp
Address:  114.179.243.55
```

(4) パケット通信

TCP/IP では，HTTP のリクエストメッセージなど，すべてのデータはパケット（数十から数千バイトの小さなかたまり）に分割されて相手先コンピュータに送信される．各パケットには相手先コンピュータの IP アドレスが付与される．TCP/IP でやり取りされるデータを実際のパケット単位に分割する処理は TCP で行われる（TCP では分割されたデータはセグメントと呼ばれる）．TCP ではパケットの順序を示す番号（シーケンス番号）やデータの破損を検出するための情報（チェックサム）が付与される．これにより，パケットが正しく届いたかどうかを確認し，受け取った一連のパケットをもとのデータに組み立てることができる．

コラム　ネットワークアーキテクチャ

　コンピュータとコンピュータとのやり取りは 1 つのプロトコルで成立するのではなく，複数のプロトコルによって成立する．コンピュータネットワークの規模が拡大・複雑化してくると，プロトコルを体系化し，ネットワークをいかに構築していくかが重要になった．

　そのため，ネットワークを効率的に構築するために，その構造と機能の配置を明確化し，その機能を実現するためのプロトコルを階層的に整理・体系化した「ネットワークアーキテクチャ」が考案された．

　ネットワークアーキテクチャはコンピュータメーカごとに作成されていたため，メーカの異なるコンピュータ間でやり取りすることができなかった．しかし，異なるメーカのコンピュータ間でもやり取りしたいというニーズが高まり，ネットワークアーキテクチャの標準化が進められた．その結果，1984 年に OSI 基本参照モデルが制定された．現在のネットワークアーキテクチャの主流となっている TCP/IP は，OSI 基本参照モデルよりも以前から存在していた．TCP/IP はインターネットの普及とともに急速に普及した．

> **コラム**　**RFC**
>
> 　RFC (Request for Comment) は IETF (Internet Engineering Task Force) による技術仕様の形式であり，インターネット上で公開されている．RFC はもともと，プロトコルやファイルフォーマットなどさまざまな技術仕様をアイデアレベルで公開し，広くコメントを求めてより良いものに仕上げていくことが目的であった．そのため，技術仕様がオープンとなり，ユーザの意見も反映されやすい．TCP/IP の各プロトコルが RFC として公開されていることは TCP/IP の普及の原因の 1 つである．
>
> 　RFC では技術仕様ごとに番号が割り当てられており，内容が変更されたものには新しい番号が再度割り当てられる．たとえば HTTP/1.1 は RFC 2616 として，URI は RFC 3986 として標準化されている．
>
> 　RFC として標準化されるまでには，Proposal Standard（提案標準），Draft Standard（ドラフト標準），Standard（標準）という 3 ステップを経る必要があり，Standard までには厳しい審査をクリアしなければならない．
>
> RFC 2616 (HTTP/1.1)　　http://tools.ietf.org/html/rfc2616
> RFC 3986 (URI)　　http://tools.ietf.org/html/rfc3986

> **コラム**　**IPv6**
>
> 　現在，主に利用されている IP アドレスは 32 ビットであり (IPv4)，原理的には 2 の 32 乗（約 43 億）個の IP アドレスが存在する．しかし，IP アドレスが枯渇することが古くから指摘されており，128 ビットの IP アドレス (IPv6) が作られた．IPv6 では，2 の 128 乗（約 340 澗（340 兆の 1 兆倍の 1 兆倍））個の IP アドレスが存在する．実際的には無限の IP アドレスといえる．

演習問題

設問1　HTTP の GET メソッドと POST メソッドの違いを説明しよう．

設問2　HTTP のレスポンスメッセージのステータスコードのうち，200 と 500 を説明しよう．

設問3　トランスポート層の役割と TCP について説明しよう．

設問4　DNS の仕組みを説明しよう．

設問5　nslookup コマンドについて，具体的な実行例も取り入れて説明しよう．

参考文献

[1] 戸根勤，「ネットワークはなぜつながるのか（第 2 版）」，日経 BP 社（2007）．

[2] Scott Guelich, Shishir Gundavaram, and Gunther Birznieks, "CGI Programming with Perl Second Edition," O'REILLY (2000).（邦訳）田辺茂也監訳，大川佳織訳，「CGI プログラミング（第 2 版）」，オライリー・ジャパン（2001）．

[3] 竹下隆史，荒井透，苅田幸雄，「マスタリング TCP/IP　入門編」，オーム社（1994）．

第3章
クライアントサイド技術

☐ 学習のポイント

　Webシステムへの操作はすべてWebブラウザに表示されるWebページを介して実行される．そのWebページを記述するための言語がHTMLである．HTMLの特性はWebページ自身の特徴と強く関連しているため，HTMLを理解する際には，記述方法の基本を理解すると同時に，Webページのメディア（情報伝達の媒体）としての特徴も理解する必要がある．そのため本章では，HTMLの記述方法の説明と前後してメディアとしての特性を随時解説する．

　Webページを作成する際，文書の構造はHTMLで記述し，外見（視覚要素）はCSSという別の言語で制御することが推奨されているため，このCSSについても理解する必要がある．また，HTMLのみについて述べてもHTMLを十分に理解することはできない．Webページを表示するWebブラウザの中で何が行われているかを理解する必要がある．

　Webにおける情報表現力は，技術の進歩によって目覚ましく向上してきている．Webページに埋め込まれる，JavaアプレットやJavaScript，Flashなどクライアントサイドの動的処理技術が登場し，ユーザごとにカスタマイズした情報が表示されたり，時間によってグラフィックが変化したり，さらにはユーザの操作に反応するインタラクティブなWebページも増えてきている．クライアントサイドの動的処理技術は，HTMLやCSSと同様に，Webシステムのユーザインタフェースやサーバサイド技術（第4章）との連携を担い，Webシステムを実現するための重要な要素技術である．

　本章では，HTMLとCSSの基礎を解説し，クライアントサイドの動的処理技術でもっとも利用されているJavaScriptを解説する．JavaScriptの解説の中で，変数や繰り返しなど，プログラミングの基本も説明する．

　本章は次の項目の理解を目的とする．

- Webページを記述するHTMLとCSSについて，定義，特徴，記述の基本と，HTML文書がブラウザで表示される仕組み（3.2節）．
- 簡易にプログラミング可能なスクリプト言語により，クライアントサイドで動的コンテンツを実現する方法と，Webブラウザ上で動作するスクリプト言語のデファクトスタンダードといえるJavaScript（3.3節）．

☐ キーワード

　HTML，マークアップ言語，ハイパーテキスト，リンク，Webブラウザ，HTMLタグ，CSS，Web標準，クライアントサイドの動的処理技術，スクリプト言語，ECMAScript，JavaScript，変数，オブジェクト，プロパティ，メソッド，コンストラクタ，インスタンス，配列，関数，イベントハンドラ，制御構造，DOM，ノード，jQuery，ライブラリ

3.1 クライアントサイド技術とは

Webサーバにリクエストを送信し，その結果としてレスポンスメッセージを受け取り，レイアウトを整えて表示する側，つまりWebブラウザの側をクライアントサイドと呼ぶ．クライアントサイド技術は，このクライアントサイドで用いられる技術である．

Webはもともと，世界中に分散した研究者どうしで情報を共有するために，あらかじめ用意された静的なコンテンツを配信・閲覧するためのものであった．したがって，初期のクライアントサイド技術はWebページを記述するためのHTMLであった．その後，Webページの見やすさを左右する視覚要素（文字の大きさ，背景の色，画像のレイアウトなど）はHTMLで記述するのではなく，CSSというHTMLとは別の言語で記述することが推奨された．したがって，CSSもクライアントサイド技術の重要なものの1つとなった．

一方，Webへのニーズが静的なコンテンツの一方的な配信から双方向のコミュニケーションの実現へと変化していくにつれ，従来のHTMLの機能では実現できないさまざまな課題が明らかになった．そこで，Webサーバ上でコンテンツを動的に生成する技術や，Webブラウザ上で動的にコンテンツ（の一部）を切り替える技術が開発された．後者の技術はクライアントサイドの動的処理技術と呼ばれ，今日では，JavaScriptが多くのWebページで利用されている．

また，HTMLとCSSもHTML5やCSS3の研究開発が精力的に進められている．それらの技術を利用すれば，これまでのクライアントサイドの動的処理技術よりも機能を強化したWebページを実現することができる．ただし，HTML5やCSS3の詳細な解説は他の本に譲り，本書ではHTML4.01とCSS2.1を中心に解説する（その理由は【コラム】HTML5を参照）．

コラム　HTML5

HTML5とは，1997年に勧告され，1998年の改訂と1999年のバージョンアップを経て2012年現在まで使われているHTML4の後の新しい仕様である[3]．2011年5月に最終草案が発表され，注目を集めている．HTML4とどのようにちがうのだろうか．

第一に「ブロックレベル要素・インライン要素」の概念が「コンテンツモデル」という概念に変わる．コンテンツモデルとは，ごく大雑把にいうと，ある要素の中に何を入れてよいかを決めるものである．ブロックレベル要素とインライン要素もそのような関係性を持っているが，HTML5ではそれがコンテンツモデルとしてさらに洗練される，と考えるとよい．

第二に，アクセシビリティのための規定がさまざまなところにある．アクセシビリティについても仕様で決めたといってさしつかえない．

第三に，新しい要素・削除された要素がある．新しい要素は，たとえば記事1つを表すarticle要素，音声や映像のためのaudio要素・video要素などである．ブログなどが記事単位で独立して閲覧される，音声や映像が多いリッチなコンテンツ

が多いといった，昨今の Web の傾向が反映されている．

　このように新しい点を説明すると HTML4 と大きく異なるようにも思えるが，HTML5 は HTML4 と地続きのものである．HTML4 以前の Web サイトが利用可能にすることを重視して設計されているのである．「HTML Design Principles」には，「コンテンツ互換性」「革新より発展を優先」といった原則が書かれている．また，HTML4 時代の Web コンテンツの量はたいへんなものでもある．そこで，HTML4 をベースに学び，HTML5 の勧告にあわせて新しい部分を学ぶという方法が 1 つの最適解であると筆者は考えている．

http://www.w3.org/TR/html-design-principles/

3.2 HTML

3.2.1 HTML とは

(1) HTML のイメージ

　HTML と聞いてどのようなイメージが浮かぶだろうか．

　ごく大雑把にいうと，インターネットの Web ページの一枚一枚，あれが HTML ファイルである．パソコンや携帯端末で Web にアクセスすると表示される．現在の Web を利用する際には，HTML ファイル以外のプログラムファイルなどにアクセスする機会も少なくないが（サーバサイド技術については第 4 章を参照），まずは HTML ファイルを「ブラウザで Web にアクセスすると出てくる Web ページのもとになっているファイル」ととらえればよい．Web ブラウザを起動して Web にアクセスすると，テキスト，画像，動画などが表示される．これらを記述し，あるいは関連付けて Web ブラウザ上の表示を実現しているのが，HTML である．

　Web にアクセスして Web ページを閲覧することができるのは，ユーザがネットワークを経由して HTML ファイルにアクセスしているためである．ユーザはパソコンで Word ファイルや JPEG ファイルを開くときと同じように，ネットワークの向こう側の HTML ファイルを開いている．正確にいうと，Web ブラウザが HTML ファイルとそれに関連付けられたファイル群をダウンロードし，表示している．

　HTML ファイルは「.html」という拡張子の，HTML 形式のファイルである．HTML ファイルは互いにつなげることができる．具体的には，ファイルの中のテキストなどに他のファイルを参照するためのリンクを張ることができる．その部分を閲覧者（ユーザ）がクリックすると，指定されたファイルが表示される．このようにリンクによって複数の文書を結びつける機能をハイパーリンクといい，それが可能な文書をハイパーテキストという．

　HTML は文字だけでなく，画像・音声・動画などを扱うことができる．今や Web にアクセスして文字だけの Web サイトに出会うことのほうが珍しい．HTML はこれらの多彩なコンテンツを関連付け，Web ページの一部として表示することができる．

(2) HTMLの定義

　HTMLとは，HyperText Markup Languageの略である．ハイパーテキスト (HyperText) については前項のとおり，自由に結びつけることのできる文書を指す．マークアップ言語 (Markup Language) はコンピュータ言語の一種で，見出し，段落，図，表，箇条書きなどの文書の構造 (＝文書の中での各部分の役割) やフォントの大きさなどの外見を記述するための言語を指す．マークアップとはもともと，文章に対して指定された構造や外見の指定を意味する語である．

　つまり，「HTMLとは，Webページを記述するためのマークアップ言語．文書の構造や外見を記述するもの」である．たとえば，「この文字からこの文字までが1つの段落である．フォントの種類は明朝系，フォントのサイズは12，フォントの色は黒，行間は……」のように記述する．

　この指定を変化させると，Webブラウザで閲覧したときの状態が変化する．Webブラウザは HTMLで書かれた記述を読みとり，それを再現する機能を備えている（Webブラウザの動作の詳細については3.2.3項を参照）．

　2012年現在でもHTMLで外見を記述しているWebページは少なくないが，できるだけ使わないほうが望ましいとされている（詳細は3.2.2項を参照）．つまり，HTMLでは文書の構造を主に記述する．

(3) HTMLの特徴

　HTMLはWebページを記述する言語であり，世界はWebの登場で大きく変化した．HTMLのどこがすぐれているためにそのような力を発揮したかについて，以下に述べる．

　第一に，HTMLが置かれるネットワークはインターネットであり，だから世界規模である．インターネット上でハイパーテキストを実現したということは，世界規模で文書を自在に追加，拡張できるようになったことを意味する．紙の文書は原則として一冊ずつに断絶されている．コンピュータ上の文書も，HTML以前には文書ごとのつながりを自由につくることができず，また，インターネット以前のコンピュータネットワークはそれぞれ独立していたため，仮に文書の間につながりを作ったとしても，その拡張可能性はコンピュータネットワークの大きさまでしか広がらなかった．

　第二に，HTMLは，環境に依存せずデータを表現することができる．コンピュータはHTML文書を構造としてとらえる．そしてそれぞれの環境（OS，ブラウザなど）でそれを読みこむ．そのため，HTMLの側の記述は閲覧環境に依存しない．

　言い換えると，いろいろな環境で利用可能なファイルなのである．WebページはWindowsでも，Mac OSでも，Linuxでも閲覧できる．Webブラウザさえあればよい．そのブラウザも実にさまざまな種類があるが，HTMLファイルの内部が正しく記述されていれば，すべてのブラウザでそのWebページを閲覧することができる（「正しい」書き方については3.2.4項を参照）．

(4) HTMLの基本

　HTML文書は，タグと呼ばれる「<」と「>」で囲まれたある種の記号によって記述される．リスト3.1はもっともシンプルなHTML文書の例である．このようにタグが書かれたファイ

ルを Web ブラウザで読みこむと，Web ページとして表示される．

リスト **3.1** もっともシンプルな HTML 文書の例

```
<!DOCTYPE HTML PUBLIC "-//W3C//DTD HTML 4.01//EN"
"http://www.w3.org/TR/html4/strict.dtd">
<html>
<head>
<meta http-equiv="Content-Type" content="text/html;charset=utf-8"/>
<title>
</title>
</head>
<body>
</body>
</html>
```

リスト 3.1 は HTML であるために必要な最低限のタグのみが書かれており，本文（コンテンツ）はない．そのため，この HTML ファイルにブラウザでアクセスしても，白いページが表示されるのみである．文字や画像などを入れるには，この例にさらに多くの HTML タグが入ることになる．

リスト 3.1 に載っているタグは，そのファイルを HTML として成り立たせるためにある．以下，この例にあるタグを上から順に解説する．

図 3.1 の太線で囲んだ部分は，ドキュメントのタイプ（ドキュメントタイプ）を宣言している．大まかにいうと，「これから記述するのは HTML で，この URI に明記した定義に従って記述しています」という意味である．定義は別の文書として保存され，その URI が記されているという仕組みである．

「-//W3C//DTD HTML 4.01//EN」の部分は，Web の標準化団体（Web で使われる技術の標準を決める団体．詳細は 3.2.4 項を参照）が定義した文書の型の定義を参照するための識

```
┌─────────────────────────────────────────────────┐
│ <!DOCTYPE HTML PUBLIC"-//W3C//DTD HTML 4.01//EN │
│ " http://www.w3.org/TR/html4/strict.dtd">       │
└─────────────────────────────────────────────────┘

<html>

<head>

<meta http-equiv="Content-Type" content="test/html;charaset=utf-8" />

<title>

</title>

</head>

<body>

</body>

</html>
```

図 **3.1** ドキュメントタイプの宣言

```
<!DOCTYPE HTML PUBLIC "-//W3C//DTD HTML 4.01//EN
"http://www.w3.org/TR/html4/strict.dtd">

<html>

<head>

<meta http-equiv="Content-Type" content="test/html;charaset=utf-8" />

<title>

</title>

</head>

<body>

</body>

</html>
```

図 3.2　開始タグと終了タグ

別子である．そのため，個別の HTML ファイルの作成者がこの部分を書き換えることはできない．これを「公開識別子」という．その後ろの「http://www.w3.org/TR/html4/strict.dtd」の部分は，その HTML 文書が準拠している文書型定義を参照する URI である．この部分を「システム識別子」という．公開識別子は必ず書くが，システム識別子は省略してもかまわない．

　ドキュメントタイプの宣言より下にある部分が，HTML タグである．

　HTML タグの多くは，「ここからここまで○○です」と範囲を示すために，最初と最後を表すタグを持つ．最初を表すものを開始タグ，最後を表すものを終了タグという．開始タグと終了タグの間の記述に，そのタグの効力が及ぶ．たとえば「ここからここまで 1 つの段落」「ここからここまで，文字の大きさは 12 ポイント」などである．

　開始タグと終了タグの書き方については，例示している HTML の上から二番目のタグ（図 3.2 に示す）がわかりやすい．

　図 3.2 に実線で囲んで示した部分が開始タグ，点線で囲んで示した部分が終了タグである．開始タグはタグの名称（要素名）が「<」と「>」で囲まれており（例では <html>），終了タグはその名称の前に「/」が入る（例では </html>）．開始タグ，終了タグ，およびそれらに囲まれた部分をあわせて「要素」と呼ぶ．すべての要素は開始タグと終了タグによって「< 要素名 ></ 要素名 >」という形式で書かれる．タグの効力を及ぼしたい範囲を，この開始タグと終了タグの間に入れる．間に入るものは別の要素やテキストであり，要素の内容と呼ばれる．<html></html> の場合，それを含む文書が HTML 文書であることを示す役割を持つ．html 要素はすべての HTML 文書においてもっとも外側に配置される．

　終了タグがない要素もある．そのタグが置かれた場のみに効力を及ぼすものなどである．たとえば「改行を入れる」という記述をしたい場合，開始も終了も同じ場所である．このような要素を空要素といい，< 要素名 /> という形式で記述する．

　ここでもう一度例を見ると，開始タグと終了タグの間に別の要素が入り，さらにその中に別

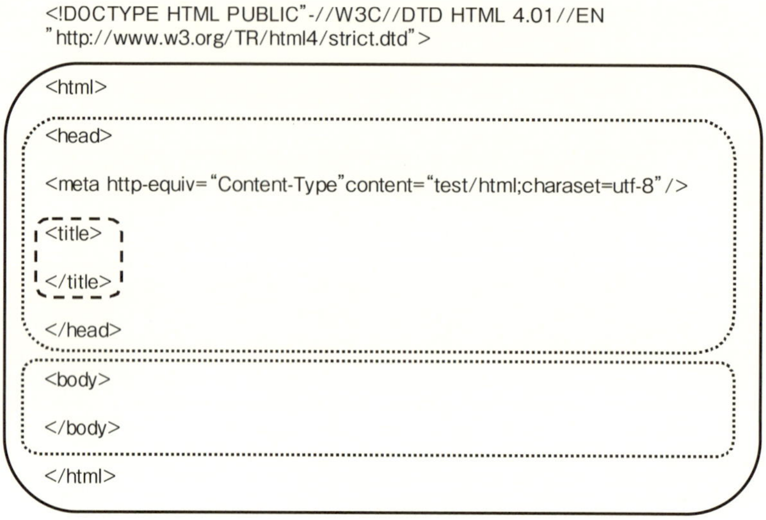

```
<!DOCTYPE HTML PUBLIC"-//W3C//DTD HTML 4.01//EN
 "http://www.w3.org/TR/html4/strict.dtd">
  <html>
    <head>
      <meta http-equiv="Content-Type"content="test/html;charaset=utf-8"/>
      <title>
      </title>
    </head>
    <body>
    </body>
  </html>
```

図 3.3　要素の入れ子構造

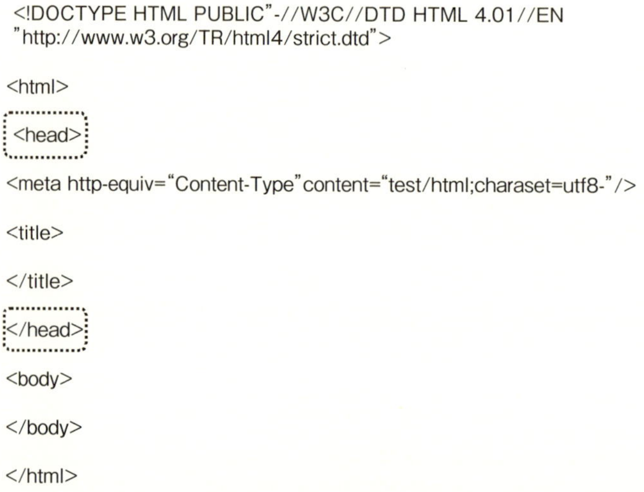

```
<!DOCTYPE HTML PUBLIC"-//W3C//DTD HTML 4.01//EN
 "http://www.w3.org/TR/html4/strict.dtd">
  <html>
    <head>
    <meta http-equiv="Content-Type"content="test/html;charaset=utf8-"/>
    <title>
    </title>
    </head>
    <body>
    </body>
  </html>
```

図 3.4　head 要素

の要素が入る，という入れ子構造であることがわかる（図 3.3）．

　図 3.3 の実線で示したタグがもっとも外側にあり，その中に点線で示したタグ，さらにその中に破線で示したタグが入っている．

　html 要素の中に必ず入る要素がいくつかある．最初に入るのが，head 要素である（図 3.4）．

　head 要素は，その Web ページの基本情報を入力するための部分である．文書のヘッダーにあたる．本文に含まれないので Web ブラウザには表示されないが，そのファイルの表示のために必要な情報を書く部分，と理解してよい．head 要素は HTML 文書の中に必ず入れなければならない．

　head 要素の中にはまた別のタグが入る．図に示している例ではタイトル（<title>）と，Web

図 3.5　ページタイトル

ブラウザがテキストを読みこむ際に使う文字コードなどを指定する <meta> というタグが書かれている．このうち，title 要素は head 要素の中に必ず 1 つ，入れなければならない．

　Web ページにアクセスすると，ブラウザ上部にページタイトルが示される（図 3.5）．ページタイトルとして表示したい文字列を title 要素の中に書くと，その HTML ファイルを Web ブラウザで読みこんだときブラウザ上部に表示されるという仕組みである．リスト 3.2 に，タイトルの文字列が title 要素の中に入っている状態を示す．

リスト 3.2　title 要素の具体例

```
<<!DOCTYPE HTML PUBLIC "-//W3C//DTD HTML 4.01//EN"
"http://www.w3.org/TR/html4/strict.dtd">
<html>
<head>
<meta http-equiv="Content-Type" content="text/html;charset=utf-8"/>
<title>サイバー大学（インターネットの通信制大学）|　オンラインで IT とビジネスを学び，大学卒
業資格（学士号）を取得できる
</title>
```

　ここまで，もっともシンプルな HTML ファイルのタグを上から順に見てきた．最後に残ったのが，<body> というタグである（図 3.6）．
　body 要素は Web ページの「本文」にあたる部分である．Web ブラウザの中に表示される部分はすべてこの body 要素の内容として記述される．記述の仕方はやはり入れ子構造で，図式的に示すと，図 3.7 のようになる．実線で囲んだ部分が body 要素のすぐ下の階層，その下が点線で囲んだ部分，その下が破線で囲んだ部分である（もちろん，その下の下の……と階層が続く場合もある）．点線のタグの中に書かれた内容はその上にある実線のタグによって指定された性質も持つ．破線のタグの中に書かれた内容は点線と実線のタグによって指定された性質をも持つ（この性質を継承という）．どのような HTML ファイルも，この構造で記述されている．

```
<!DOCTYPE HTML PUBLIC"-//W3C//DTD HTML 4.01//EN
"http://www.w3.org/TR/html4/strict.dtd">

<html>

<head>

<meta http-equiv="Content-Type"content="test/html;charaset=utf-8"/>

<title>

</title>

</head>

<body>

</body>

</html>
```

図 **3.6** body 要素

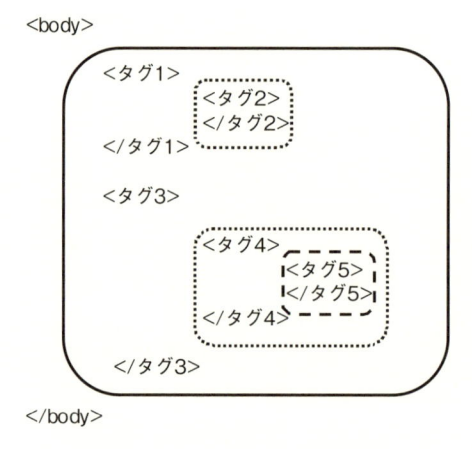

図 **3.7** body 要素の中の入れ子構造

(5) HTML のルール

　title 要素では要素の開始タグと終了タグの間にテキストのみが入っており，要素の中にある文字が特定の場所に表示されるのであった．非常にシンプルであるが，本文である body 要素は複雑な内容を持つ．そのため，単にタグの間にテキストを書けばよいというわけにはいかない．

　たいていの Web ページの本文には文字がたくさん入っており，その中に複数の段落が設けられている．写真や図，リンク，箇条書きや表も入るかもしれない．そのようにさまざまな要素からなる Web ページを記述するために，要素を階層構造にし，要素や階層の間にルールを設けている．ここではごく基本的なルール二点のみを説明する．

　第一に，body 要素の中に直接文字を書くことはできない．文字に関する何らかの要素を入れ，その中に書かなければならない．

　第二に，body 要素のすぐ下に入ることができる要素と，入ることができない要素がある．たとえば文字にリンクを張るための要素は文字を必要とするので，段落を作る要素など，文字を

書くための要素の中に入れなければならない．body 要素のすぐ下に入ることができる要素をブロックレベル要素，入ることのできない要素をインライン要素という．インライン要素はブロックレベル要素の中に入るか，他のインライン要素の中に入ることになる．

その他，要素ごとに，また要素どうしの間に個別のルールがあるが，基本的なルールはこの二点である．この 2 つのルールを頭の片隅に置き，具体的な HTML の記述を解説する．

(6) HTML の書き方の例

もっともシンプルな HTML（リスト 3.1）に文章を書く例と，文字の一部にリンクを張る例を通して，HTML の記述方法を説明する．

前述のルールで，「body 要素の中に直接文字を書くことはできない」と述べた．文章を書く際のもっとも基本的な単位は段落である．HTML ではまず，段落をつくる要素を置き，その中に文字を書く．するとそれが一段落として表示される．段落をつくる要素を p 要素という．<p></p> の間に，その段落に含まれる文字列を書く．

また，前節で，body 要素の中に直接入れることのできるブロックレベル要素と，直接 body 要素の中に入ることのできないインライン要素があると述べた．p 要素はブロックレベル要素である．body 要素の下に入れ，文字を書きこむと，リスト 3.3 のようになる．なお，入れ子構造のわかりやすさのために字下げを行っている（HTML タグの外側に置いたタブなどの空白は Web ブラウザでの表示に影響しない）．

リスト **3.3**　p 要素を配置した HTML 文書

```
<!DOCTYPE HTML PUBLIC "-//W3C//DTD HTML 4.01//EN"
"http://www.w3.org/TR/html4/strict.dtd">
<html>
  <head>
    <meta http-equiv="Content-Type" content="text/html;charset=utf-8"/>
    <title>
    </title>
  </head>
  <body>
    <p>
      ここに文字を書きます．
    </p>
  </body>
</html>
```

リスト 3.3 を Web ブラウザで閲覧した結果が，図 3.8 である．

body 要素の中，つまり p 要素（「ここに文字を書きます．」からなる段落）が本文として表示されていることがわかる．

もう少し複雑な記述として，文字にリンクを張る方法を説明する．リンクを張る場合，「書かれている文字の一部をリンクの対象として指定する」「リンク先を記述する」という 2 つの作業が必要になる．このように，対象を指定して記述する（例では，「この場所にリンクを張る」）だけでなく，そこに何らかの性質（例では，リンク先の URI）を加えたいとき，対象の指定には HTML タグを用い，加える性質の内容については要素の「属性」としてタグの中に添加す

図 3.8　p 要素の Web ブラウザでの表示

る．書式は以下のとおりである．

```
<要素名 属性="属性の内容">
```

リンクを張るための要素は a 要素，リンク先を指定する属性は href 属性，属性の内容は指定したい URI である．要素名と属性の間は半角スペース，属性の内容（属性値と呼ぶ）は「"」（ダブルクォート）で区切る．URI を仮に「http://www.cyber-u.ac.jp/」として書式にあてはめると，以下のようになる．

```
<a href ="http://www.cyber-u.ac.jp/">
```

リンクを張る a 要素はインライン要素である．つまり，ブロックレベル要素の中に入れなければならない．先の例の p 要素の中にリンク用の文言とともに書き入れると，リスト 3.4 のようになる．

リスト 3.4　a 要素を追加した HTML 文書

```
<!DOCTYPE HTML PUBLIC "-//W3C//DTD HTML 4.01//EN"
"http://www.w3.org/TR/html4/strict.dtd">
<html>
  <head>
    <meta http-equiv="Content-Type" content="text/html;charset=utf-8"/>
    <title>
    </title>
  </head>
  <body>
    <p>
      ここに文字を書きます．
      <a href="http://www.cyber-u.ac.jp/">
        ここにリンクを張ります．
      </a>
    </p>
```

```
        </body>
</html>
```

　リスト 3.4 の HTML 文書を Web ブラウザで閲覧すると，図 3.9 のようになる．

　図 3.9 では，Web ブラウザの機能を用いて左下にリンク先の URI を表示している（リンクが張られている文字などにマウスカーソルを合わせると表示される）．属性として a 要素の中に書きこんだ URI であることがわかる．

　HTML の要素とその属性にはさまざまな種類があるが，基本的な書き方は以上である．記述方法をマスターするには，はじめから要素と属性をすべて覚えようとせず，自分が作りたい Web ページに必要な要素・属性を調べながら書き，書きながら覚えるとよい．

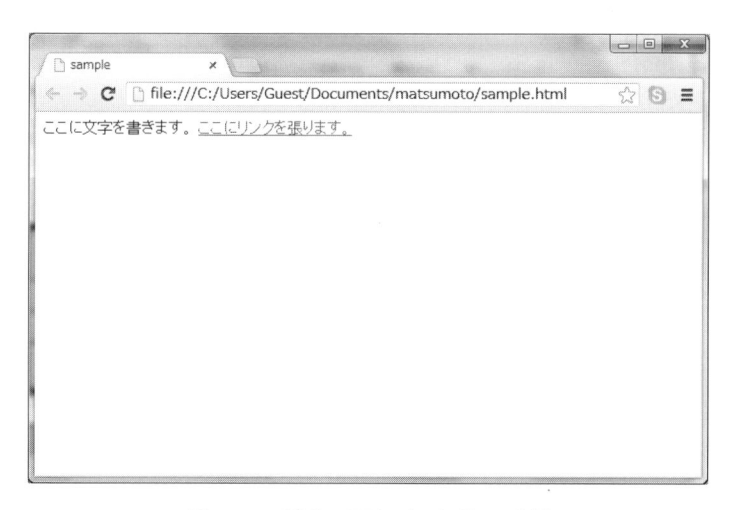

図 3.9　a 要素の Web ブラウザでの表示

3.2.2　CSS

(1)　CSS は視覚表現を記述

　Web ページの閲覧のしやすさや印象を左右する大きな要因の 1 つに，色や大きさ，レイアウトなどの体裁がある．以下，こうした体裁にかかわる要素を「視覚要素」と呼ぶ．

　かつてはこの視覚要素についても HTML タグで記述していたが，2012 年 3 月現在に勧告されている HTML4 では（そして近々勧告されると思われる HTML5 でも），視覚要素は HTML で記述するのではなく，CSS という別の言語で定義することが推奨されている．

　CSS は Cascading Style Sheets の略である．スタイルシートという名のとおり，HTML の視覚要素（スタイル）を記述するために開発された．HTML のスタイルを指定するためのスタイルシート言語で，HTML と同じく，テキストファイルである．例をリスト 3.5 に示す（ここではテキストファイルとしてのイメージがつかめればよい．意味は後述する）．

リスト **3.5** CSS の例

```
#container {
  margin:20px auto 10px auto;
  text-align: left;
  width:950px;
  /*border: 1px solid #cccccc;*/
}

body {
  color:black;
  font-size:large;
}

div#header {
  letter-spacing: 0.1em;
  text-align: left;
  margin:0px auto 20px auto;
  padding:25px;
  border-bottom: 1px solid #cccccc;
  background-color:#EFEFEF;
}

div#header p {
  color: #222222
}

img.right {
  float: right;   /* 画像を右側に配置する（回り込み） */
  margin-right: 15px;
  margin-bottom: 25px
}
```

　CSS では HTML で記述できる表現の大部分が可能であり，新しいデザイン機能も取り入れている．Cascade はここでは「重ね合わせる」程度の意味で，複数の CSS で定義した視覚要素を 1 つの Web ページ上で重ね合わせることが可能であることを示している．

　CSS は独立したファイル（CSS ファイル）で保存し，HTML に適用する．style 属性を利用して HTML タグの中に，あるいはテキストスタイル要素や style 要素として HTML ファイルの中に直接入れこむことも可能だが，その場合 CSS のメリットの多くが失われるため，独立したファイルにして適用する方法が一般的である．

　CSS ファイルにはスタイルの情報のみを書き，HTML 側で「このスタイルシートを使う」という意味のコードを書くことで適用する．CSS にどのような情報が書かれ，それがどのように動作するかについて把握するため，適用した状態と適用する前の状態の例を図 3.10 と図 3.11 に示す．

(2) HTML から視覚表現を切り離す意味

　前項で「かつてはこの視覚要素についても HTML タグで記述していた」と説明した．HTML でも書けるのに，なぜ CSS が必要なのか．HTML タグがどのように視覚要素を記述するかを見てみると，その理由がわかる．HTML で記述することの難点をクリアするものとして CSS

図 **3.10** CSS を適用している Web ページの例

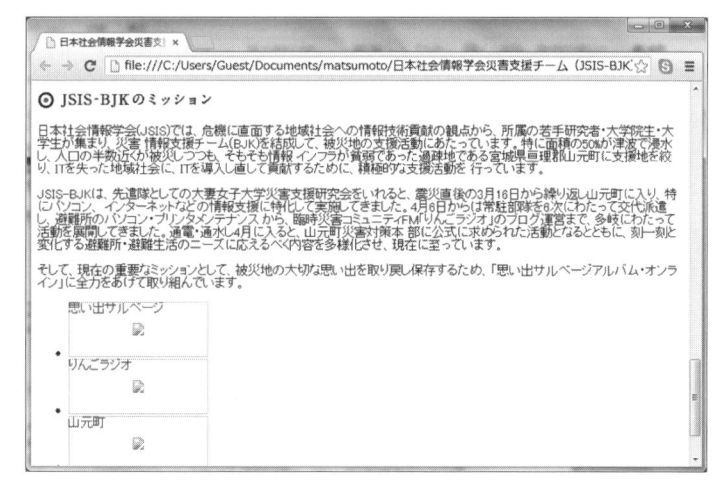

図 **3.11** 図 3.10 の Web ページから CSS を外した状態

が普及したためである．

HTML で視覚要素を指定する例を挙げる．2012 年現在でもある程度利用されているものに，テキストスタイル要素がある．文字に対して，太字・イタリック・大きさなどを指定するものである．仮に太字を指定する場面を思い描いてみると，太字にしたい強調や見出しの数だけ，その文字列をタグで囲む作業を行うことになる．

部分的な強調はその都度，指定する場所が違うので，一つひとつつけていく他はない．しかし見出しについては，「この種類の見出しはこのスタイル」と指定できれば，一度の指定であとはそれを適用する方法のほうが効率的である．CSS はこの「対象（例では見出し）のスタイルを定義し，対象にあてはまるものすべてに適用する」という方法でスタイルを指定することができる．HTML でスタイルを指定すると，その他の視覚要素についても都度，それぞれの部分に指定しなければならない．CSS にすると，凝ったデザインであればあるほど効率化されるこ

とになる．また，レイアウトの設定・変更も容易で，同じレイアウトを HTML で行う場合に比べて非常に少ない時間で実装できる．柔軟性がある，といってよい．

　また，CSS を使ったほうが，音声読み上げブラウザなどに対応しやすい．より多くの人がアクセス可能な Web サイトを目指す（アクセシビリティ．詳細は 3.2.4 項を参照）ために望ましいといえる．

　さらに，CSS でデザインすると，HTML ファイルには構造だけが書かれている状態になるため，Web ブラウザの解釈（詳細は 3.2.3 項を参照）に時間がかからない．そのうえ，CSS で書いたほうがコードの量が少ない傾向にある．これらの理由で，CSS を用いたほうが閲覧時の読みこみが速くなる．

　以上をまとめる．HTML から視覚要素を切り離す意味（＝CSS の利点）は柔軟性，アクセシビリティ，処理速度の速さである．

(3) CSS の書き方

　CSS は，「セレクタ」「プロパティ」「値」の三つの部品でできている．

　セレクタはスタイルを適用する場所を示す部分である．HTML のタグの名称を書く．本文全体に適用したいのであれば，「body」と書く，といったぐあいである．

　プロパティは，スタイルの種類を書く部分である．HTML のタグの名称のように，CSS が指定する名称（キーワードという）があるので，それを書く．キーワードは英語がベースになっており，比較的わかりやすい．たとえば文字の色を指定する場合は，「color」と書く．

　最後の部分が「値」である．これは HTML の属性に対する値と同じ意味で，プロパティで示されたスタイルの中身を指す．色であれば，赤，青，緑……といったものである．

　これらを下の書式で並べる．

セレクタ｛プロパティ:値｝

　HTML の必須要素のように「これを書かなくては CSS として機能しない」というようなものはない．上記の構成に正しいセレクタ・プロパティ・値を入れれば，CSS として機能する．適用は HTML 側から行うため，CSS ファイルには何も書かなくてよい．

　id 属性を追加したタグに対してスタイルを設定する場合，セレクタにはその id 属性の内容を利用して「div#header」のように書く．「#container」のようにタグの部分を省略すると，その id 属性の値を持つタグが対象となる．本来，id 属性は 1 つの Web ページ内でタグを一意に識別するために利用されるため，タグの部分を省略しても，そのスタイルが適用される箇所は同じはずである．

　セレクタを半角スペースで複数つなげて，要素の入れ子構造に従ってスタイルを指定することもできる．たとえば，「div#header p」と書いた場合，<div id="header"></div> の中に含まれる p 要素だけにスタイルが適用される．

　タグに class 属性を追加し，そのクラスをセレクタとすることで，よりきめ細かなスタイルを指定することもできる．たとえば，ページの右側に掲載する写真と左側に掲載する写真を区別する場合などに利用できる．具体的には，<img src="sample.jpg" alt="サンプル" class="right" />

のようにタグに class 属性を追加し，スタイルシートのセレクタでは，「img.right」のようにタグとクラス名を「.（ドット）」でつないで書く．

　プロパティ（スタイルの種類）は，複数指定することができる．たとえば，本文全体に適用したいスタイルとしては，文字の色，文字の大きさ，背景の色……といったさまざまなものがありうる．これらを一度に書くことができるのである．

　複数のプロパティを書くときには，2 番目以降のプロパティの前に「;」（セミコロン）を置いて区切る．プロパティが 3 つなら，次のようになる．リスト 3.5 のように改行や空白を入れて書いてもよい．

```
セレクタ {プロパティ 1:値 1; プロパティ 2:値 2; プロパティ 3:値 3;}
```

　たとえば，「本文のスタイルは，文字色が黒で，文字の大きさは大きめにしたい」という場合，まず，文字色のプロパティと文字の大きさのプロパティを調べる．それから値として，「（文字が）大きめ」「黒」にあたるものを探す．文字色のプロパティが color，文字の大きさは font-size，黒の値は black（あるいは#000000），文字を大きくする値は large なので，以下のようになる．

```
body {color:black;font-size:large;}
```

　CSS を適用する HTML は，要素の中に別の要素が入る入れ子構造を持っていた．CSS でこの入れ子の上位にあたる部分にスタイルを指定すると，下位の部分にも適用される．HTML と同様，継承されるのである．

　たとえば，本文全体 (body) のフォントサイズを 90 ％に指定したとする．さらに，この本文の中のある段落のフォントサイズを 80 ％に指定したとする．この場合，CSS は以下のようになる．

```
body {font-size:90%}
p {font-size:90%}
```

　本文の 90 ％は，その一部である段落にも引き継がれている．それがさらに 80 ％になるので，段落の中の文字は，「$0.9 \times 0.8 = 0.72$」，すなわち 72 ％の大きさで表示される．

3.2.3　Web ブラウザで行われる処理

(1)　Web ブラウザの役割はレイアウト

　HTML ファイルに Web ブラウザでアクセスすると，HTML で書かれた文書の構造をブラウザが解釈し，適用されている CSS も読み，ダウンロードして画面上にレイアウトする．これがブラウザの基本的な動作である．HTML は画像などオブジェクトを関連付けているので，Web ブラウザはそれらも含めてダウンロードし，配置している．Web ブラウザで閲覧されている Web ページを図 3.12 に示す．

　この Web ページは HTML ファイル，画像ファイルで構成されている．図 3.13 にそれぞれのファイルをそのまま重ねたイメージを示す．これがいわば Web ページの「材料」で，Web ブラウザが解釈して表示した結果が図 3.12 のような，おなじみの Web ページである．つまり，

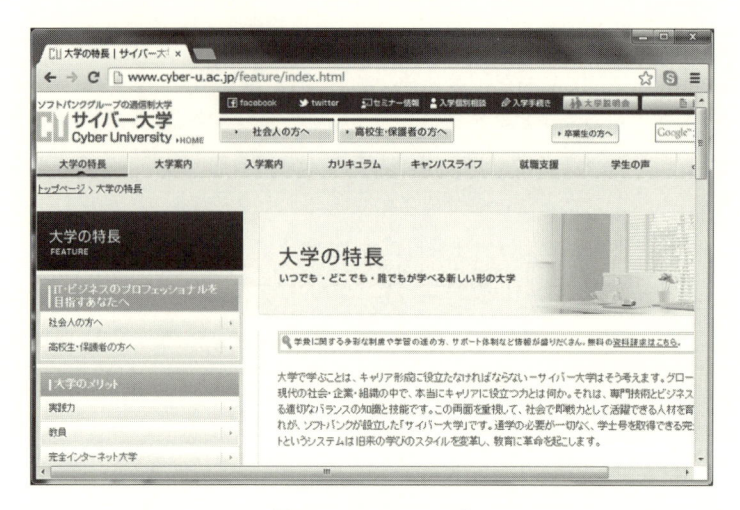

図 3.12 Web ページ

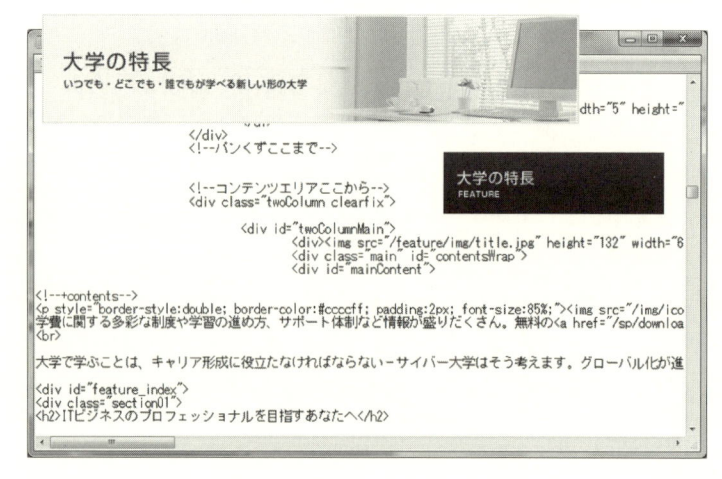

図 3.13 Web ページの「材料」

テキストや画像などの「材料」を配置するレイアウトが，Web ブラウザの役割である．

(2) Web ブラウザの 3 つの部分

Web ブラウザは大きく分けて 3 つの部分に分かれる．HTTP ユーザエージェント，パーサ，レンダラである．

Web サーバと通信して HTML ファイルなどを取得するプロセスを担当する部分を HTTP ユーザエージェントと呼ぶ．第 2 章で説明したとおり，確認のためにいくつかの情報をサーバに送信し，サーバからも情報を得たうえで HTML ファイルを取得する機能を持っている．

HTML 文書の構造を解析する部分はパーサと呼ぶ（本稿では HTML をもとに説明しているが，Web 上にある HTML 以外の文書について解析する場合もある）．3.2.1 項で説明したような構造などの解釈を，Web ブラウザが行うものである．

HTML 文書の解析を終えたら，その結果をもとに文字や画像を配置し，ユーザが Web ブラ

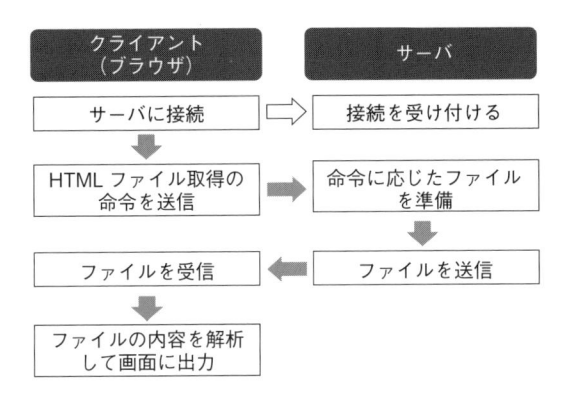

```
          クライアント              サーバ
          （ブラウザ）
             │                      │
         サーバに接続  ⇨      接続を受け付ける
             ↓                      ↓
       HTMLファイル取得の  ⇨    命令に応じたファイル
         命令を送信              を準備
                                    ↓
         ファイルを受信  ⇦      ファイルを送信
             ↓
       ファイルの内容を解析
       して画面に出力
```

図 **3.14** Web ページ閲覧時の処理の流れ

ウザで見る表示を作る．この部分をレンダラと呼ぶ．

(3) アクセス時のおおまかな流れ

ブラウザが Web サイトにアクセスし，HTML ファイルを読むとき，どのような情報がやり取りされているだろうか．アクセスから Web ページ表示までの全体の処理の流れを図 3.14 に示す．

HTML ファイルを送受信するだけではなく，それに先だって確認が行われていることがわかる．では，「接続を受け付ける」「HTML ファイル取得の命令を送信」の部分では，具体的にどのような情報をやり取りしているだろうか．

(4) やり取りされる情報

ブラウザが Web ページを閲覧するとき，まずはそのページが置いてある Web サーバに対して，以下の情報が送られる．

- 「データをください」という依頼
- Web ブラウザの種類
- 利用可能な圧縮形式
- 言語，文字コード（言語データを解釈するためのコードセットの種類）など

Web サーバはブラウザの情報を受け，以下の情報を送りかえす．

- 通信ができたかどうかを示すステータスコード
- データを送信した日時
- Web サーバソフトウェア，OS
- 「HTML を送ります」という宣言など

通信が成功していれば，この情報の後，Web サーバからブラウザに対して，HTML ファイルや画像が送られる（詳細は第 2 章を参照）．

(5) 表示トラブル

この一連の流れのどこかに問題が起きると，どうなるだろうか．

最初の確認の段階でトラブルが起きると，HTML ファイルなどが送付されない．つまり，アクセスできない．

ファイルが送付され，その HTML 文書に問題がある場合には，Web ページの制作者が意図しない表示になることがある．たとえば，要素の入れ子構造が正しくないなど HTML 文書として成立しないかたちのミスがあった場合，どの Web ブラウザで見ても表示が崩れると思われる．

しかし，あるブラウザでは正常に表示されるが，別のブラウザではうまく表示されない，という場合もある．HTML を解釈するためのプログラム（パーサ）がブラウザごとに違うためである．HTML には正しい書き方が定められているが，それとは異なる書き方が含まれていても，HTML ファイルとして成立しないわけではない．部分的に誤っていたり，方言のように少し異なる書き方をしていたりする HTML ファイルも多く存在する．そのため，ブラウザによって見えかた（すなわち，パーサの解釈）が違うという現象も頻繁に起きる．

正しい HTML の書き方とはどのようなものだろうか．実は「これが正しい書き方だ」と定めた文書が公開されている．この書き方を「Web 標準」という（詳細は 3.2.4 項を参照）．

Web 標準に従っていれば，いろいろな Web ブラウザで閲覧したときに，製作者の意図どおりに表示されると期待できる．なぜなら，ブラウザの開発者は，この Web 標準をもとにブラウザを開発しているからである．

(6) 高機能化する Web ブラウザ

Web ブラウザについて，ここまでは HTML を表示するアプリケーションとして説明してきた．しかし，現代の Web には HTML 以外のリソースもたくさんある．Web 上にさまざまな種類の，あるいはさまざまな言語で書かれたファイルが存在するようになったためである．

それにともない，ブラウザは，Web 上のさまざまなリソースを利用するための高度なアプリケーションに発展した．Web ブラウザによって，対応している技術が異なるため，機能は一律ではない．そのため，「あるブラウザでは，この Web サイトを閲覧することができない（または，Web サイトの一部を表示することができない）」という現象も起きうる．また近年は，ユーザが自分に必要な機能を選んでインストールすることのできる拡張機能がついたブラウザも普及している（なぜそのようなことが可能になるかについては，3.3 節を参照）．

3.2.4 Web 標準とその効用

(1) 誰が標準を決めるのか

本項では，HTML の「正しい」書き方である Web 標準について，その概略を説明する．

Web 標準という名称で呼ばれるドキュメントの内容は，仕様書である．いろいろな Web 技術の標準が書かれているが，本項で説明するのは HTML である．

この仕様を決めるために「標準化団体」と呼ばれる，標準化のための団体が組織され，策定を行っている．Web 標準についていえば，World Wide Web Consortium（以下 W3C）とい

う団体がそれを行っている．2009年現在356の企業・機関が会員となっている非営利組織で，Webに関する情報の提供，研究開発の促進，新技術の実装などがそのミッションである．

W3Cは突然に標準を発表するのではない．草案→最終草案→勧告案→勧告候補→勧告，と段階を踏んで策定する．このプロセスで開発者や利用者の意見がオープンに取り込まれ，国際的な合意を得て成立するのである．

勧告は強制ではない．標準として策定された仕様からはずれるHTMLを書いても罰されることはない．しかしながら，Webブラウザはその仕様を実装しているので，確実に正しく表示されるHTMLを書きたければ，標準に従うべきである．

Webブラウザの開発者や一般のエンドユーザはどのように仕様策定プロセスにかかわることができるだろうか．Webブラウザは仕様の完成品である勧告に基づいて開発される．それをエンドユーザが利用する．多くのブラウザはバージョンアップされる．その成果を，Web標準にフィードバックすることができる．そのブラウザが準拠している勧告に，ではない．勧告は変更されない．その次のバージョンの草案にフィードバックされるのである．

(2) 現行の勧告

現在勧告されているのはHTML4，Webができてから4番目の勧告である．そのなかにさらに3つのバージョンがある．もっとも厳密な「Strict」（本書の例で用いている），HTML4の勧告前の事情を鑑みた現実的な妥協案である「Transitional」，さらに，「Transitional」でも認めていないフレームという要素を認めた「Frameset」である．なぜ3つものバージョンがあるのだろうか．

HTMLは「文書の構造を記述する」ことが目的であり，視覚要素はCSSに分離することが望ましかった．HTML4はそれをはっきりと打ち出していた．にもかかわらず，HTML4策定中の時期には，タグが視覚要素のコントロールのために使われることが多くあった．理想と現実に大きな乖離が生じていたために，「理想バージョン (Strict)」「妥協バージョン (Transitional)」「もっと妥協バージョン (Frameset)」とでも呼ぶべき3つのバージョンが作られたのである．

HTML4の最新版が勧告されたのは1999年である．それから現在までの間に，複数のブラウザがWeb標準を一定程度サポートするようになった．このようなブラウザをモダンブラウザと呼ぶ．一方，一部のWeb制作者は早くからHTML4に準拠したHTML+CSSのWebサイトを作成，更新作業の容易さやデザイン変更の効率化を見せつけた．そのメリットを感じた他者が追随し，Web標準が伝播した．

(3) Web標準の効用

Web標準に従う効用を，詳しく説明する．

第一に，すでに述べたとおり，制作・更新の効率性が高まる．大規模サイトが一般的になった時代にはこの傾向はさらに強まる．複数人で制作する際，各人のHTMLの書き方が一定でないと混乱が起きかねない．

第二に，アクセシビリティが向上する．たとえばHTMLで視覚要素を表現して音声読み上げソフトに対応することは極めて難しい．音声読み上げソフトの側が複雑なHTMLタグをうまく解析できないのである．視覚要素をCSSに分離すれば，HTMLには明確に文書の構造が

示され，視覚障碍者にとってもアクセシブルになる．これは一例であり，また，アクセシビリティは必ずしも障碍者のためだけのものではない（すべての人にとって使いやすい Web ページになる）．

　第三に，SEO 対策になる．文書の構造が明確な Web サイトは，検索エンジンのクローラ（Web 上の文書や画像などを取得し，検索結果に反映するために自動的にデータベース化するプログラム）にとっても「わかりやすい」のである．

　たとえば，同じように太字で書かれた見出しがあったとする．片方は字を太くするタグ（視覚要素のタグ）が使われており，もう片方には見出しをつくるタグが使われている．人間の目で見ればどちらも見出しに見え，重要な情報だと判断できる．しかし，クローラが「見出しのタグがついていれば重要」と判断するとしたら，字を太くするタグが使われている部分より，見出しをつくるタグが使われている部分が重要と判断される．

　第四に，ソースコードが減ることで，ファイルが小さくなる．CSS での視覚表現の記述はその都度該当する部分をタグで囲む必要がある HTML に比べて効率的であるため，ソースコードが減るのである．

　第五に，互換性が確保できる．Web 標準は，以前に作られた HTML ファイルについて考慮し，また，この先どのような HTML ファイルが作られるか予測したうえで策定される．そのため，将来 HTML が閲覧できない可能性が少なくなる．

3.3　クライアントサイドの動的処理技術

3.3.1　クライアントサイドの動的処理技術とは

　Web における情報表現力は，技術の進歩によって目覚ましく向上してきており，ユーザの状況やニーズに応じてカスタマイズした情報が表示される Web ページや，ユーザの操作に反応するインタラクティブな Web ページも増えてきている．こうした動的処理をクライアントサイドで実現するには，Web サーバから Web ブラウザに対して Web ページの一部の文字や画像を動的に書き換える簡易プログラムを送り，Web ブラウザがそれらを逐次解釈・実行する形式をとる．この簡易プログラムをスクリプト，さらにスクリプトを記述するための言語をスクリプト言語と呼ぶ．スクリプト言語は，機械語への変換作業（コンパイル）は不要で簡単に利用できるインタプリタ言語である．クライアントサイドでスクリプトを実行することにより，HTML だけでは実現できない動的な処理，たとえば状況に応じてデータの見せ方を変化させたり，ユーザの操作により Web ページの一部だけを動的に書き換えたりするような仕組み，さらに入力フォームに記入されたデータを Web サーバへ送信する前にチェックする仕組みなどを簡単に実現することができる．

　クライアントサイドの動的処理技術の導入には，あえて Web サーバで処理させるまでもない単純な処理を Web ブラウザ上で実行することにより，Web サーバの処理負荷を下げるとともに Web サーバからの応答を待つ時間を短縮できるというメリットがある．しかしその一方で，いったんすべてのデータをユーザのパソコンにダウンロードする必要があるため転送量が

増加したり，ユーザが利用しているパソコンの性能などにより処理時間が大幅に変わったりすることがある．また，OS や Web ブラウザの種類によっては Web ページの表示が制作者の意図するものにならないこともある．さらに，スクリプトの処理機能は通常 Web ブラウザの中に埋め込まれているため，Web ブラウザの設定で機能をオフにされているとそもそもスクリプト自体を扱うことができなくなる場合もある．

Web ブラウザにおける最初のスクリプト言語は，1994 年ごろに開発された Netscape Communications 社（当時）の LiveScript であり，後に Sun Microsystems 社（当時）との共同開発の流れを受けて 1995 年に JavaScript が開発された．そして，JavaScript は 1996 年に Firefox など Mozilla 系の Web ブラウザの前身である Netscape Navigator 2.0 や，Internet Explorer 3.0 において正式に採用され急速に普及した．JavaScript は，JavaScript をサポートする Web ブラウザが動作する環境であれば使用する OS に依存しないが，JavaScript の登場当時は Microsoft 社が JavaScript をベースに機能拡張した JScript や開発プログラミング言語の 1 つである Visual Basic をもとにした VBScript を開発するなど，Web ブラウザベンダーが独自に仕様を拡張していたため，Web ブラウザ間の互換性が極めて低かった．そこで 1997 年，通信に関する標準を策定する国際団体 ECMA（European Computer Manufacturer Association；ヨーロッパ電子計算機工業会）によって JavaScript の中核的な仕様が ECMAScript として標準化（ECMA-262）され Web ブラウザ間の互換性が向上した．また，Adobe Systems 社が開発した Flash で用いられている SWF ファイル開発用のスクリプト言語 ActionScript も，ECMAScript をベースにとしている．なお，Web ブラウザ上で SWF ファイルを動作させるには，Flash の実行環境である Flash Player というプラグイン（Web ブラウザを機能拡張する外部プログラム）を必要とするが，このように Web ブラウザにさまざまなプラグインを導入することにより，クライアントサイドの動的処理技術を発展させ Web ブラウザの表現力をさらに向上させることも可能である．

3.3.2 JavaScript

(1) JavaScript の概要

JavaScript は現在 Web ブラウザ上で動作するスクリプト言語（簡易的なプログラミング言語）のデファクトスタンダードとなっている．JavaScript は，C 言語や Java といったメジャーで高機能なプログラミング言語を参考にシンプルな文法を採用しており，実行時にコンパイルの必要もないインタプリタ言語であるため，プログラミングの初心者でも簡単に学習できる．「オブジェクト指向」の考え方を取り入れているが，Java のような本格的なオブジェクト指向言語とは異なり，より簡易的なオブジェクトベース言語といわれる（オブジェクト指向については第 4 章のコラムを参照）．しかも，JavaScript を扱うのに特別なソフトウェアは必要なく，テキストエディタと Web ブラウザさえあれば，従来はワープロで打った文章のような表現しかできなかった Web ページに動的な表現やインタラクティブ性を付加することができ，直感的でリッチなインターフェースをユーザに提供することができる．

JavaScript のプログラムはテキストで記述され，HTML 文書に埋め込まれる．JavaScript のプログラムは，HTML と同時に Web ブラウザにテキストデータのまま送られ，そのデータ

は上の行から逐次 Web ブラウザ上で実行される．

ただし，あくまでクライアント側の Web ブラウザ上でのみ動作するスクリプトであるため，Web サーバ上のデータを書き換えることはできない．またセキュリティの面から，Web ブラウザが動作しているパソコンのハードディスクなどにあるデータを取得したり送信することはできない．

(2) JavaScript の記述方法

JavaScript の記述方法は，HTML 文書の内部に直接スクリプトを記述する方法と，HTML 文書とは別のテキストファイルにスクリプトを記述しそれを HTML 文書から読み込んで使用する方法の 2 種類がある．

共通することとして，head 要素に `<meta>` タグを使用して，使用するスクリプト言語が JavaScript であることを宣言しておく（HTML4.01 に準拠する場合に記述を推奨）．

```
<meta http-equiv="Content-Script-Type" content="text/javascript"/>
```

HTML 文書の内部に直接スクリプトを記述する場合は，JavaScript のプログラムは script 要素の内部に記述する．このとき type 属性には「text/javascript」を指定する．

```
<script type="text/javascript" charset="utf-8">
<!--
...
// -->
</script>
```

「`<!-- ～ // -->`」の部分は JavaScript に対応していない Web ブラウザのための記述である．こうすることにより HTML ではコメント扱いになるため，JavaScript のプログラムは解釈されず Web ブラウザ上にも表示されなくなる．

script 要素を HTML 文書の head 要素内に記述した場合，JavaScript のプログラムは body 要素より前に読み込まれる．そのため，関数（処理をひとまとめにしたもの）を定義する場合には，head 要素内に記述する．一方，HTML 文書の body 要素内に何かを表示する場合には，実際に表示する位置にスクリプトを記述する．タグの中にイベントを組み込んで，そこに直接スクリプトを記述する場合もある．

JavaScript のプログラムを HTML 文書とは別のテキストファイル（スクリプトファイル）に記述しておき HTML 文書からそのファイルを外部参照させて使用する場合には，HTML 文書に script 要素の src 属性で拡張子を「.js」としたスクリプトファイルを指定する．通常，スクリプトファイルを参照するために，以下のような script 要素を head 要素内に記述する（スクリプトを実行する場所に記述することも可能）．

```
<script type="text/javascript" charset="utf-8" src="sample.js">
</script>
```

スクリプトファイルは JavaScript 専用のファイルになるため，HTML の中に JavaScript を埋め込むときに使った `<script>` タグは記入する必要がなく，JavaScript のソースのみ直接記

述すればよい．外部ファイルにする利点としては，複数のページに同じスクリプトを読み込ませて活用できるとともに，コンテンツとプログラムを分離することによりメンテナンスのしやすさが向上することにある．

スクリプトは文字列やコメントを除きすべて半角文字で記述する．また，文の末尾には「;」（セミコロン）を付けることにより，文の終わりを明示する．スクリプトを見やすくするため，区切りとしてスペース，Tab，改行を入れることは可能である．

JavaScriptでのコメントは，「//」から始まるものと「/* ～ */」で囲む二種類がある．前者はそれ以降文字が行末までコメントになり，処理されなくなる．

```
// 行末までコメント
```

後者はコメントが複数行にまたがる場合に利用する．

```
/* この行はコメント行
この行もコメント行 */
```

非常に長く複雑なプログラムになる場合には，適度にコメントを入れることでメンテナンスしやすくなる．

JavaScriptを実行できない環境（script要素を解釈できないWebブラウザ）やスクリプトを実行しない設定にしている場合に配慮するには，noscript要素を利用して代替となる説明用のテキストを用意する．

```
<noscript>
<p>
ここでは 現在の日時を表示するために，JavaScript を使用しています．
残念ながらご利用の環境では表示できません．
</p>
</noscript>
```

(3) 変数とオブジェクト

変数とは，データを一時的に記憶し必要に応じて利用できるようにするための領域のことであり，変数につけた固有の名前を変数名，記憶されているデータをその変数の値という．変数はデータの入れ物のような存在で，スクリプトの中で複数の変数を同時に利用することも可能であり，同じデータを何度も参照したり条件や計算によって値を変化させたい場合に利用する．また，変数を用いることで，スクリプトが簡潔になりメンテナンスも容易になる．JavaScriptでは，変数に数値，文字列，HTML文書の要素や属性，真偽値（trueまたはfalse），オブジェクト（日付，配列，ウィンドウなど）を格納できる．

なお，変数名には，先頭の文字がアルファベットあるいは「_」（アンダースコア）であれば，2文字目以降には任意の英数字を設定できる（JavaScriptの予約語を除く）．また，大文字と小文字は異なる文字として厳密に区別して扱われる．

変数を使用するには，varにより宣言をする（省略可）．たとえば，numberという名前の変数の使用を宣言し，10を代入する場合は，以下のようになる．

```
var number;
number = 10;
```

なお，変数の宣言と同時に値（初期値）を設定することもできる．

```
var number = 10;
```

「＝」（イコール）は代入という意味であり，変数に文字列や数字を設定するときに用いる．代入する文字や数字は式の右側に書き込む．変数に文字列を代入する場合は，「"」（ダブルクォーテーション）で囲む．

```
var moji = "文字列";
var gazou = "<img src = 'images/pic.gif'>";
```

JavaScript では，Web ブラウザに表示されるドキュメント（HTML 文書），画像，文字列やリンク，フォームのテキストエリアやボタンなどの個々のパーツをオブジェクトとして管理しており，これらオブジェクトを容易に扱えるようにしている．オブジェクトは，HTML 文書が Web ブラウザに読み込まれた時点で自動的に生成される．それぞれのオブジェクトには，属性を表すための「プロパティ」や，命令を実行するための「メソッド」が多数用意されており，メソッドを呼び出すことによりオブジェクトのプロパティを変更し，HTML 文書内の文字の色やサイズを動的に変えたりすることが可能となる．

また，Web ブラウザによって表示されているウィンドウそのものに対応する window オブジェクトを頂点として，HTML 文書やその中に存在する画像やリンクなど各パーツに対応するオブジェクトなどが構成され，階層構造で成り立っている．さらに，Web ブラウザ自体や OS などの情報を扱うオブジェクト (navigator) を含めてナビゲータオブジェクトと呼ぶ（図 3.15）．

ウィンドウ内のオブジェクトにアクセスするためには，最上位の window オブジェクトから下の階層のオブジェクトへ順にたどる．その際，上位のオブジェクトと下位のオブジェクト

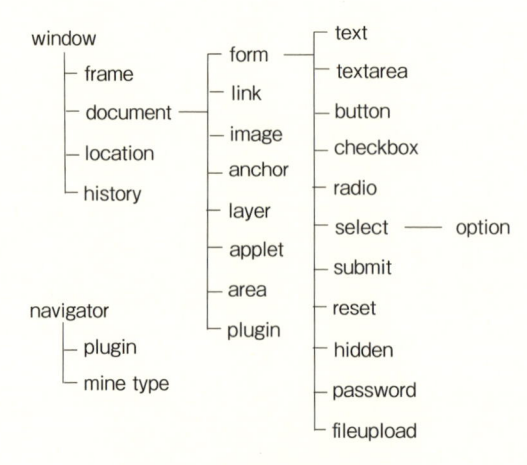

```
window
  ├─ frame
  ├─ document ─┬─ form ─┬─ text
  │            ├─ link  ├─ textarea
  │            ├─ image ├─ button
  │            ├─ anchor├─ checkbox
  │            ├─ layer ├─ radio
  │            ├─ applet├─ select ── option
  │            ├─ area  ├─ submit
  │            └─ plugin├─ reset
  │                     ├─ hidden
  │                     ├─ password
  │                     └─ fileupload
  ├─ location
  └─ history
navigator
  ├─ plugin
  └─ mine type
```

図 3.15 ナビゲータオブジェクト

は「.」（ドット）でつなぐ．たとえば，HTML文書自体を管理するdocumentオブジェクトは，「window.document」と記述する．「window.document.image」はHTML文書に含まれるimg要素に対応する画像オブジェクトである．1つのWebページに複数の画像が含まれる場合，画像オブジェクトを配列（後述）で管理する．

　オブジェクトに用意されているメソッドやプロパティにアクセスする場合にもオブジェクト名のあとにドットでつないで，メソッド名やプロパティ名を指定する．たとえばdocumentオブジェクトのwrite()メソッドを呼び出すには次のように記述する．

```
window.document.write("Hello!");
```

　この場合，1つ目のドットはオブジェクトの階層の区切りを，2つ目のドットはオブジェクトとメソッドの区切りを意味する．なお，自分自身のウィンドウ内のオブジェクトにアクセスする場合に限り，先頭の「window.」は省略できる．

　JavaScriptのオブジェクトには，ナビゲータオブジェクトの他にも，あらかじめJavaScriptに組み込まれているオブジェクト（ビルトインオブジェクト）や，新たに自分で定義するオブジェクトがある．その場合のオブジェクトの生成には「new」の後にオブジェクトのひな形となるコンストラクタ（オブジェクトを生成するための関数）を指定する．たとえば，日付・時刻を管理するオブジェクトにDateオブジェクトがあるが，Dateオブジェクトのコンストラクタを引数なしで実行するとその時点の日時を管理するDateオブジェクトが生成される．生成されて使用可能となった状態のオブジェクトをインスタンスと呼ぶ．いったんインスタンスが生成されると，オブジェクトに用意されているさまざまなメソッドやプロパティを扱うことができるようになる．現在時刻を表示するには，まず変数nowに生成したDateオブジェクトのインスタンスを格納し，widow.document.write()メソッドに渡す（リスト3.6，図3.16）．documentオブジェクトのwriteメソッドは，引数で与えられた文字列をWebページに書き出す機能を持つ．

リスト **3.6**　現在時刻を表示するプログラム

```
<p>
現在の時刻：

<script type="text/javascript" charset="utf-8">
<!--

// Date オブジェクトを生成しそのインスタンスを変数 now に格納
var now = new Date();

// 時・分・秒を取得するメソッドをそれぞれに実行・表示してつなぐ
window.document.write(now.getHours()+"時");
window.document.write(now.getMinutes()+"分");
window.document.write(now.getSeconds()+"秒");
// -->
</script>
</p>
```

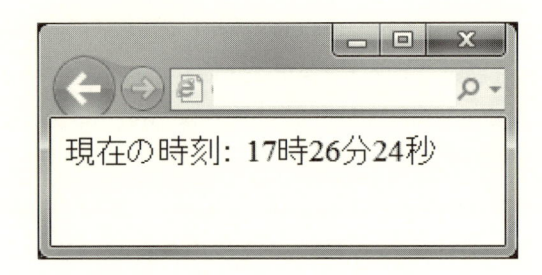

図 3.16　現在時刻を表示するプログラム（リスト 3.6）の実行結果

　Date オブジェクトのメソッドは，そのインスタンスが管理する時間を返すといった特定のインスタンスに依存している．このように特定のインスタンスに依存するメソッドのことをインスタンスメソッドと呼ぶ．

　このようにビルトインオブジェクトは，通常 new 演算子を利用してオブジェクトのインスタンスを生成してメソッドを呼び出すが，算術演算機能を持つ Math オブジェクトなどに関しては，インスタンスを生成することなくメソッドを呼び出すことが可能である．そして，このインスタンスに依存せず自由に呼び出せるメソッドのことをクラスメソッドと呼ぶ．たとえば，引き数として渡された値の中で最小の値を返す min メソッドは次のように使える．

```
min = Math.min(1,3,6);
```

　また Math オブジェクトには定数として使用可能な変数が定義されている．これらの変数をクラス変数と呼び，クラスメソッド同様にインスタンスに依存せず使用できる．たとえば，円周率は PI という変数に格納されて，次のように利用する．

```
menseki = Math.PI*5*5;
```

　なお，クラス変数は書き込み不可として定義されており，ユーザが値を設定することはできない．

　JavaScript では配列もオブジェクトとして扱う．配列とは，同じ型のデータを連続的に並べたてひとまとめにしたもので，変数名と添字で一連のデータを扱うことができる．配列の生成は Array オブジェクトのコンストラクタを使用し，引数には配列の要素数を指定する．

```
var 配列名 = new Array(要素数);
```

　たとえば，要素数が 3 の配列 greeting を生成し，順に「おはよう」「こんにちは」「こんばんは」を代入する場合には次のようになる．配列名の後に [ ]（角括弧）を記述し，その中に配列の何番目かを指定する．なお，添字は 0 からはじまる．

```
var greeting = new Array(3);
greeting [0] = "おはよう";
greeting [1] = "こんにちは";
greeting [2] = "こんばんは";
```

Arrey オブジェクトのコンストラクタの引数には要素数の代わりに個々の要素の値を直接代入することもできる．

```
var greeting = new Array("おはよう","こんにちは","こんばんは");
```

(4) 関数とイベントハンドラ

関数とは，一連の処理をあらかじめ1つにまとめたものを指し，必要に応じて呼び出せるようにする機能である．関数にして複数の命令を含む一連の処理をひとまとめにすることにより，同じ処理を繰り返し使用することができる．多くのプログラミング言語では「サブルーチン」と呼ばれる．

関数は function で定義され，通常 head 要素内の script 要素として記述する．また，関数名で使う大文字と小文字は，異なる文字として厳密に区別して扱われる．

```
function 関数名 (引数 1, 引数 2,) {
ステートメント 1;
ステートメント 2;
・・・
return 戻り値;
}
```

実際の処理は { }（波括弧）内でステートメントを記述する．ステートメントとは1つの指令を与えるための文を指し，関数は1つ以上のステートメントの集まりから成る．関数を呼び出した側に値を返す場合には return の後ろに戻り値を指定する．また，関数の引数や戻り値はなくてもよい．

JavaScript では，イベントハンドラを使用してさまざまなイベント発生時に自動的に関数を実行することができる．イベントとは，ユーザによりマウスのボタンが押されたり，HTML 文書の読み込みが完了したときや，フォームのプルダウンメニューの選択肢が変更されたなど，何らかの動作が起こったときに発生するもので，Web ブラウザはこれを監視している．イベントの発生に対する処理を関数で記述しておくことで，イベント発生時にさまざまな処理を開始することが可能となる．JavaScript ではイベントハンドラによりイベントを検出し行う処理を body 要素内のタグの部分で指定し呼び出す．

マウスポインタが合わさったときにイベントを発生する onMouseOver，およびマウスポインタが外れたときにイベントを発生する onMouseOut を使って画像が変化する例をリスト 3.7 に示す．まず，head 要素内に script 要素として画像を変更する関数を定義する．

リスト **3.7** イベントハンドラを使って画像を変更するプログラム

```
<head>
<script type="text/javascript" charset="utf-8">
<!--

// 画像ファイルを pic2.gif に変更する
function next(){
  window.document.image.src = "pic2.gif";
```

```
}
// 画像ファイルを pic1.gif に変更する
function back(){
 window.document.image.src = "pic1.gif";
}
// -->
</script>
```

さらに，関数を呼び出すトリガ（動作を開始するためのきっかけとなる命令）として，<a> タグを使ってイベントハンドラを指定する．このようにして，マウスポインタが画像上にきたら next() を呼び出し，マウスポインタが画像の外に出たら back() を呼び出す．画像オブジェクトの src プロパティを利用すれば，そのオブジェクトに対応する img 要素の src 属性を操作できる．したがって，それぞれの関数の中で，「window.document.image.src = "pic1.gif";」のように画像オブジェクトの src プロパティに画像ファイルを代入することで，表示する画像を変更する（図 3.17）．

```
<a onMouseOver = "next()" onMouseOut = "back()">
<img src="pic1.gif" name="image">
</a>
```

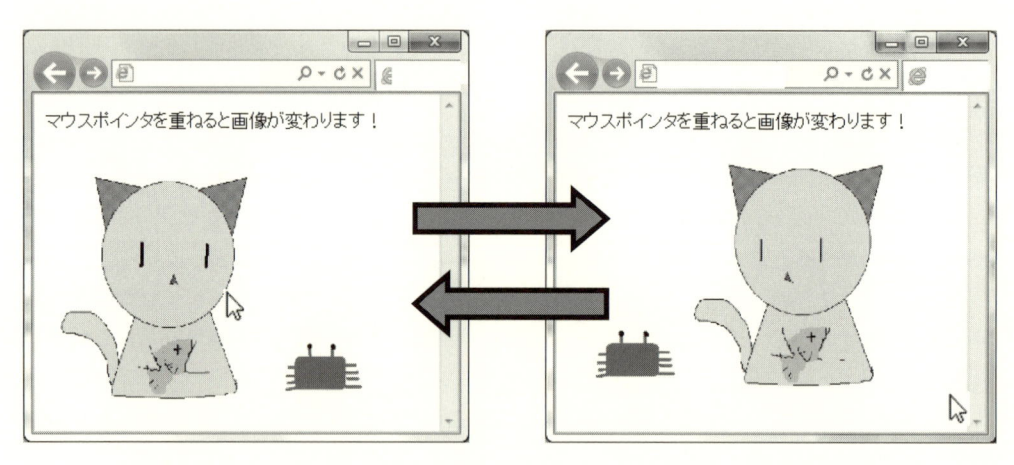

図 3.17　イベントハンドラを使って画像を変更するプログラム（リスト 3.7）の実行結果

(5) 制御構造

プログラミングには，同じ処理を繰り返すループ処理と，条件によって処理を分岐する条件判定といった制御構造が不可欠である．

JavaScript における繰り返しを命令する構文に，for，while があり，これらを利用することにより簡単にプログラムを繰り返し動作させることができる．

for 文は，指定した条件式が真の間，一連の処理（ { } （波括弧）のブロック内に記述された

ステートメント群）を繰り返し実行（ループ）させる．ただし，ステートメントが1つの場合「{ }」は不要である．

```
for(初期処理式; 条件式; 増減式) {
ステートメント 1;
ステートメント 2;

}
```

初期処理式，条件式，増減式はセミコロン「;」で区切って指定する．初期処理式はループカウンタを初期化するために使用し，この式に書かれたステートメントは，ループを開始する前に1回だけ実行される．条件式は，現在の状態を評価するための式を指定し，ループを回る都度評価され，この式が真 (true) である間，ブロックを繰り返し実行する．評価の結果が偽 (false) になった場合には，ループを抜ける．増減式はループを回るたびに実行され，ループカウンタを増加，または減少させる．リスト 3.8 に for 文を利用して 0 から 9 までを順に 10 回足し合わせた合計を求める例を示す（図 3.18）．

リスト 3.8　for 文を使って合計を求めるプログラム

```
<p>
0 から 9 までを順に 10 回足し合わせた合計：

<script type="text/javascript" charset="utf-8">
<!--
var n;      //連番を入れる変数
var sum;        //連番を合計した数字を入れる変数

// 0 から 9 までを順に 10 回足し合わせる
sum = 0;
for (n = 0; n < 10; n = n + 1) sum = sum + n;

// 総和の書き出し
window.document.write(sum);

// -->
</script>

</p>
```

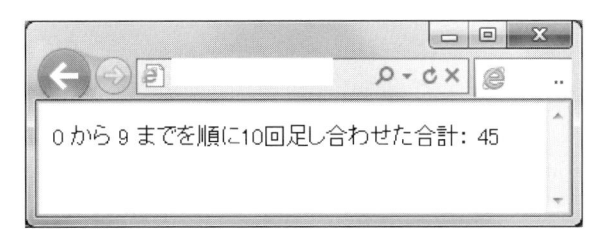

図 3.18　for 文を使って合計を求めるプログラム（リスト 3.8）の実行結果

while 文は，for 文同様に繰り返しを行うが，繰り返し回数がわからない場合に，ある一定の

条件を指定し，その条件を満たしている間処理を繰り返す．

```
while (繰り返しの条件) {
ステートメント 1;
ステートメント 2;

}
```

リスト 3.9 に，while 文を使用して $0+1+2+\cdots$ の合計が 100 を超えたときの計算の回数を求める例を示す（図 3.19）．

リスト **3.9**　while 文を使って回数をカウントするプログラム

```
<p>
0+1+2+…の合計が 100 を超えたときの計算の回数：
<script type="text/javascript" charset="utf-8">
<!--
var n = 0; //連番を入れる変数
var sum = 0; //連番を合計した数字を入れる変数

// sum が 3 桁（100）より少ない間繰り返す
while ( sum < 100 ){
  n = n+1;
  sum = sum + n;
}

// 3 桁に達した時点の数を書き出し
window.document.write(n);

// -->
</script>

</p>
```

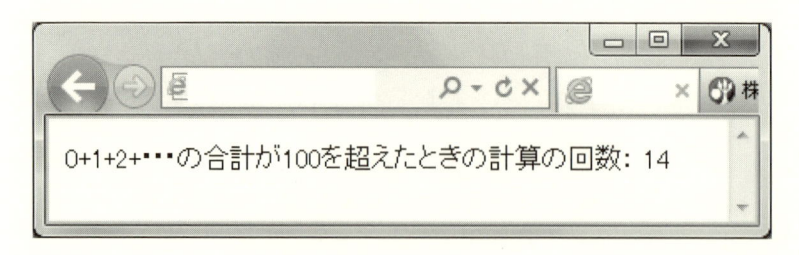

図 **3.19**　while 文を使って回数をカウントするプログラム（リスト 3.9）の実行結果

一方，ある条件によって処理を分岐する場合には，if 文，switch 文を使用する．
if 文のもっとも基本的な書式は，次のようになる．

```
if(条件式){
ステートメント 1;
ステートメント 2;

}
```

条件式が真 (true) の場合のみ，その後ろの一連の処理（{ }（波括弧）のブロック内に記述されたステートメント群）が実行される．ただし，ステートメントが 1 つの場合「{ }」は不要である．

条件が偽 (false) の場合の処理を加える場合には else を追加する．複数の if～else を組み合わせることにより，より細かい条件判断が行える．たとえば 2 つの条件式を使って 3 つに分岐したい場合は，以下のようになる．

```
if (条件式 1) {
条件式 1 が真の場合に処理するステートメント群
}
else if (条件式 2) {
条件式 1 が偽であり，条件式 2 が真の場合に処理するステートメント群
}
else {
どの条件式にも当てはまらない場合に処理するステートメント群
}
```

リスト 3.10 に，if 文を利用して，BMI 判定をする例を示す（図 3.20）．window オブジェクトの alert メソッド（window.alert()）は，図 3.20 のように別のウィンドウにダイアログメッセージを出すことができる．

リスト **3.10** if 文を使って BMI を判定するプログラム

```
<p>
あなたの BMI 判定は・・・

<script type="text/javascript" charset="utf-8">
<!--

// BMI の判定
var bmi = 20;   //判定したい値

if (bmi < 18.5) window.alert("痩せすぎ");
else if (bmi<25) window.alert("普通");
else if (bmi<35) window.alert("肥満");
else window.alert("高肥満");

// -->
</script>

</p>
```

if 文を組み合わせることで複雑な条件であっても式を記述することができるが，対象となる 1 つの値をさまざまな値と比較して一致しているかどうか調べる場合には，switch 文を使う方

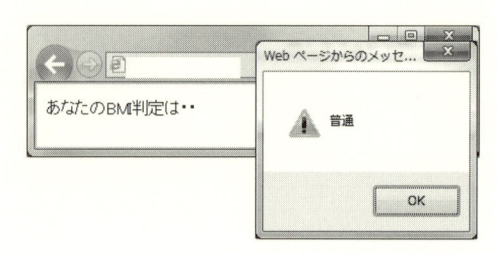

図 3.20　if 文を使って BMI を判定するプログラム（リスト 3.10）の実行結果

が便利である．それぞれの処理ブロックから抜けるためには break を使う．

```
switch (変数){
case 値 1:
変数が値 1 の場合に処理するステートメント群;
break;
case 値 2:
変数が値 2 の場合に処理するステートメント群;
break;
case 値 3:
変数が値 3 の場合に処理するステートメント群;
break;
}
```

リスト 3.11 に switch 文を利用して，本日の曜日を表示する例を示す（図 3.21）．

リスト 3.11　switch 文を使って曜日を表示するプログラム

```
<p>
今日は何曜日？
<script type="text/javascript" charset="utf-8">
<!--
// Date オブジェクトを生成しそのインスタンスを変数 now に格納
var now = new Date();

// getDay メソッドにより変数 now から曜日を取得し，変数 week に格納
var week = now.getDay();

// 条件分岐
switch(week){
  case 0:  window.alert("今日は日曜日です！"); break;
  case 1:  window.alert("今日は月曜日です！"); break;
  case 2:  window.alert("今日は火曜日です！"); break;
  case 3:  window.alert("今日は水曜日です！"); break;
  case 4:  window.alert("今日は木曜日です！"); break;
  case 5:  window.alert("今日は金曜日です！"); break;
  case 6:  window.alert("今日は土曜日です！"); break;}
// -->
</script>
</p>
```

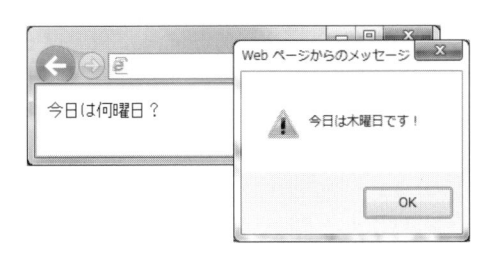

図 **3.21** switch 文を使って曜日を表示するプログラム（リスト 3.11）の実行結果

(6) DOM

DOM (Document Object Model) は，プログラミング言語を使って HTML 文書や XML 文書で要素や属性を取り扱うための API (Application Programming Interface) として，1998 年に W3C により勧告された．DOM では HTML 文書の要素や属性，テキストなどをそれぞれオブジェクトとしてとらえ，そのプロパティやメソッドをプログラミング言語によって操作することで，動的な Web ページを実現することを可能にする．JavaScript は DOM に対応しており，DOM の仕様に沿って HTML 文書を操作することができる．DOM は前述したナビゲータオブジェクトをベースとしているが，ナビゲータオブジェクトは標準化されておらず，個々の Web ブラウザが独自に実装していたため，Web ブラウザの違いを意識したプログラミングに手間がかかっていた．DOM は，現在主流の Web ブラウザではほぼ対応している（Microsoft Internet Explorer では 5.0 以降）．

3.2 節で説明したように，HTML では要素は必ず入れ子構造になるように記述されるため，HTML 文書内の要素間には親子関係が存在する．1 つの要素は複数の要素を子とすることができるため，HTML 文書を構成する要素をツリー状に整理することができる．これらを扱う DOM においても HTML 文書の構造がそのまま反映されるツリー構造を持ち，この構造のことを DOM ツリーと呼ぶ．DOM ではオブジェクトのことをノードと呼び，ノードはオブジェクトの種類により要素ノード，属性ノード，テキストノードなどに分類できる（5.2 節も参照）．また，各ノードはノード間で，親ノード，子ノード，兄弟ノードなどの関係性を持つ．こうしたノードの複雑な階層関係を DOM ツリーによって整理して表すことができる．

たとえば，次のような HTML 文書があるとする（入れ子構造を理解しやすくするため字下げを行っている）．

リスト 3.12 の DOM ツリー（要素ノードのみ）は図 3.22 のようになる．

JavaScript の document オブジェクトには，DOM ツリー内の各ノードにアクセスするためのメソッドがいくつか用意されている．

要素名でノードを検索する場合には，getElementsByTagName() メソッドを利用する．同じ名前のタグは複数あることがあるため，このメソッドで見つかったノードは配列として返される．たとえば，3 つのリスト要素（li 要素）から 1 番目の要素の内容にアクセスしてダイアログ表示するにはリスト 3.13 のようになる（図 3.23）．各ノードのテキストを抽出するには，textContent プロパティを使用する．

リスト 3.12　HTML 文書の例

```
<!DOCTYPE HTML PUBLIC "-//W3C//DTD HTML 4.01//EN"
 "http://www.w3.org/TR/html4/strict.dtd">
<html>
  <head>
    <meta http-equiv="Content-Type" content="text/html;charset=utf-8"/>
    <meta http-equiv="Content-Script-Type" content="text/javascript"/>
    <script type="text/javascript" charset="utf-8">
    <!--
      function hit(){
        window.alert("SNS");
      }
    // -->
    </script>
  </head>
  <body>
    <ol>
      <li>Facebook</li>
      <li>Twitter</li>
      <li>mixi</li>
    </ol>
    <button onclick = "hit()">クリック</button>
  </body>
</html>
```

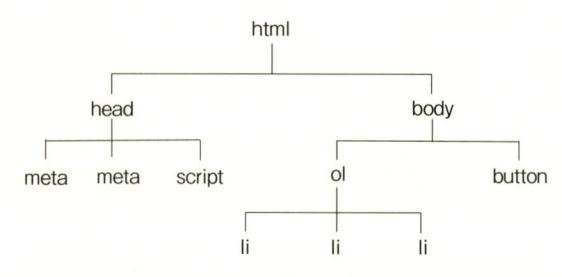

図 3.22　リスト 3.12 の HTML 文書の DOM ツリー

リスト 3.13　要素ノードを抽出するプログラム

```
<!DOCTYPE HTML PUBLIC "-//W3C//DTD HTML 4.01//EN"
 "http://www.w3.org/TR/html4/strict.dtd">
<html>
<head>
<meta http-equiv="Content-Type" content="text/html;charset=utf-8"/>
<meta http-equiv="Content-Script-Type" content="text/javascript"/>
<script type="text/javascript" charset="utf-8">
<!--
function hit(){
  var liList = window.document.getElementsByTagName ("li"); // 文書内のすべての li
要素のノードを取得し，配列 liList に格納（この場合要素数が 3 の配列）
  var SNS = liList[0];   // li 要素一番目のノードを SNS に格納
  window.alert(SNS.textContent);   // SNS の文字列を抽出して表示
}
```

```
// -->
</script>
</head>
<body>
<ol>
<li>Facebook</li>
<li>Twitter</li>
<li>mixi</li>
</ol>
<button onclick = "hit()">クリック</button>
</body>
</html>
```

図 3.23　要素ノードを抽出するプログラム（リスト 3.13）の実行結果

　getElementsByTagName() メソッドでは，文書内の同一名の要素の数が変更になるとスクリプトも変更が必要となる．そこで，目的のノードに確実にアクセスするには，getElementById() メソッドを使って各要素の開始タグに記述した id 属性の内容で検索する方法をとる．そのためには，目的の要素には id 属性で ID を設定しておく必要がある（ID は 1 つの HTML 文書内で一意になるように記述）．

　ボタンをクリックすると id 属性が「text」の div 要素にあるテキストの内容が書き換わる例をリスト 3.14 に示す（図 3.24）．各ノードのテキスト（HTML タグを含む）を動的に変更するには，innerHTML プロパティを使用する．このプロパティは W3C の DOM の仕様には含まれていないが，主要な Web ブラウザには実装されている．

リスト 3.14　要素の内容を書き換えるプログラム

```
<!DOCTYPE HTML PUBLIC "-//W3C//DTD HTML 4.01//EN"
 "http://www.w3.org/TR/html4/strict.dtd">
<html>
<head>
<meta http-equiv="Content-Type" content="text/html;charset=utf-8"/>
<meta http-equiv="Content-Script-Type" content="text/javascript"/>
<script type="text/javascript" charset="utf-8">
<!--
// ID が「text」のノードを取得し，内容を書き換える関数を定義
```

```
function rewrite(){
  window.document.getElementById("text").innerHTML="<B>書き換わりました！</B>";
}
// -->
</script>
</head>
<body>
<div id="text">ここが書き換わります．</div>
<button onclick="rewrite()">書き換え</button>
</body>
</html>
```

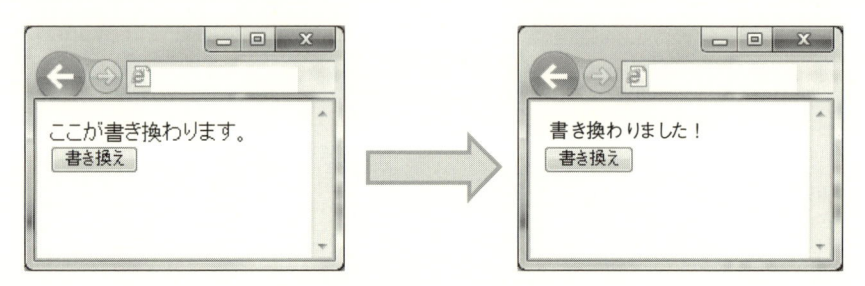

図 3.24　要素の内容を書き換えるプログラム（リスト 3.14）の実行結果

　JavaScript では，DOM ツリーの各ノードの style プロパティにアクセスすることで，スタイルシートの設定値を呼び出したり，動的に変更したりすることができる．ボタンをクリックすると id 属性の内容が "text" の div 要素にあるテキストの文字色とサイズが変更される例をリスト 3.15 に示す（図 3.25）．

リスト 3.15　スタイルを変更するプログラム

```
<!DOCTYPE HTML PUBLIC "-//W3C//DTD HTML 4.01//EN"
 "http://www.w3.org/TR/html4/strict.dtd">
<html>
<head>
<meta http-equiv="Content-Type" content="text/html;charset=utf-8"/>
<meta http-equiv="Content-Script-Type" content="text/javascript"/>
<script type="text/javascript" charset="utf-8">
<!--
// ID が「text」のノードを取得し，文字色とサイズを変更する関数を定義
function change() {
  window.document.getElementById("text").style.color="#ff0000";
  window.document.getElementById("text").style.fontSize="24pt";
}
/ -->
</script>
</head>
<body>
<div id="text" style="color:#000000;font-size:12pt">テキストの色とサイズが変わりま
```

```
す．
</div>
<button onclick="change()">変更</button>
</body>
</html>
```

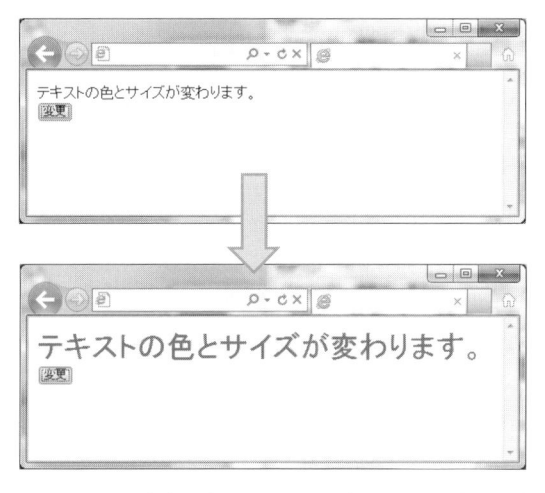

図 3.25　スタイルを変更するプログラム（リスト 3.15）の実行結果

コラム　**jQuery**

　jQuery とは，2006 年にジョン・レシグ (John Resig) により公開されたオープンソースの JavaScript ライブラリである [7]．ライブラリとは，関数などある特定の機能を持つプログラムを定型化して，他のプログラムが引用できる状態にしたものを複数集めてまとめたものであり，ライブラリそのものが単独で機能するのではなく，他のプログラムへの部品となる．

　jQuery を使うことにより，JavaScript の記述を簡素化でき，より少ないコーディング量で Web ページに効果やアニメーションなど動的・インタラクティブな処理を効率的に記述できる．Ajax (Asynchronous JavaScript + XML) による通信も容易に実装可能である．また，主要な Web ブラウザにおける JavaScript の解釈の違いを jQuery が吸収することで，プログラマは Web ブラウザの違いを意識することなくロジックを記述することに専念できる．さらに，jQuery 自体のファイルサイズが軽量であり，さまざまな機能を実現するための豊富なプラグインも多数公開されている．こうしたことから，JavaScript のプログラミング作業は jQuery を使わない状態での作業に比べると大幅に効率が向上する．

　なお，JavaScript のライブラリには，jQuery の他にも prototype.js や MooTools などがある．

> **演習問題**
>
> **設問 1** もっともシンプルな HTML ファイルを作成し，そこに本文を書き加えてみよう．
>
> **設問 2** CSS の例として，body 要素に対して文字色を指定するコードを書いてみよう．
>
> **設問 3** 使用しているブラウザで，ブラウザからサーバに送られる情報（リクエストヘッダ）を表示できるか否かを調べ，できる場合には表示して内容を見てみよう．
>
> **設問 4** クライアントサイドとサーバサイドの動的処理技術について，違いがわかるように説明しよう．
>
> **設問 5** JavaScript の特徴を考慮して，JavaScript でどのような処理を実現するべきかを説明しよう．
>
> **設問 6** JavaScript のイベントはどのタイミングで発生するか説明しよう．
>
> **設問 7** アクセスした時間が午前であれば背景色を青に，午後であれば背景色を赤に変更するボタンを配置した Web ページを JavaScript で作ろう．
>
> **設問 8** jQuery を活用することにより，どのようなメリットがあるのか説明しよう．

参考文献

[1] 山田武士,「大規模なネットワーク構造の可視化」, NTT 技術ジャーナル, 2004.6 号, pp. 14-17 (2004).

[2] 益子貴寛,「Web 標準の教科書」, 秀和システム (2005).

[3] 古籏一浩,「10 日でおぼえる HTML5 入門教室」, 翔泳社 (2011).

[4] 伊藤浩一, 大津真, 岸田健一郎, まえだひさこ, 安井力,「Web2.0 ビギナーズバイブル」, 毎日コミュニケーションズ (2007).

[5] 井上誠一郎, 土江拓郎, 浜辺将太,「パーフェクト JavaScript」, 技術評論社 (2011).

[6] 杉本吉章, 岩井亨, 安藤健一,「Web 制作者のための JavaScript 入門講座」, 技術評論社 (2011).

[7] 山田祥寛,「10 日でおぼえる jQuery 入門教室」, 翔泳社 (2011).

第4章

サーバサイド技術

□ 学習のポイント

　ショッピングサイトや航空券の予約サイト，経路検索サイトなど，ほとんどすべてのWebシステムにフォームが使われており，フォームがWebシステムの起点となっていることも多い．ユーザがWebページのフォームに必要な情報を記入しWebサーバに送信すると，それを処理するWebアプリケーションが実行される．Webサーバを介して実行されるWebアプリケーションは，リクエストを動的に処理しコンテンツを生成する．また，コンテンツを動的に生成するときにデータベース，多くの場合はリレーショナルデータベースの操作をともなうことが一般的になっている．これら一連のサーバサイド技術はWebシステムの開発の要となる重要な技術である．

　本章では，フォーム処理を解説し，サーバサイドの動的処理技術として最古のCGIと，その後に開発された技術のうち代表的なサーブレットとJSP，およびPHPを解説する．また，データベースについて解説する．

　本章は次の項目の理解を目的とする

- Webシステムの起点となることが多いフォームの処理技術の基本を理解する（4.2節）．
- サーバサイドの動的処理技術の中で，最古のCGI，Javaに基づくJSP/サーブレット，Webアプリケーションの作成で人気の高いPHPの仕組みを理解する（4.3節）．
- Webシステムに不可欠な構成要素であるリレーショナルデータベースの基礎を理解する（4.4節）．

□ キーワード

　フォーム，form要素，フォーム部品，GETメソッド，POSTメソッド，動的コンテンツ，CGI，Perl，JSP，サーブレット，PHP，データベース，リレーショナルデータベース，テーブル，正規化，関数従属，主キー，第3正規形，SQL，MySQL，データの挿入，検索，

4.1 サーバサイド技術とは

　サーバサイド技術とは，Webブラウザからのリクエストに応じてWebサーバ上でコンテンツを動的に生成するための技術である．

　サーバサイド技術の場合，WebサーバソフトウェアはWebブラウザからのリクエストをWebサーバ上で動作するプログラム（Webアプリケーション）に渡して実行する．そのアプリケーションはリクエストに応じて処理を実行し，その結果としてコンテンツを生成する．生

成されたコンテンツは Web サーバソフトウェアを経由して Web ブラウザにレスポンスとして返される．

　Web サーバ上でコンテンツを動的に生成するまでの一連の処理の起点は，ユーザが Web ページ内のテキストボックスなどのフォーム部品に必要な情報を入力し Web サーバに送信するということが多い．そのため，Web アプリケーションはフォームの仕組みにより送信されたリクエストを適切に処理し，ユーザがフォーム部品に入力した値を取り出す必要がある．

　また今日では，Web アプリケーションがリクエストに応じて処理を実行する中で，データベース（多くの場合はリレーショナルデータベース）を検索したり，データベースにデータを追加したり，データベースのデータを変更したり削除したりすることが一般的である．

　現在，Web アプリケーションをプログラミングし実行するためのサーバサイドの動的処理技術にはさまざまなものが存在する．サーバサイドの動的処理技術には，Web ブラウザからのリクエストを処理する仕組みはもちろん，オープンソースのリレーショナルデータベース管理システム（MySQL や PostgreSQL など）を操作するための機能が標準で用意されているものが多い．本書では代表的なサーバサイドの動的処理技術として，CGI，サーブレットと JSP，PHP を取り上げる．CGI はサーバサイドの動的処理技術の最古のものであり，サーブレットと JSP は Java に基づいたサーバサイドの動的処理技術である．また，PHP はサーバサイドの動的処理技術として今日もっとも人気のあるものの 1 つである．なお本書では，PHP を利用してフォーム処理の基本や Web アプリケーションによるデータベースの操作などを解説する．変数や制御構造などプログラミングの基礎については 3.3 節または他の文献（たとえば [1] や [2]）を参照されたい．

4.2 フォーム処理

4.2.1　フォームとは

　フォームとは，ユーザが Web ページ内のテキストボックスやラジオボタンなどのフォーム部品に値を入力・選択し，Web サーバソフトウェアを介して実行されるプログラムに送信するための仕組みである [3]．

　出発地と目的地を入力して経路を検索したり，問合せやアンケートを受け付けたり，ユーザ ID とパスワードを入力してログインしたりするなど，フォームはさまざまな場面で利用されている．Web システムではユーザがフォーム部品に必要な情報を入力することにより動作が開始されることが多い．

　Web ページでフォームを利用する場合，HTML の form 要素を使用する．<form> タグでは，フォーム部品に入力・選択された値の送信先 URI や送信方法（GET メソッドまたは POST メソッド）を指定する．また，個々のフォーム部品のために input 要素などが利用される．1 つのフォームは複数のフォーム部品から構成され，それらのフォーム部品は form 要素の内容，つまり子要素となる．本書では代表的なフォーム部品を解説する．Web アプリケーションは，フォーム部品に入力・選択された値を取り出し，データベースの検索や更新など何らかの処理

を実行し，その結果に基づいて動的にコンテンツを生成しWebブラウザに返す．

4.2.2 フォーム処理の基本

　Webサーバ上でコンテンツを動的に生成するためのフォーム処理の基本的な流れは，(1)フォーム部品への値の入力・選択，(2)フォームの送信，(3)フォーム部品に入力・選択された値の取得，(4)何らかの処理の実行，(5)結果の返信である．(4)は四則計算や条件分岐など通常のプログラムと同じであり，その処理の結果としてコンテンツが動的に生成されWebブラウザに返される．リスト4.1にフォームを含むHTML文書の例を，またリスト4.2にそのフォーム部品に入力・選択された値を処理するPHPのプログラムを示す．図4.1は，リスト4.1のHTML文書にWebブラウザでアクセスしてフォーム部品に値を入力・選択（図4.1の上）し，送信ボタン（[送信する]）をクリックした結果（図4.1の下）である．

リスト 4.1　フォームを含むHTML文書

```
<!DOCTYPE HTML PUBLIC "-//W3C//DTD HTML 4.01//EN"
"http://www.w3.org/TR/html4/strict.dtd">
<html>
<head>
<meta http-equiv="Content-Type" content="text/html;charset=utf-8"/>
<title>Webシステム（フォームの例）</title>
</head>
<body>
<h1>Webシステム</h1>
<p>フォームを含むHTML文書の例</p>
<h2>フォーム</h2>
<h3>さまざまなフォーム部品</h3>

<form action="proc_form01.php" method="GET">
<p>学籍番号：<input type="text" name="sno" value=""/></p>
<p>氏名：<input type="text" name="sname" value=""/></p>
<p>学部：
<input type="radio" name="dep" value="L">文学部</input>
<input type="radio" name="dep" value="E">工学部</input>
<input type="radio" name="dep" value="I" checked>情報学部</input>
</p>
<p>出身：
<select name="sfrom">
<option value="1">東京都</option>
<option value="2">茨城県</option>
<option value="3">愛知県</option>
<option value="4">神奈川県</option>
<option value="5">その他</option>
</select>
</p>
<p>趣味：
<input type="checkbox" name="hob[]" value="pc" checked/>パソコン 
<input type="checkbox" name="hob[]" value="tr"/>旅行 
<input type="checkbox" name="hob[]" value="bk"/>読書 
<input type="checkbox" name="hob[]" value="sp"/>スポーツ 
</p>
```

```
<p>
<input type="submit" value="送信する"/>
<input type="reset" value="リセット"/>
</p>
</form>

</body>
</html>
```

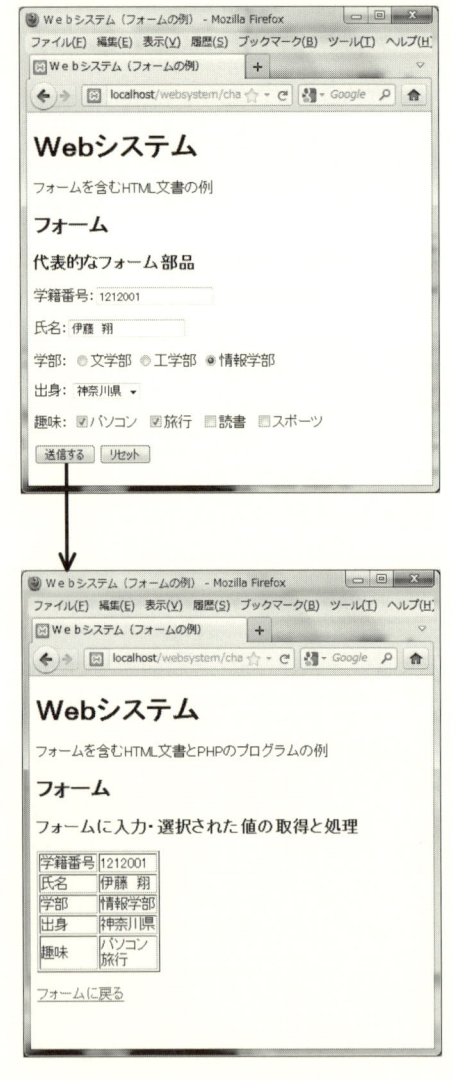

図 4.1 フォーム処理の実行例

リスト 4.2 フォーム部品に入力・選択された値を処理する PHP プログラム

```
<!DOCTYPE HTML PUBLIC "-//W3C//DTD HTML 4.01//EN"
"http://www.w3.org/TR/html4/strict.dtd">
```

```
<html>
<head>
<meta http-equiv="Content-Type" content="text/html;charset=utf-8"/>
<title>Webシステム（フォームの例）</title>
</head>
<body>
<h1>Webシステム</h1>
<p>フォームを含むHTML文書とPHPのプログラムの例</p>

<h2>フォーム</h2>
<h3>フォームに入力・選択された値の取得と処理</h3>

<?php
  // 入力フォームの内容を取得する
  $sno=@trim($_GET['sno']);
  $sname=@trim($_GET['sname']);
  $dep=@trim($_GET['dep']);
  $sfrom=@trim($_GET['sfrom']);
  if (isset($_GET['hob'])) {
    $hobby=$_GET['hob']; // $hobbyは配列になる
  } else {
    $hobby=array(); // 空の配列
  }

  // 学科の決定
  if ($dep=="L") {
    $dep="文学部";
  } else if ($dep=="E") {
    $dep="工学部";
  } else {
    $dep="情報学部";
  }

  // 出身
  switch ($sfrom) {
  case 1:
    $sfrom="東京都";
    break;
  case 2:
    $sfrom="茨城県";
    break;
  case 3:
    $sfrom="愛知県";
    break;
  case 4:
    $sfrom="神奈川県";
    break;
  default:
    $sfrom="その他";
    break;
  }

  // 趣味（チェックボックスの処理）
  $hob="";   // 文字列を初期化
```

```
    foreach ($hobby as $h) {
      switch ($h) {
      case "pc":
        $hob .= "パソコン<br/>";
        break;
      case "tr":
        $hob .= "旅行<br/>";
        break;
      case "bk":
        $hob .= "読書<br/>";
        break;
      case "sp":
        $hob .= "スポーツ<br/>";
        break;
      default:
        break;
      }
    }
    // 文字列比較
    if ($hob=="") {
      $hob="趣味なし";
    }

    // 出力
    echo "<table border=\"1\">\n";
    echo "<tr><td>学籍番号</td><td>" . $sno . "</td></tr>\n";
    echo "<tr><td>氏名</td><td>" . $sname . "</td></tr>\n";
    echo "<tr><td>学部</td><td>" . $dep . "</td></tr>\n";
    echo "<tr><td>出身</td><td>" . $sfrom . "</td></tr>\n";
    echo "<tr><td>趣味</td><td>" . $hob . "</td></tr>\n";
    echo "</table>\n";
?>
<p><a href="form01.html">フォームに戻る</a></p>

</body>
</html>
```

(1) フォーム部品への値の入力・選択

　HTML の <input> タグの type 属性に "text" を指定すると，テキストボックス（1 行のテキスト入力フィールド）を作成することができる．それぞれのフォーム部品には name 属性を利用して同一のフォーム内で一意の名前をつける．

(2) フォームの送信

　リスト 4.1 の <form> タグは，フォーム全体を表すタグであり，そのタグで，さまざまなフォーム部品を囲む．フォーム部品には，<input> タグや <select> タグなどを利用する（フォーム関連のタグの詳細は 4.2.3 項を参照）．

　<form> タグの action 属性でフォームの送信先 URI を指定する．送信ボタン（<input> タグの type 属性の値が "submit" になっているフォーム部品）をユーザがクリックすると，Web ブラウザは送信先 URI にフォーム部品に入力・選択された値を含んだリクエストメッセージを

表 4.1 フォーム関連の代表的な要素の概要

タグ（代表的な属性を含む）	説明
\<form action="送信先 URI" method="フォームの値の送信方法" enctype="MIME タイプ"\>	フォーム全体を表し，フォームを作成
\<input type="フォーム部品の種類" name="フォーム部品の名前" value="値"\>	1 行のテキスト入力フィールドや送信ボタンなどのフォーム部品を作成
\<textarea name="フォーム部品の名前" cols="テキストエリアの横幅" rows="テキストエリアの縦幅（行数）"\>	複数行入力可能なテキストエリアを作成
\<select name="フォーム部品の名前"\>	プルダウンメニューを作成
\<option value="値" selected="selected"\>	プルダウンメニューの各項目を作成

送信する．

<form> タグの method 属性でフォームの送信方法を指定する．method 属性の値には "GET" または "POST" を指定し，method 属性を省略したときは "GET" を指定したことになる．それぞれ，HTTP の GET メソッドと POST メソッドに対応する．つまり，フォーム部品の送信ボタンがクリックされたとき，Web ブラウザは method 属性の値に応じて GET または POST を HTTP のリクエストメッセージのリクエストラインに設定しリクエストを送信する．

GET メソッドの場合，フォーム部品に入力・選択された値はリクエストパラメータとして送信先 URI に付加されて送信される．リクエストパラメータは，「フォーム部品の名前＝入力・選択された値」という形式で表され，フォーム部品の数だけ「フォーム部品の名前＝入力・選択された値」のペアが「&」（アンパサンド）で区切られる．

POST メソッドの場合，リクエストパラメータは送信先 URI に付加されず，その代わりに，Web サーバへのリクエストメッセージのメッセージボディに含まれる（詳細は 4.2.4 項を参照）．

(3) フォーム部品に入力・選択された値の取得

PHP ではフォームで送信された値を，$_GET や $_POST という配列（スーパーグローバル変数と呼ばれる）から取得することができる．GET メソッドの場合は $_GET，POST メソッドの場合は $_POST を利用する．

$_GET や $_POST は，「フォーム部品の名前」を配列の添え字とし，フォーム部品に入力・選択された値を要素の値とした連想配列である．そのため，フォーム部品に入力・選択された値を PHP で取得するには，フォーム部品の名前（たとえば arg1 とする）を利用して「$_GET['arg1']」のようにする．

フォームに入力・選択された値の取得方法はプログラミング言語によって異なる．詳細な説明は省略する．基本的な方法は 4.2.3 項や 4.3.3 項を参照されたい．

4.2.3 フォーム関連のタグとフォーム部品

フォーム関連の代表的な要素の概要を表 4.1 に整理する．フォームを利用する場合，form 要素を利用してフォーム全体を指定し，その子要素としてフォーム部品を作成するための input 要素や select 要素などを記述する．

前節で説明したように，<form> タグでは action 属性でフォームの送信先 URI を指定する．ユーザが送信ボタンをクリックすると，Web ブラウザは送信先 URI にリクエストメッセージを送信する．method 属性でフォームの送信方法を指定する．method 属性の値には "GET" または "POST" を指定する．method 属性のデフォルト値は "GET" である．enctype 属性では，フォーム部品に入力・選択された値を送信するときの MIME (Multipurpose Internet Mail Extension) タイプを指定する．enctype 属性の値には "application/x-www-form-urlencoded" または "multipart/form-data" を指定する．method 属性のデフォルト値は"application/x-www-form-urlencoded"であり，ファイルのアップロードを可能にする場合は"multipart/form-data"を指定する．

1行のテキスト入力フィールドやチェックボックス，送信ボタンなどのフォーム部品を作成するには input 要素を，複数行入力可能なテキストエリアを作成するには textarea 要素を，プルダウンメニューを作成するには select 要素をそれぞれ利用する．以下では代表的なフォーム部品を説明する．

(1) 1行のテキスト入力フィールド

<input> タグの type 属性を「type="text"」とすると1行のテキスト入力フィールドを利用することができる（図 4.2）．1行のテキスト入力フィールドは，改行を含まない自由な文字列の入力のために利用される．<input> タグの name 属性でフォーム部品に名前を付ける．value 属性では，1行のテキスト入力フィールドの初期値の文字列を指定することができ，Webページを表示したときにその文字列がテキスト入力フィールドに入力された状態となる．その他には size 属性や maxlength 属性がある．それぞれ，テキスト入力フィールドの横幅とテキスト入力フィールドに入力できる最大文字数を指定することができる．

PHP では，リスト 4.2 の $_GET['sno'] のように，入力された値を $_GET[' テキスト入力フィールドの名前'] や $_POST[' テキスト入力フィールドの名前'] として取得することができる．

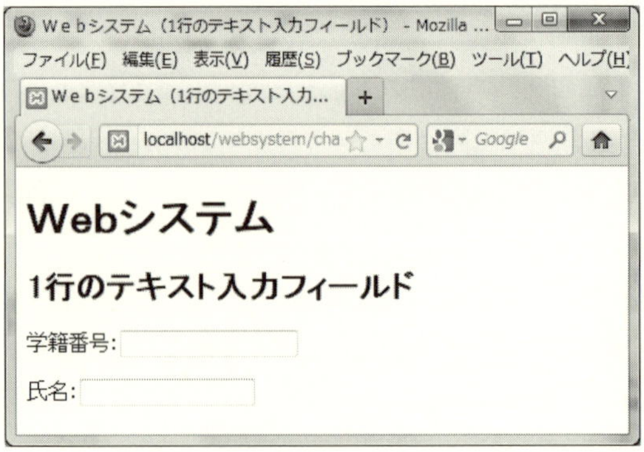

図 4.2 1行のテキスト入力フィールド

図 4.3 複数行入力可能なテキストエリア

(2) 複数行入力可能なテキストエリア

複数行入力可能なテキストエリアを作成するには <textarea> タグを利用する．テキストエリアは改行を含む複数行を入力させたい場合に利用される（図 4.3）．

テキスト入力フィールドに名前をつけるように，テキストエリアの名前を <textarea> タグの name 属性で指定する．HTML 4.01 では，<textarea> タグの cols 属性と rows 属性は必須であり，それぞれ，テキストエリアの横幅と縦幅（行数）を指定することができる．Web ページが表示されたときにあらかじめテキストエリアに文字列を表示させておきたい場合，その文字列を textarea 要素の内容とする．つまり，「<textarea>あらかじめ表示させておきたい文字列</textarea>」のように記述する．

PHP では，1 行のテキスト入力フィールドと同じように，テキストエリアに入力された値を $_GET['テキストエリアの名前'] や $_POST['テキストエリアの名前'] として取得することができる．

(3) 隠しフィールド

<input> タグの type 属性を「type="hidden"」とすると隠しフィールドを利用することができる．6.3 節で解説するセッション管理用の値など，隠しフィールドはユーザに見せる必要がない値を送信先 URI で受け取りたいときに利用される．<input> タグの name 属性で隠しフィールドに名前を付け，value 属性で送信先 URI に送られる値を指定する．

PHP では，隠しフィールドに指定された値を $_GET['隠しフィールドの名前'] や $_POST['隠しフィールドの名前'] として取得することができる．

(4) ラジオボタン

<input> タグの type 属性を「type="radio"」とすることでラジオボタンを利用することができる．ラジオボタンは，あらかじめ入力される値が想定でき，選択肢の中から 1 つだけを選択させたいときに利用される（図 4.4）．name 属性でフォーム部品に名前を付けるが，同じグループの選択肢には同一の名前を付ける．<input> タグの value 属性に指定した値がフォーム部品に入力された値となる．つまり，選択肢の中から項目を 1 つ選ぶ（ラジオボタンにチェッ

図 4.4 ラジオボタン

図 4.5 チェックボックス

クを入れる）と，そのラジオボタンに対応する <input> タグの value 属性の値が送信先 URI に送られる．<input> タグの中で「checked="checked"」として checked 属性（値を省略して「checked」と記述することも可能）が指定されていると，そのラジオボタンがあらかじめチェックされた状態で Web ページが表示される．

<input> タグはラジオボタンを表示するだけであるため，ラジオボタンの横に選択肢の項目を表示するためには，その項目を <input> タグで囲む必要がある．

PHP では，リスト 4.2 の$_GET['dep']のように，チェックされたラジオボタンの値（value 属性の値）を$_GET[' ラジオボタンの名前']や$_POST[' ラジオボタンの名前']として取得することができる．

(5) チェックボックス（複数選択）

<input> タグの type 属性を「type="checkbox"」とすることでチェックボックスを利用することができる．ラジオボタンと違い，チェックボックスは複数の選択肢の中から複数の項目を選択させたいときに利用される（図 4.5）．

<input> タグの name 属性でフォーム部品（チェックボックス）に名前を付けるが，複数個の項目の中から複数選択できるチェックボックスを利用する場合，同じグループの選択肢には同

一の名前を付ける．ただし，PHP で複数選択できるチェックボックスを使う場合，name 属性の値には「hob[]」のように「[]」（角括弧）を付ける必要がある．チェックボックスにチェックが入った状態で送信ボタンをクリックすると，ラジオボタンと同様に，<input> タグの value 属性の値が送信先 URI に送られる．<input> タグの中で「checked="checked"」として checked 属性（値を省略して「checked」と記述することも可能）が指定されていると，そのチェックボックスがあらかじめチェックされた状態で Web ページが表示される．

　PHP ではチェックされたチェックボックスの値（value 属性の値）を $_GET['チェックボックスの名前'] や $_POST['チェックボックスの名前'] として取得することができる．ただし，リスト 4.2 の「$_GET['hob']」のように <input> タグで記述した「[]」を付ける必要はない．複数選択できるチェックボックスの場合，PHP で取得される値は配列である．また 1 つも選択されていないこともありえる．そのため，PHP では isset 関数を利用して，送信されたフォームの中にチェックボックスの名前で取得できる値が存在するかどうかを調べ，存在しない場合は「array()」として空の配列を作成する．複数選択できるチェックボックスにより送信された値は配列であるため，foreach 文を利用して要素を順番に処理することができる．それぞれのチェックボックスが異なる name 属性の値を持つ場合，取得される値は配列ではなく，単純な値である．

(6) プルダウンメニュー（単一選択ボックス）

　プルダウンメニューを作成するには <select> タグを利用し，選択肢を <select> タグで囲む．プルダウンメニューはセレクトメニューやドロップダウンメニューとも呼ばれ，ラジオボタンと同様に選択肢の中から 1 つだけを選ばせたいときに利用される．ラジオボタンでは選択肢がすべて Web ブラウザに表示されるが，プルダウンメニューでは選択肢がボックスの中に納められる（図 4.6）．

　テキスト入力フィールドに名前をつけるように，プルダウンメニューの名前を <select> タグの name 属性で指定する．詳細は省略するが，「multiple="multiple"」として multiple 属性（値を省略して「multiple」として記述することも可能）を指定すれば，プルダウンメニューの項目を複数選択可能にすることができる．

図 4.6　プルダウンメニュー

図 4.7 送信ボタンとリセットボタン

　プルダウンメニューの一つひとつの項目（選択肢）は <option> タグで作成され，<option> タグの value 属性に指定した値がフォーム部品に入力された値となる．つまり，プルダウンメニューから 1 つの項目を選ぶと，その項目に対応する <option> タグの value 属性の値が送信先 URI に送られる．<option> タグの中で「selected="selected"」として selected 属性（値を省略して「selected」として記述することも可能）が指定されていると，その項目があらかじめ選択された状態で Web ページが表示される．

　PHP では，リスト 4.2 の $_GET['sfrom'] のように，選択された項目の値（対応する option タグの value 属性の値）を $_GET['プルダウンメニューの名前'] や $_POST['プルダウンメニューの名前'] として取得できる．

(7) 送信ボタンとリセットボタン

　<input> タグの type 属性を「type="submit"」とすることで送信ボタンを利用することができる（図 4.7）．送信ボタンにも name 属性で名前をつけることができる．value 属性ではボタンに表示する文字列を指定する．送信ボタンがクリックされるとフォームの送信先 URI には，テキスト入力フィールドなどと同様に「送信ボタンの名前 =value 属性の値」が送信される．

　<input> タグの type 属性を「type="reset"」とするとリセットボタンを利用することができる（図 4.7）．リセットボタンをクリックするとフォーム部品に入力・選択された値をクリアできる．value 属性ではボタンに表示する文字列を指定する．

4.2.4 フォームと HTTP リクエスト

　2 章のコラム「HTTP のリクエストメッセージやレスポンスメッセージを確認するための方法」で紹介した方法を利用して，GET メソッドと POST メソッドのそれぞれのメソッドについて，フォーム部品に入力・選択された値がどのように Web サーバに送信されるのかを説明する．

(1) GET メソッドの場合

　リスト 4.1 の HTML 文書を Web ブラウザでアクセスし，図 4.1 の上部の Web ブラウザの画面のようにフォーム部品に値を入力・選択して送信ボタンをクリックすると，リスト 4.3 に

示した HTTP のリクエストメッセージが Web サーバに送信される．

リスト 4.3　GET メソッドによるフォーム送信時の HTTP リクエストメッセージ

```
  GET /websystem/chap04/proc_form01.php ?sno=1212001&sname=%E4%BC%8A%E8%97%A4%E3
%80%80%E7%BF%94&dep=I&sfrom=4&hob%5B%5D=pc&hob%5B%5D=tr HTTP/1.1
Accept: application/x-ms-application, image/jpeg, application/xaml+xml,
image/gif, image/pjpeg, application/x-ms-xbap, application/vnd.ms-excel,
application/vnd.ms-powerpoint, application/msword, */*
Referer: http://localhost/websystem/chap04/form01.html
Accept-Language: ja-JP
User-Agent: Mozilla/4.0 (compatible; MSIE 8.0; Windows NT 6.1; WOW64;
Trident/4.0; GTB7.2; SLCC2; .NET CLR 2.0.50727; .NET CLR 3.5.30729;
.NET CLR 3.0.30729; Media Center PC 6.0; .NET4.0C; InfoPath.3)
Accept-Encoding: gzip, deflate
Host: localhost
Connection: Keep-Alive
```

リクエストライン（リクエストメッセージの 1 行目）の URI の部分に注目すると，リクエスト対象のコンテンツの URI の後ろに「?」（クエスチョンマーク）が続いている．リスト 4.3 で網掛けされたこの部分をクエリ (query) と呼び，GET メソッドの場合，フォーム部品に入力・選択された値はクエリを利用して送信される．クエリの中は「&」（アンパサンド）で区切られ，それぞれの部分は「フォーム部品の名前（パラメータ名と呼ばれる）＝入力・選択された値」となっている．つまり，フォーム部品の数だけ「フォーム部品の名前＝値」のペアが存在し，それらが「&」で区切られ，URI の末尾に追加される．このクエリを含んだ URI は Web ブラウザの URI を入力する欄にも表示される．なお，「sname=」以降の「%E4」などは日本語がパーセントエンコーディングされたものである（後述）．

(2) POST メソッドの場合

リスト 4.1 の <form> タグの method 属性の値を "POST" に変更した後で，その Web ページを Web ブラウザでアクセスし，フォーム部品に値を入力・選択して送信ボタンをクリックすると，リスト 4.4 に示した HTTP のリクエストメッセージが Web サーバに送信される．

リスト 4.4　POST メソッドによるフォーム送信時の HTTP リクエストメッセージ

```
POST /websystem/chap04/proc_form01.php HTTP/1.1
Accept: application/x-ms-application, image/jpeg, application/xaml+xml,
image/gif, image/pjpeg, application/x-ms-xbap, application/vnd.ms-excel,
application/vnd.ms-powerpoint, application/msword, */*
Referer: http://localhost/websystem/chap04/form01.html
Accept-Language: ja-JP
User-Agent: Mozilla/4.0 (compatible; MSIE 8.0; Windows NT 6.1; WOW64;
Trident/4.0; GTB7.2; SLCC2; .NET CLR 2.0.50727; .NET CLR 3.5.30729;
.NET CLR 3.0.30729; Media Center PC 6.0; .NET4.0C; InfoPath.3)
Content-Type: application/x-www-form-urlencoded
Accept-Encoding: gzip, deflate
Host: localhost
Content-Length: 94
Connection: Keep-Alive
```

```
Cache-Control: no-cache
sno=1212001&sname=%E4%BC%8A%E8%97%A4%E3%80%80%E7%BF%94&dep=I&sfrom=4&hob%5B
%5D=pc&hob%5B%5D=tr
```

まずリクエストラインに注目すると，GET メソッドの場合と比べて，最初の部分が POST になっていることと，URI の部分にはクエリが存在しないことを確認することができる．そして，フォーム部品に入力・選択された値はリクエストメッセージのメッセージボディに含まれている（リスト 4.4 の網掛け部分）．GET メソッドの場合，メッセージボディは存在しなかった．ただし，フォーム部品に入力・選択された値が送信されるときの形式は GET メソッドの場合と同じであり，フォーム部品の数だけ「フォーム部品の名前=値」のペアが存在し，それらが「&」で区切られている．

(3) 日本語を含む値の送信（パーセントエンコーディング）

URI で許可されている文字はいずれも半角の，大文字のアルファベット（A～Z），小文字のアルファベット（a～z），数字（0～9），ハイフン（-），ドット（.），アンダースコア（_），チルダ（~）である．これら以外の文字を URI で利用する場合，それらの文字はパーセントエンコーディングされなければならない．そのため，リクエストパラメータに日本語を含む場合はパーセントエンコーディングする必要がある．パーセントエンコーディングされた文字は，「%XX」というフォーマットであり，XX は対象の文字の文字コードを 16 進数で表したものである．日本語には Shift_JIS や UTF-8 などの文字コードが存在するが，どの文字コードを利用するかについては URI の仕様書で決められていない．パーセントエンコーディングは URL エンコーディングと呼ばれることもある．

たとえば，「神奈川工科大学」をパーセントエンコーディングした結果は次のようになる．ここでは文字コードとして UTF-8 を利用しているものとする．「%e7%a5%9e」が「神」に，「%e5%a5%88」が「奈」にそれぞれ対応しており，以下も同様に「%XX」の 3 つのセットが 1 つの文字に対応している．

```
%e7%a5%9e%e5%a5%88%e5%b7%9d%e5%b7%a5%e7%a7%91%e5%a4%a7%e5%ad%a6
```

4.2.5 GET メソッドと POST メソッド

一般的に，Web アプリケーションの機能がデータの検索の場合は GET メソッドが使われることが多い．その理由は次のとおりである．

検索結果が多い場合，1 ページに 10 件ずつというように，複数のページに分割して検索結果を表示する方法はよく見られ，ユーザは検索結果のページを次々とたどっていく．このとき，ユーザは Web ブラウザの [戻る] や [進む] ボタンをクリックすることも一般に多々あるが，POST メソッドの場合，これらのボタンをクリックするたびに情報を再送信するかどうかを問われ，わずらわしい．また，検索結果のページを Web ブラウザのお気に入りに登録しておけば，同じ条件でいつでも検索することができる．

一方，Web アプリケーションの機能がデータの挿入・変更・削除の場合は POST メソッドが

使用されることが多い．その理由は次のとおりである．

　まず，(1)URI が長くならないためである．GET メソッドの場合，フォーム部品に入力・選択された値は URI に付加されるため，入力された値が多いと URI が長くなる．古い Web サーバソフトウェアや Web ブラウザでは URI の長さに制限があるものもある．また，URI が長くなると正しく Web サーバにリクエストが届かない可能性もある．近年では画像や動画を扱う Web システムも多くなっているため，そのようなファイルのアップロードには GET メソッドを使用すべきでない．

　次に，(2) セキュリティが比較的高いためである．Web ブラウザのアドレスバーに URI を入力したり，お気に入りから選んだりした場合など，通常のアクセスは GET メソッドで行われる．そのため，GET メソッドの場合，フォームの送信ボタンがクリックされて送信されたリクエストメッセージなのか，それとも通常のアクセスなのかを区別しにくい．また，フォーム部品に入力・選択された値が URI に付加されるため，それらの値が履歴にも残り，その履歴が悪意のあるユーザに利用されうる．一方，POST メソッドの場合，Web アプリケーションでアクセス方法を（ある程度までは）判別することが可能である．

> **コラム　MIME**
>
> 　MIME (Multipurpose Internet Mail Extension) はインターネットで画像や音声などのコンテンツ（マルチメディアデータ）をやり取りするための標準規格である．もともと，MIME は文字情報しか送受信できなかった電子メールでさまざまな形式のデータを扱うことができるようにするために定められた．MIME により，メールメッセージに画像ファイルを添付したり，HTML 形式のメールメッセージを送受信したりできるようになった．
>
> 　MIME ではさまざまなデータの形式に名前（MIME タイプと呼ぶ）を定めている．それらの一例をファイルの形式と一般的なファイル名の拡張子とともに表 4.2 に整理する．表 4.2 のように，MIME タイプはだいたいファイルの形式と対応し，そのためにファイル名の拡張子とも対応する．
>
> 　MIME タイプは HTTP のリクエストメッセージやレスポンスメッセージのヘッダの Content-Type 属性の値としても利用される．

表 4.2　代表的な MIME タイプ

MIME タイプ	ファイルの形式	一般的な拡張子
text/plain	テキストファイル	txt
text/html	HTML 文書	html, htm
text/xml	XML 文書	xml
text/css	CSS ファイル	css
text/javascript	JavaScript のプログラムファイル	js
image/gif	GIF 画像	gif
image/jpeg	JPEG 画像	jpeg, jpg
image/pjpeg	JPEG 画像（Internet Explorer の場合）	jpeg, jpg
image/png	PNG 画像	png
application/msword	Microsoft Word 文書	doc, docx
application/pdf	PDF ファイル	pdf

4.3　サーバサイドの動的処理技術

本節では，サーバサイドの動的処理技術として，代表的な CGI，サーブレットと JSP，PHP を取り上げる．

4.3.1　CGI

(1) CGI とは

通常，Web サーバは Web ブラウザからのリクエストメッセージを受け取ると，その URI で示されたファイルをレスポンスとして返す．

CGI (Common Gateway Interface) を使用すると，Web サーバソフトウェアは Web ブラウザからのリクエストに対して Web サーバ上で動作する CGI プログラム（Web アプリケーション）を実行し，その結果として HTML 文書を受け取り，Web ブラウザにレスポンスとして返すことができる [4]．

CGI は Web サーバソフトウェアと Web アプリケーションとを連携させ Web サーバソフトウェアが Web アプリケーションを呼び出すための仕組みの 1 つであり，この仕組みにより，サーバサイドで動的にコンテンツを生成することができる．CGI の仕組みは，アクセスカウンタや掲示板システム，チャットシステムなどで幅広く利用されている．

最初の CGI は 1993 年に NCSA の httpd に実装された．最新版のバージョンは CGI 1.1 であり，2004 年に RFC 3875 となった．

CGI プログラムを記述するためのプログラミング言語としては Perl がもっとも多く利用される．Perl はプログラムを実行の前にコンパイルする必要がないスクリプト型のプログラミング言語であり，その特徴は強力な文字列処理機能である．本書執筆時点での最新バージョンは Perl 5.14.2 である．C 言語など Perl 以外のプログラミング言語を利用して CGI プログラムを作成してもかまわない．

Web サーバ上で CGI の仕組みを利用するためには事前に Web サーバソフトウェアの設定をを変更し，特定のディレクトリ（フォルダ）下のファイルや特定の拡張子（多くの場合「.cgi」）

を持つファイルを CGI プログラムとして実行できるようにする．サーバのセキュリティのため，所定のディレクトリ以外には CGI プログラムを置けないように制限するのが一般的である．

(2) CGI の仕組み

CGI プログラムへのリクエストも静的コンテンツへのリクエストと同様に HTTP を使用して行われる．多くの場合 CGI プログラムの拡張子は「.cgi」となっており，リクエストメッセージのリクエストラインの URI には CGI プログラムが指定される．

Web サーバソフトウェアはリクエストラインの URI から CGI プログラムへのリクエストであると認識すると，CGI プログラムを Web サーバソフトウェアとは別のプロセス（コンピュータ上で動作するプログラムの単位のこと）として起動して実行する（図 4.8）．

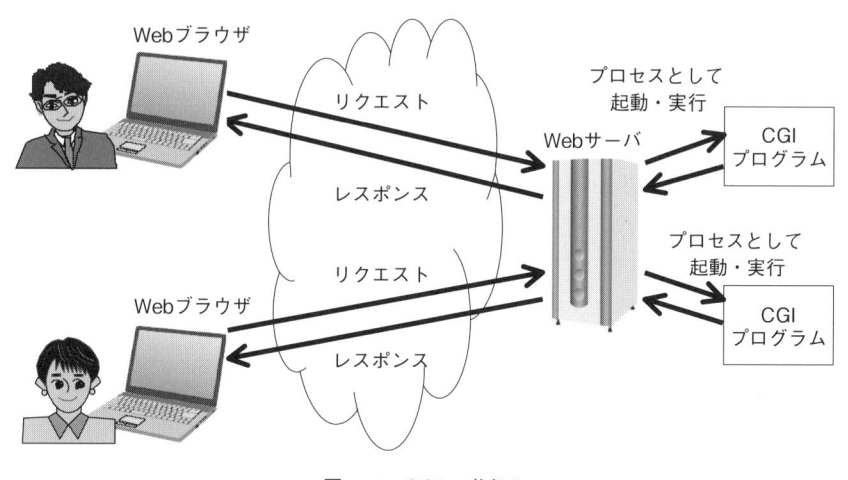

図 4.8 CGI の仕組み

CGI プログラムにリクエストメッセージを渡すために Web サーバは環境変数と標準入力を使用する．標準的な環境変数の一部を表 4.3 に示す．環境変数にはリクエストメッセージのメッセージヘッダの内容や Web サーバについての情報などが含まれる．Perl の場合，%ENV とい

表 4.3 標準的な環境変数（一部）

変数名	説明
CONTENT_LENGTH	リクエストメッセージがメッセージボディを含む場合，そのバイト数が格納される．
CONTENT_TYPE	リクエストメッセージがメッセージボディを含む場合，そのメッセージボディに含まれるデータの種類が格納される．
QUERY_STRING	パーセントエンコーディングされたリクエストパラメータが格納される．
REMOTE_ADDR	リクエストメッセージを送信したクライアント側コンピュータの IP アドレスが格納される．
REQUEST_METHOD	GET や POST など HTTP のメソッドが格納される．
SCRIPT_NAME	CGI プログラムを示す URI のパス部が格納される．
SERVER_NAME	Web サーバのホスト名または IP アドレスが格納される．
SERVER_PORT	Web サーバのポート番号が格納される．

う特別な配列（連想配列）を介して，%ENV{'CONTENT_TYPE'} のように環境変数を利用することができる．

(3) CGI プログラムの例

たとえば，リスト 4.1 に示したフォームの氏名のところに入力された値を取得して「○○さん，こんにちは」という文字列を出力する CGI プログラムはリスト 4.5 のように記述される．

リスト 4.5　CGI プログラムの例

```perl
#!/usr/local/bin/perl

# フォーム部品に入力・選択された値の取得
if ($ENV{'REQUEST_METHOD'} eq 'POST') {
  read(STDIN, $q, $ENV{'CONTENT_LENGTH'});
} else {
  $q = $ENV{'QUERY_STRING'};
}
foreach $data (split(/&/, $q)) {
  ($key, $value) = split(/=/, $data);

  $value =~ s/\+/ /g;
  $value =~ s/%([a-fA-F0-9][a-fA-F0-9])/pack('C', hex($1))/eg;
  $value =~ s/\t//g;

  $in{"$key"} = $value;
}
$sn=$in{"sname"};

print "Content-type: text/html; charset=UTF-8\n\n";

print "<html>\n";
print "<head>\n";
print "<meta http-equiv=\"Content-Type\" content=\"text/html; charset=utf-8\"/>\n";
print "<title>CGI のサンプル</title>\n";
print "</head>\n";
print "<body>\n";
print "<p>" . $sn . "さん，こんにちは</p>\n";
print "</body>\n";
print "</html>\n";
```

Web ページ中に <form> タグがあり，その method 属性の値が "GET" の場合，そのフォーム部品に入力・選択された値は環境変数 QUERY_STRING の中に格納される．そのため，Perl の場合，%ENV{'QUERY_STRING'} としてすべてのフォーム部品に入力・選択された値を取得することができる．フォーム内のすべてのフォーム部品に入力・選択された値を取得した後は，文字列処理を実行し，個々のフォーム部品に入力・選択された値を取得して処理することができる．

一方，<form> タグの method 属性の値が "POST" の場合は標準入力が利用される．標準入力（Perl の場合は STDIN）へは HTTP リクエストメッセージのメッセージボディが格納される．メッセージボディを持たない GET メソッドでは標準入力の中身は空であり，POST メソッドの

場合は標準入力にデータが存在する．CGI プログラムでは，環境変数 CONTENT_LENGTH で標準入力に格納されたデータの長さを取得し，その長さ分だけ標準入力からデータを読み込むことでフォーム内のすべてのフォーム部品に入力・選択された値を取得することができる．その後の処理は GET メソッドの場合と同じである．

CGI プログラムは処理の結果として HTTP レスポンスのメッセージボディ（多くの場合 HTML 文書）を出力するだけなく，必ずメッセージヘッダを出力する必要がある．Perl の場合，典型的には，以下のように実行する．

```perl
print "Content-type: text/html; charset=UTF-8\n\n";
```

これにより Content-type ヘッダを出力し，続けて HTML 文書を出力する．「¥n¥n」で表される 2 つの改行は，メッセージヘッダの最終行であり次の次の行からメッセージボディが始まることを示すためである．

なお，Perl 5 には CGI.pm という便利なモジュール（ライブラリ）が標準で組み込まれており，このモジュールを利用すればリスト 4.5 のように複雑な文字列処理を実行することなく，フォーム部品に入力・選択された値を取得することができる（リスト 4.6）．CGI.pm はさまざまな機能を備えるが，その詳細は省略する．

リスト **4.6** CGI.pm を利用した CGI プログラムの例

```perl
#!/usr/local/bin/perl

# CGI.pm モジュールの利用
use CGI;
$q=new CGI;

# フォーム部品に入力・選択された値の取得
$sn=$q->param("sname");

print "Content-type: text/html; charset=UTF-8\n\n";

print "<html>\n";
print "<head>\n";
print "<meta http-equiv=\"Content-Type\" content=\"text/html; charset=utf-8\"/>\n";
print "<title>CGI のサンプル</title>\n";
print "</head>\n";
print "<body>\n";
print "<p>" . $sn . "さん，こんにちは</p>\n";
print "</body>\n";
print "</html>\n";
```

(4) CGI の問題点

図 4.8 に示したように，CGI では Web ブラウザからのリクエストごとに Web サーバソフトウェアは CGI プログラムを起動し，1 つのプロセスを割り当てて実行する．そのため CGI には，CGI プログラムへのリクエスト数の増加にともない Web サーバへの負担が大きくなると

いう問題がある．

4.3.2 サーブレットと JSP

(1) サーブレットと JSP とは

サーブレットと JSP (JavaServer Pages) はどちらも Web サーバ上で動作する Java プログラムである．サーブレットの場合，Java プログラムの中に HTML 文書が埋め込まれ，事前にサーブレットの Java プログラムをコンパイルする．JSP の場合，HTML 文書の中に Java プログラムが埋め込まれ，JSP のプログラムは実行時にコンパイルされる [5]．

前項の (3) で述べたように，CGI の場合，Web ブラウザからのリクエストごとに Web サーバソフトウェアは CGI プログラムを起動するのに対し，サーブレット（後述するように JSP のプログラムはサーブレットに変換される）の場合，サーブレットは Web サーバソフトウェアが動作しているコンピュータのメモリに常駐し，リクエストごとにプロセスよりも軽量なスレッドとして実行される．

最初のサーブレットは 1997 年に，JSP は 1999 年にリリースされた．本書執筆時点では，サーブレットは 3.0 が，JSP は 2.2 が最新のバージョンである．

(2) サーブレットの仕組みと例

サーブレットはサーブレットコンテナと呼ばれるソフトウェア上で実行される．また，サーブレットコンテナは Java 仮想マシン上で動作する．代表的なサーブレットコンテナに Apache Software Foundation の Tomcat [4] がある．

Web ブラウザからのリクエストメッセージは，Web サーバソフトウェアで受け取られ，サーブレットコンテナに転送される．サーブレットコンテナはそのリクエストに対応するサーブレットをプロセスよりも軽量なスレッドとして実行する（図 4.9）．そして，サーブレットは実行結果として HTML 文書（Web ページ）を生成する．その HTML 文書はサーブレットコンテナ，Web サーバソフトウェアを経由して Web ブラウザに返される．なお，サーブレットを利用するためには，サーブレットの Java プログラムを事前にコンパイルし，その結果として生成されたファイル（クラスファイル）を特定のディレクトリに配置し，サーブレットコンテナに登録しておく必要がある．

サーブレットは HTTP のそれぞれのメソッド（GET や POST など）に対応する doXxx（doGet や doPost など）のメソッドを持ち，HTTP リクエストのメソッドに従って対応するサーブレットのメソッドが実行される．それぞれのメソッドは引数として，Web ブラウザからのリクエストメッセージを管理する HttpServletRequest クラスのオブジェクトと，Web ブラウザへのレスポンスメッセージを管理する HttpServletResponse クラスのオブジェクトを持つ．たとえば，リスト 4.1 に示したフォームの氏名のところに入力された値を取得して「○○さん，こんにちは」という文字列を出力するサーブレットの Java プログラムはリスト 4.7 のように記述される．

リスト 4.7　サーブレットの Java プログラムの例

```
import java.io.*;
import javax.servlet.*;
import javax.servlet.http.*;

public class HelloWorld extends HttpServlet {
  public void doGet(HttpServletRequest request, HttpServletResponse response)
throws IOException, ServletException {
    // フォームの処理
    request.setCharacterEncoding("UTF-8");
    String sn=request.getParameter("sname");
response.setContentType("text/html; charset=UTF-8");

    // HTML 文書の出力
    PrintWriter out = response.getWriter();
    out.println("<html>");
    out.println("<head>");
    out.println("<meta http-equiv=\"Content-Type\" content=\"text/html;
    charset=utf-8\"/>");
    out.println("<title>サーブレットのサンプル</title>");
    out.println("</head>");
    out.println("<body>");
    out.println("<p>" + sn + "さん，こんにちは</p>");
    out.println("</body>");
    out.println("</html>");
  }
}
```

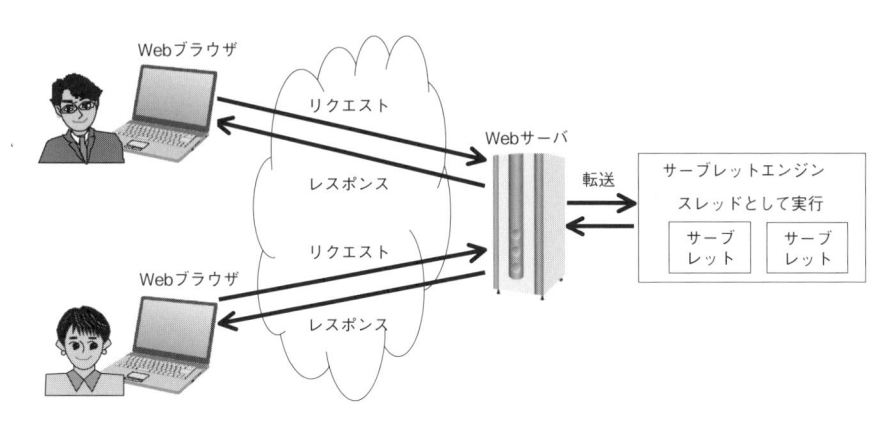

図 4.9　サーブレットの仕組み

サーブレットの処理結果として HTML 文書を出力する場合，HttpServletResponse クラスのオブジェクト（リスト 4.7 では変数 response）の getWriter メソッドを利用して PrintWriter クラスのオブジェクトを生成し，そのオブジェクトの println メソッドを利用することが多い．
　HttpServletRequest クラスのオブジェクト（リスト 4.7 では変数 request）の getParameter メソッドを利用すれば，ユーザが Web ページのフォーム部品に入力・選択した値を取得するこ

とができる．getParameter メソッドの引数にはフォーム部品の name 属性の値を渡す．リスト 4.7 の例では getParameter メソッドの実行結果を sn という変数に代入している．getParameter メソッドの実行結果として，フォーム部品に入力・選択された値は文字列として取得できるため，サーブレットのプログラムはその値を必要に応じて数値などに変換して利用する．また，GET メソッドか POST メソッドかにかかわらず同様の方法でフォーム部品に入力・選択された値を取得することができる．メソッドの違いにより変わる部分は，実行されるメソッドが doGet か doPost かである．

一度実行されたサーブレットはサーブレットコンテナ上に留まり，また，サーブレットコンテナは 1 つのプロセス内で複数のサーブレットを並行処理する（マルチスレッドと呼ばれる）ため，CGI のようにプロセスをリクエストごとに割り当てることはない．

(3) サーブレットの問題点

リスト 4.7 に示したように，サーブレットは HTML 文書の出力を Java の println メソッドによって実行するため，Web ページのデザインを凝ったものにするとサーブレットのプログラムが長くなり，プログラムとデザインの区別がしにくくなる．また，一部の細かい修正であってもプログラムのコンパイルが必要になるという問題がある．

(4) JSP の仕組みと例

JSP は JSP コンテナ上で実行される．ほとんどの場合，サーブレットコンテナが JSP コンテナの機能も備えているため，以降は JSP コンテナではなく，サーブレットコンテナと表記する．JSP のプログラムは HTML 文書に埋め込まれるが，その HTML 文書のファイル名の拡張子は「.jsp」となる．

JSP の場合もサーブレットのときと同様に，Web ブラウザからのリクエストがあると，そのリクエストメッセージは Web サーバソフトウェアで受け取られ，サーブレットコンテナに転送される．サーブレットコンテナはそのリクエストに対応する JSP のプログラムをサーブレットのプログラムに変換してコンパイルしてから実行する．JSP のプログラムが一度サーブレットに変換・コンパイルされれば，コンパイルされたものがサーブレットコンテナ上に留まるため，その JSP への 2 回目以降のリクエストの場合，JSP のプログラムをサーブレットのプログラムに変換・コンパイルするという処理は必要がない．なお，JSP の場合は JSP のプログラムを特定のディレクトリに配置してサーブレットコンテナに登録する作業は必要ない．

JSP のプログラムは JSP タグ (<% %>) を使用して HTML 文書に埋め込まれる．つまり，プログラムの部分を「<%」と「%>」で囲む．たとえば，リスト 4.1 に示したフォームの氏名のところに入力された値を取得して「○○さん，こんにちは」という文字列を出力する場合，リスト 4.8 のように JSP のプログラムを記述する．

リスト **4.8** JSP のプログラムの例

```
<%@ page contentType="text/html; charset=UTF-8" pageEncoding="UTF-8" %>
<html>
<head>
<title>JSP のサンプル</title>
```

```
</head>
<body>
<%
  request.setCharacterEncoding("UTF-8");
  String sn = request.getParameter("sname");
%>
<p><% out.println(sn); %>さん，こんにちは</p>
</body>
</html>
```

　JSPのプログラムで処理の結果としてHTML文書を出力する場合，暗黙オブジェクト（JSPプログラムで明示的にクラスから生成する必要がないオブジェクト）の1つoutオブジェクトのprintlnメソッドを使うことが一般的である．ただし，out.printlnを簡略化することができるため，「<% out.println(sn); %>」を「<%= sn %>」と記述することもできる．

　ユーザがWebページのフォーム部品に入力・選択した値をJSPのプログラムで取得する場合，GETメソッドかPOSTメソッドかにかかわらずrequestオブジェクトのgetParameterメソッドを利用する．リスト4.8のJSPの例でもgetParameterメソッドの実行結果をsnという変数に代入している．

　requestオブジェクトもJavaの暗黙オブジェクトの1つであり，プログラムの中で利用するために事前に何ら宣言する必要はない．なおリスト4.8では利用していないが，Webブラウザへのレスポンスメッセージを管理するresponseオブジェクトも暗黙オブジェクトの1つである．

4.3.3　PHP

(1)　PHPとは

　PHPは，Webサーバ上で動的にコンテンツを生成することを目的としたプログラミング言語であり，また，そのプログラムの実行環境である．PHPは1994年に開発が開始され，2000年にPHP4が公開され，2004年にPHP5が公開された．PHPはApacheをはじめ多くのWebサーバソフトウェアに拡張機能として組み込むことが可能であり，Webアプリケーションの作成用のプログラミング言語として人気が高い[2]．

　PHPにより記述されたプログラムのことをPHPプログラムやPHPスクリプトと呼ぶ．PHPプログラムはJSPのプログラムと同様にHTML文書の中に埋め込まれる．PHPはCGIと違いHTTPのリクエストのたびにプロセスを割り当てることをしない．また，サーブレットとJSPのようにWebサーバソフトウェアとは別のプロセスとして動作するサーブレットコンテナのようなソフトウェアにより実行されるものでもない．PHPの場合，拡張機能としてWebサーバソフトウェアに組み込まれたPHPエンジン（PHPプログラムを実行するためのプログラム）がPHPプログラムを実行する．たとえば，もっとも利用されているWebサーバソフトウェアのApacheでは，Apacheの機能を拡張するためのモジュールとしてPHPエンジンを組み込む．ただし，CGIのようにリクエストごとにPHPプログラムをプロセスとして起動・実行するWebサーバソフトウェアも存在する．

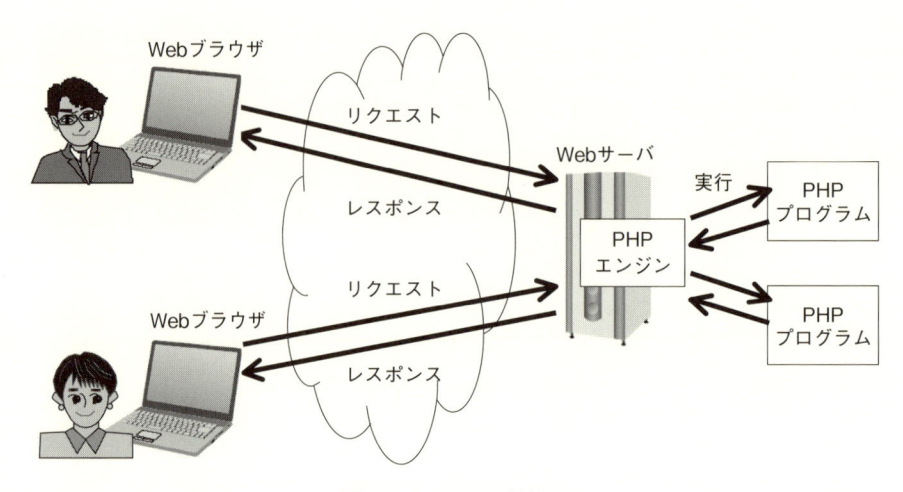

図 **4.10** PHP の仕組み

PHP はデータベースとの親和性が高く，データベースを利用する Web アプリケーション（Web データベース）を作成するのに適したプログラミング言語の1つである．また PHP は，HTTP だけでなく SOAP や XML など多くのプロトコルや Web 技術に対応している．

Web サーバ上で PHP を動作させるために事前に Web サーバソフトウェアの設定を変更し，Web サーバソフトウェアに PHP エンジンを組み込んでおく必要がある．また，拡張子が「.php」のファイルがリクエストされたときは PHP プログラムを実行するように設定しておく必要もある．

(2) PHP の仕組み

PHP ではプログラムを HTML 文書の中に埋め込むため「<?php ?>」を使用する．つまり，PHP プログラムを「<?php」と「?>」で囲む．また，事前にコンパイルを必要としない．

Web サーバソフトウェアが PHP プログラムへのリクエストを受け取ると，Web サーバソフトウェアに組み込まれた PHP エンジンが対応する PHP プログラムを実行する（図 4.10）．PHP プログラムはその実行結果として HTML 文書を出力する．そして，Web サーバソフトウェアは出力された HTML 文書をレスポンスとして Web ブラウザに返す．

PHP の場合，ユーザが Web ページのフォームに記入した値は $_GET や $_POST，$_REQUEST という配列に格納される．これらの配列は，スーパーグローバル変数と呼ばれ，PHP プログラム内のどこからでも利用することができる．Web ページのフォームの method 属性が "GET" の場合はフォームに入力された内容は $_GET に格納される．Web ページのフォームの method 属性が "POST" の場合はフォームに入力された内容は $_POST に格納される．$_REQUEST には $_GET と $_POST の両方の内容が格納される．$_GET, $_POST, $_REQUEST はいずれも連想配列であり，PHP プログラムではフォーム部品の name 属性の値を利用して $_GET['sname'] のようにして，フォーム部品に入力・選択された値を取得する．

PHP で HTML 文書を出力する場合，echo などの関数や「<?= ～ ?>」という短縮形を使うことが多い．

4.3.4 その他の動的処理技術

(1) Ruby

Rubyはオブジェクト指向のプログラミング言語であり，1995年に日本人によって開発された [8]．Rubyの特徴は，Perlのような強力な文字列処理機能を有しつつ，文法がシンプルなところにある．RubyはPHPやJSPと同様にプログラムを実行する前にコンパイルを必要としない．2004年に開発されたRuby on RailsはWebアプリケーションフレームワークとして高い評価を得ている．

(2) Python

PythonもRubyと同様にオブジェクト指向のプログラミング言語であり，1991年に開発された [9]．Pythonの開発では習得の容易さが重要視された．Pythonも事前にプログラムのコンパイルを必要としない．

(3) .NET

.NETは原則としてWindowsを前提としたサーバサイド技術であり，2000年からベータ版が公開され，2002年にバージョン1.0が開発された [10]．.NETではVisual Basic.NETやC#のようなプログラミング言語を利用してWebアプリケーションを作成する．

コラム　Java

> Javaは米国の1995年にサン・マイクロシステムズ社により開発された，オブジェクト指向のプログラミング言語である．オブジェクト指向は，プログラムの機能をオブジェクトと呼ばれる部品に分割し，それらのオブジェクトを組み合わせてプログラミングしていく技法である．詳細な説明は省略するが，一般に，オブジェクト指向の特徴は，(1) カプセル化（隠蔽），(2) インヘリタンス（継承），(3) ポリモフィズム（多態性）の3点である．そのため，Javaではプログラムの変更のしやすさや再利用性の高さが利点として挙げられる．
>
> オブジェクトはその設計図にあたるクラスから生成され，クラスから生成されたオブジェクトのことをインスタンスという．クラスにはデータ（変数，プロパティ）とメソッド（関数）があり，Javaではクラスのデータやメソッドにアクセス権を設定し，クラスの外から直接扱えるかどうかを制限することができ，これによりカプセル化を実現している．
>
> Javaのプログラムがコンパイルされると中間言語（バイトコード）に変換される．中間言語はJava仮想マシン (Java Virtual Machine (Java VM)) というソフトウェアにより実行される．そのため，Javaのプログラムはjava仮想マシンが動作するコンピュータがあればどこでも動作する．これもJavaの利点の1つである．

> **コラム** Web アプリケーションフレームワーク
>
> Web アプリケーションフレームワークとは，Web システム開発の土台となり Web アプリケーションに必要な共通の機能をライブラリとして提供するものであり，Java 言語では Apache Struts が，PHP では，CakePHP や Symfony などの Web アプリケーションフレームワークが人気を得ている．

4.4 データベース

4.4.1 データベースとは

データベースとは，コンピュータによって書き込みや読み出しを行えるように構成されたデータの集まりであり，今日の Web システムには不可欠な構成要素の 1 つである [11]．

データベースは，使いやすい統一されたインタフェースを提供し，条件を指定したデータの検索や更新，削除が可能である．データベースを提供するためのソフトウェアシステムをデータベース管理システムといい，商用のものやオープンソースのものがある．

データベースには，階層モデルやネットワークモデルなどいくつかのモデルが存在する．本書では，今日ではもっとも普及しているリレーショナルモデルを扱うリレーショナルデータベースを取り上げる．

データベースにデータを格納する枠組みを決めていく過程がデータベース設計である．リレーショナルデータベースの場合，たとえば図 4.11 のような表形式（テーブル）でデータを表現する．それぞれのテーブルはテーブル名を持ち，各データの項目を示す列名を一番上に示すことが一般的である．テーブルに新しくデータを挿入（追加）すると，1 行追加される．このテーブルをリレーショナルデータベース管理システムで問題なく処理できるようにすること（正規化）がデータベース設計の基本である．またリレーショナルデータベースでは，データベースの定義やデータの問合せなどの操作のために SQL (Structured Query Language) という，標準リレーショナルデータベース言語が利用される．

4.4.2 Web データベース

今日では多くの Web アプリケーションは処理の途中でデータベースにアクセスし，データを検索したり更新したりする．データベースを使用する Web アプリケーションを特に Web データベースと呼ぶこともある [12]．

SQL の利用形態として，直接ユーザが対話的に利用する場合とプログラムの中で使用する場合とがある．Web システムの中で使用する場合は後者の利用形態であり，Web アプリケーションが SQL を利用してデータベースを操作する．

データベース管理システムは単独のプロセスとして動作する．つまり Web サーバソフトウェアとは異なるプロセスとして動作する．今日の多くの Web システムは，Web ブラウザ，Web

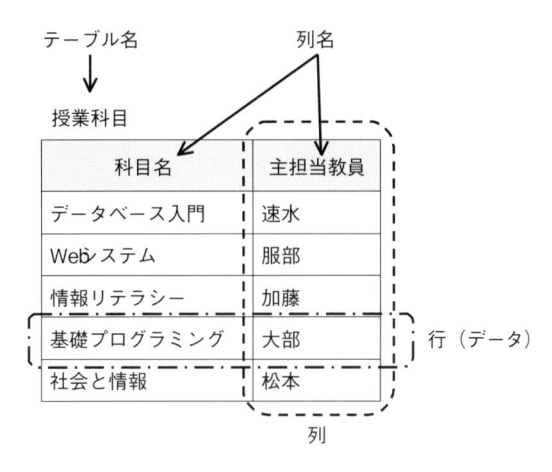

図 4.11 テーブルの例

サーバ（＋Web アプリケーション），データベース管理システムからなる 3 層構造になっている．それぞれをプレゼンテーション層，アプリケーション層，データベース層という．なお，サーバサイドを Web サーバ，Web アプリケーション，データベースの 3 層構成と呼ぶこともある．

4.4.3 テーブルの正規化

テーブルをリレーショナルデータベース管理システムで問題なく処理できるようにする正規化について説明する．本書では，ある大学の学生サポート用のデータの例（表 4.4）を用いてテーブルの正規化を説明する．この大学では，クラスアドバイザー制を設けており，各学生はいずれかのクラスに属するものとする．

(1) 非第 1 正規形

表 4.4 の授業科目の列には「データベース入門（速水・履修中），Web システム（服部・B），情報リテラシー（加藤・A）」など複数の科目の集合データが含まれている．また，学生ごとに履修科目の数は異なっている．このような表を非第 1 正規形という．また，すべての行にクラスやアドバイザーのデータが入っている．アドバイザーは複数の学生を担当することが一般であるため，データが冗長になる．一方，次年度の 1 年生のアドバイザーなど何らかの理由で学生を受け持っていないアドバイザーがいたとしてもそのデータを管理することができない．

(2) 第 1 正規形

表 4.5 のように集合データを複数の行に分け，各列に集合データが含まれないようにしたものを第 1 正規形という．

表 4.5 のテーブルでは学生の履修科目ごとに学籍番号，氏名，出身，クラス，アドバイザーのデータが重複して存在し，冗長となっている．このようなテーブルではデータを挿入したくてもできないなどの不都合（更新時不整合）が生じる．

たとえば，ある学生のアドバイザーが変更になったとき，その学生の履修科目数分の行をす

表 4.4 学生サポート用のデータの例（非第 1 正規形）

学籍番号	氏名	出身	クラス	アドバイザー	履修科目（主担当教員・評価）
1212001	伊藤　翔	神奈川県	1	佐藤	データベース入門（速水・履修中），Web システム（服部・B），情報リテラシー（加藤・A），
1212002	木村　大輝	神奈川県	1	佐藤	データベース入門（速水・履修中），Web システム（服部・B），情報リテラシー（加藤・B）
1212003	清水　陽菜	東京都	1	佐藤	基礎プログラミング（大部・A），情報リテラシー（加藤・A），応用プログラミング（大部・履修中）
1212004	高橋　結愛	愛知県	2	鈴木	基礎プログラミング（大部・A），データベース入門（速水・履修中），情報リテラシー（加藤・B），社会と情報（松本・履修中）
1212005	山本　陸	東京都	2	鈴木	基礎プログラミング（大部・C），Web システム（服部・B），情報リテラシー（加藤・A），社会と情報（松本・履修中），応用プログラミング（大部・履修中）

表 4.5 第 1 正規形

学籍番号	氏名	出身	クラス	アドバイザー	科目名	主担当教員	評価
1212001	伊藤　翔	神奈川県	1	佐藤	データベース入門	速水	履修中
1212001	伊藤　翔	神奈川県	1	佐藤	Web システム	服部	B
1212001	伊藤　翔	神奈川県	1	佐藤	情報リテラシー	加藤	A
1212002	木村　大輝	神奈川県	1	佐藤	データベース入門	速水	履修中
1212002	木村　大輝	神奈川県	1	佐藤	Web システム	服部	B
1212002	木村　大輝	神奈川県	1	佐藤	情報リテラシー	加藤	B
1212003	清水　陽菜	東京都	1	佐藤	基礎プログラミング	大部	A
1212003	清水　陽菜	東京都	1	佐藤	情報リテラシー	加藤	A
1212003	清水　陽菜	東京都	1	佐藤	応用プログラミング	大部	履修中
1212004	高橋　結愛	愛知県	2	鈴木	基礎プログラミング	大部	A
1212004	高橋　結愛	愛知県	2	鈴木	データベース入門	速水	履修中
1212004	高橋　結愛	愛知県	2	鈴木	情報リテラシー	加藤	B
1212004	高橋　結愛	愛知県	2	鈴木	社会と情報	松本	履修中
1212005	山本　陸	東京都	2	鈴木	基礎プログラミング	大部	C
1212005	山本　陸	東京都	2	鈴木	Web システム	服部	B
1212005	山本　陸	東京都	2	鈴木	情報リテラシー	加藤	A
1212005	山本　陸	東京都	2	鈴木	社会と情報	松本	履修中
1212005	山本　陸	東京都	2	鈴木	応用プログラミング	大部	履修中

べて変更しなければ不整合が生じる．また，ある学生が 1 つも科目を履修していない場合（何らかの理由で入学直後に休学してしまった場合など），その学生のデータを含んだ行を挿入することができない．また，ある学生の履修科目が 1 つしかなく，その学生のデータを含む行が 1 つしかないとき，その学生が履修をキャンセルしていたなどの理由でその科目を削除する場合，その学生の行が 1 つも存在しなくなり，結果として，その学生の氏名などのデータが失われる．

(3) 第2正規形

表 4.5 では，学籍番号が決まれば氏名，出身，クラス，アドバイザーが決まる．このとき，氏名，出身，クラス，アドバイザーは学籍番号に関数従属するという．また，科目名が決まるとその科目の主担当教員が決まる．つまり，主担当教員は科目名に関数従属する．一方，評価は学籍番号だけでなく学籍番号と科目名の組に関数従属する．このように，ある列の値が決まると別の列の値が決まるという性質を関数従属性という．

表 4.5 の学籍番号と科目名の組のように，テーブルの他のすべての列の値を決める複数列の組（あるいは 1 つの列）を主キーという（本書では列名の下に下線を付与することで主キーを示している）．主キー以外の列を非キーといい，非キーは主キーに関数従属する．

非キーが主キーの一部によって決まる，部分関数従属性の場合，先に述べた更新時不整合が生じることがある．表 4.5 では，1 つも科目を履修していない学生のデータを挿入することができない．また，ひとりも履修者がいない科目も挿入することができない．

このような更新時不整合を解消するには，主キーの一部によって決まる列を分離する（図 4.12）．つまり，テーブルから部分関数従属性を排除する．この結果，表 4.6 と表 4.7 と表 4.8 のようになる．このような形を第 2 正規形という．

表 4.6 には 1 つも科目を履修していない学生のデータを挿入することができ，表 4.7 にはひとりも履修者がいない科目も挿入することができる．

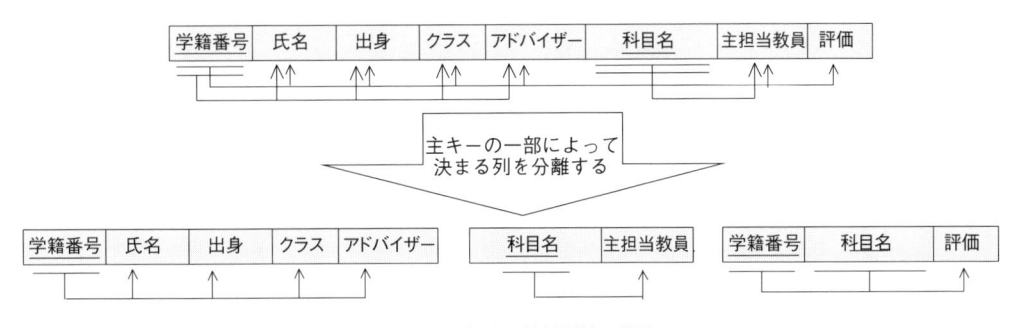

図 4.12 部分関数従属性の排除

表 4.6 第 2 正規形

学籍番号	氏名	出身	クラス	アドバイザー
1212001	伊藤　翔	神奈川県	1	佐藤
1212002	木村　大輝	神奈川県	1	佐藤
1212003	清水　陽菜	東京都	1	佐藤
1212004	高橋　結愛	愛知県	2	鈴木
1212005	山本　陸	東京都	2	鈴木

表 4.7 第 2 正規形（第 3 正規形（科目）でもある）

科目名	主担当教員
データベース入門	速水
Web システム	服部
情報リテラシー	加藤
基礎プログラミング	大部
応用プログラミング	大部
社会と情報	松本

表 4.8 第 2 正規形（第 3 正規形（履修）でもある）

学籍番号	科目名	評価
1212001	データベース入門	履修中
1212001	Web システム	B
1212001	情報リテラシー	A
1212002	データベース入門	履修中
1212002	Web システム	B
1212002	情報リテラシー	B
1212003	基礎プログラミング	A
1212003	情報リテラシー	A
1212003	応用プログラミング	履修中
1212004	基礎プログラミング	A
1212004	データベース入門	履修中
1212004	情報リテラシー	B
1212004	社会と情報	履修中
1212005	基礎プログラミング	C
1212005	Web システム	B
1212005	情報リテラシー	A
1212005	社会と情報	履修中
1212005	応用プログラミング	履修中

(4) 第 3 正規形

表 4.6 を見ると，学籍番号が決まればクラスが決まり，クラスが決まればアドバイザーが決まる．2 つの関数従属性がひと続きになった性質（推移的関数従属性）がある．

このような場合も更新時不整合が生じうる．たとえば，アドバイザーが別の職場に移動するなどの理由でクラスのアドバイザーが変更された場合，変更すべき行が複数になる．また，次年度の 1 年生のアドバイザーなど，クラスとアドバイザーの割り当てが決まっていても担当する学生が未定の場合，そのクラスのデータを挿入することができない．

このような更新時不整合を解消するには，表 4.6 のアドバイザーのように，非キー（表 4.6 ではクラス）によって決まる列を分離すればよい（図 4.13）．つまり，テーブルから推移的関数従属性を排除する．この結果，表 4.9 と表 4.10 のようになる．

表 4.9 と表 4.10 に表 4.7 と表 4.8 をあわせた 4 つのテーブルは，もとの表 4.4 と同じデータを表現することができる．しかし，これら 4 つのテーブルのどれにも部分関数従属性や推移的関数従属性はなく，ただ 1 つの関数従属がある．このような形を第 3 正規形という．

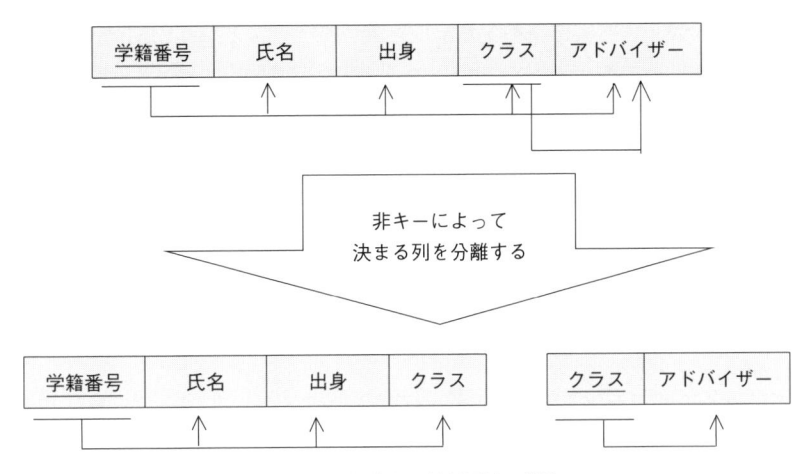

図 4.13 推移的関数従属性の排除

表 4.9 第 3 正規形（学生）

学籍番号	氏名	出身	クラス
1212001	伊藤　翔	神奈川県	1
1212002	木村　大輝	神奈川県	1
1212003	清水　陽菜	東京都	1
1212004	高橋　結愛	愛知県	2
1212005	山本　陸	東京都	2

表 4.10 第 3 正規形（クラス）

クラス	アドバイザー
1	佐藤
2	鈴木

これら 4 つのテーブルは，自然結合（4.4.4 項 (3) を参照）によりもとのテーブルに戻すことができる．このように情報（データ）を損失していない分解を情報無損失分解という．テーブルの正規化では，情報無損失分解を行うことにより，更新時不整合が生じないようにしていく．

4.4.4　SQL

標準リレーショナルデータベース言語 SQL は，データベースの定義，更新（挿入，変更，削除），問合せ（検索）という，データベースに対するすべての操作が可能である．SQL は実用的なデータベースの利用において必要とされる機能のすべてを提供することを念頭において開発された．本節では SQL によるデータベースの操作を説明する．本書の実行例は人気の高いオープンソースのデータベース管理システムである MySQL に基づく [12]．下記の説明のリストにおいて角括弧で囲まれた部分（[データベース名.] や [not null] など）は省略できることを意味している．

(1)　データベースの作成

前節の説明からもわかるように，データベースは複数のテーブルから構成される．MySQL

では，ひとまとまりのテーブルを格納する単位をデータベースという．MySQLで新たにデータベースを構築するには，まずcreate databaseコマンド（文）によってデータベースを定義し，その中にcreate tableコマンドで一連のテーブルを定義していく．create databaseコマンドとcreate tableコマンドの書式をそれぞれリスト4.9とリスト4.10に示す．create tableコマンドの前にuseコマンド（リスト4.11）を実行し，データベースを指定しておけば，create tableコマンドのテーブル名の前にデータベース名をつけなくてもよい．

リスト 4.9　create database コマンドの書式

```
create database データベース名;
```

リスト 4.10　create table コマンドの書式

```
create table [データベース名.] テーブル名 (
  列名 データ型 [(バイト数)] [not null] [unique] [primary key] [default デフォルト値] [auto_increment],
  列名 ……,
  ……,
  [unique (列名, 列名, …),]
  [primary key (列名, 列名, …),]
  ……
)
```

リスト 4.11　use コマンドの書式

```
use データベース名;
```

　create tableコマンドでは列名の次にデータ型を指定する．データ型には整数や文字列などさまざまなものがある．MySQLで利用できる主要なデータ型を表4.11に整理する．データ型に続く「not null」（null（空値：データが未定，不明，無意味などの意味）を認めない），unique（その列に同じ値が複数あってはならない），primary key（主キー）などは列属性である．列属性のauto_incrementはID番号（識別番号）のような連続する番号を割り当てる場合などに利用される．複数列の組合せで同じ値が複数あってはならない場合や，主キーが複数の列からなる場合は，「unique (列名, 列名, …)」や「primary key (列名, 列名, …)」のように，それらの列を列記する．

　前節で説明した第3正規形の表4.7から表4.10をそれぞれ，「kamoku_t」「risyu_t」「gakusei_t」「class_t」というテーブル名（それぞれ「科目テーブル」「履修テーブル」「学生テーブル」「クラステーブル」と呼ぶことにする）とし，また，それらのテーブルをsupport_dbというデータベースに格納するとした場合，リスト4.12からリスト4.17のようにデータベースやテーブルを作成する．この例では「kamoku_t」「risyu_t」「gakusei_t」「class_t」をそれぞれ表4.12から表4.15の仕様としてテーブルを作成する（列名は英語表記に改めている）．

表 4.11 MySQL で利用できる主要なデータ型

int	数値	4バイト整数
bigint		8バイト整数
float		浮動小数点
double		倍精度浮動小数点
char	文字列	固定長文字列（最大 255 文字）
varchar		可変長文字列（最大 255 文字）
text		可変長文字列（最大 65535 文字）
datetime	日付／時刻	YYYY-MM-DD HH:MM:SS 形式の日時（2011-12-09 20:05:32）
date		YYYY-MM-DD 形式の日付
time		HH:MM:SS 形式の時刻

表 4.12 科目テーブル kamoku_t の仕様

列名	和名	型	制約		
			not null	unique	primary key
kamoku	科目名	varchar(50)	○	○	○
tantou	主担当教員	varchar(50)	○	—	—

表 4.13 履修テーブル risyu_t の仕様

列名	和名	型	制約		
			not null	unique	primary key
snumber	学籍番号	int	○	—	○
kamoku	科目名	varchar(50)	○	—	
hyouka	評価	varchar(10)	○	—	—

表 4.14 学生テーブル gakusei_t の仕様

列名	和名	型	制約		
			not null	unique	primary key
snumber	学籍番号	int	○	○	○
sname	氏名	varchar(50)	○	—	—
syusshin	出身	varchar(30)	○	—	—
class	クラス	int	○	—	—

表 4.15 クラステーブル class_t の仕様

列名	和名	型	制約		
			not null	unique	primary key
class	クラス	int	○	○	○
adviser	アドバイザー	varchar(50)	○	—	—

リスト 4.12　create database コマンドの例

```
create database support_db;
```

リスト 4.13　use コマンドの例

```
use support_db;
```

リスト 4.14　create table コマンドの例（kamoku_t の作成）

```
create table kamoku_t (
  kamoku varchar(50) primary key,
  tantou varchar(50) not null
);
```

リスト 4.15　create table コマンドの例（risyu_t の作成）

```
create table risyu_t (
  snumber int not null,
  kamoku varchar(50) not null,
  hyouka varchar(10) not null,
  primary key (snumber, kamoku)
);
```

リスト 4.16　create table コマンドの例（gakusei_t の作成）

```
create table gakusei_t (
  snumber int primary key,
  sname varchar(50) not null,
  syusshin varchar(50) not null,
  class int not null
);
```

リスト 4.17　create table コマンドの例（class_t の作成）

```
create table class_t (
  class int primary key,
  adviser varchar(50) not null
);
```

テーブルを作成した後でテーブル名や列名，データ型，列属性を変更するには alter table コマンドを利用する．列名を変更する場合の書式はリスト 4.18 のとおりである．列名だけを変更する場合でもデータ型や列属性を指定する必要がある．

リスト 4.18　alter table コマンドの書式

```
alter table テーブル名 change column 変更前の列名 変更後の列名 データ型 [(バイト数)] [not null] [unique] [primary key] [default デフォルト値] [auto_increment];
```

たとえば，科目テーブル kamoku_t の列名を tantou から teacher に変更したい場合は，リスト 4.19 のようになる．

リスト 4.19　alter table コマンドの例

```
alter table kamoku_t change column tantou teacher varchar(50) not null;
```

データベースやテーブルを削除するには drop database コマンドや drop table コマンドを利用する．それぞれ書式はリスト 4.20 とリスト 4.21 のとおりである．

リスト **4.20**　drop database コマンドの書式

```
drop database データベース名;
```

リスト **4.21**　drop table コマンドの書式

```
drop table テーブル名;
```

(2) データの挿入

テーブルにデータを挿入するには insert コマンドを使用する．insert コマンドの書式をリスト 4.22 に示す

リスト **4.22**　insert コマンドの書式

```
insert into テーブル名 [(列名, 列名, …)] values (値, 値, …);
```

たとえば，履修テーブル risyu_t にデータを挿入する場合はリスト 4.23 のようになる．

リスト **4.23**　insert コマンドの例（列名の指定あり）

```
insert into risyu_t (snumber, kamoku, hyouka) values
(1212001, 'Web システム', 'B');
```

列名の指定を省略してリスト 4.24 のようにも記述することができる．この場合，カッコ内の値の個数と順序は，挿入先のテーブルにある列の数と順序に一致している必要がある．

リスト **4.24**　insert コマンドの例（列名の省略）

```
insert into risyu_t values (1212001, 'Web システム', 'B');
```

(3) データの検索

データベースの活用という意味で重要なのはデータの検索（問合せ）である．データの検索には select コマンドを使用する．select コマンドの書式をリスト 4.25 に示す．以下では，(2) で説明した方法で表 4.12 から表 4.15 に示したテーブルに表 4.7 から表 4.10 のすべてのデータが挿入されたものとする．

リスト **4.25**　select コマンドの書式

```
select 列名, 列名, … from テーブル名, テーブル名, … [where 検索条件] [order by 列
名 [asc | desc], 列名 [asc | desc], …];
```

select コマンドでは列名を省略することができない．すべての列の値を得るときは列名の代わりに「*」（アスタリスク）を利用する．from から始まる from 句で検索対象のテーブルを指定し，where から始まる where 句で検索条件を指定し，order by で始まる order by 句で検索

結果の並び順を指定する．from 句を省略することはできない．select コマンドの使用例をリスト 4.26 に示す．この例では，学生テーブル gakusei_t のすべての列とすべての行（データ）を検索している．「mysql>」は MySQL モニタのコマンドプロンプトであり，網掛け部分がコマンドプロンプト上で入力された箇所である．

リスト 4.26　select コマンドの例

```
mysql> select * from gakusei_t;
+---------+-----------+----------+-------+
| snumber | sname     | syusshin | class |
+---------+-----------+----------+-------+
| 1212001 | 伊藤　翔  | 神奈川県 |     1 |
| 1212002 | 木村　大輝| 神奈川県 |     1 |
| 1212003 | 清水　陽菜| 東京都   |     1 |
| 1212004 | 高橋　結愛| 愛知県   |     2 |
| 1212005 | 山本　陸  | 東京都   |     2 |
+---------+-----------+----------+-------+
5 rows in set (0.00 sec)
```

リスト 4.27 の例では，学生テーブル gakusei_t からクラス (class) が 1 の行（データ）の学籍番号 (snumber) と氏名 (sname) を検索している．

リスト 4.27　where 句を利用した select コマンドの例

```
mysql> select snumber, sname from gakusei_t where class=1;
+---------+-----------+
| snumber | sname     |
+---------+-----------+
| 1212001 | 伊藤　翔  |
| 1212002 | 木村　大輝|
| 1212003 | 清水　陽菜|
+---------+-----------+
3 rows in set (0.00 sec)
```

where 句ではさまざまな検索条件を指定することができる．ここでは代表的な，比較述語，like 述語，論理演算と結合検索を説明する．

比較述語は「class=1」のように，値を比較する検索条件である．「=」以外にも「<」（より小さい），「>」（より大きい），「<=」（以下），「>=」（以上），「<>」（等しくない）がある．

like 述語は「kamoku like '%プログラミング'」のような検索条件である．リスト 4.28 の例では，履修テーブル risyu_t の科目名 (kamoku) が「プログラミング」で終わる行を検索する．「%」はワイルドカードと呼ばれ，任意長の任意文字に合致することを意味する．「kamoku like '%情報%'」とすれば「情報」を含む行を検索することができる．

リスト 4.28　like 述語による条件の指定例

```
mysql> select * from risyu_t where kamoku like '%プログラミング';
+---------+-----------------+--------+
| snumber | kamoku          | hyouka |
+---------+-----------------+--------+
```

```
| 1212003 | 基礎プログラミング | A      |
| 1212003 | 応用プログラミング | 履修中 |
| 1212004 | 基礎プログラミング | A      |
| 1212005 | 基礎プログラミング | C      |
| 1212005 | 応用プログラミング | 履修中 |
+---------+--------------------+--------+
5 rows in set (0.00 sec)
```

複数の条件を指定したい場合は and や or を使う．and や or を論理演算子と呼ぶ．リスト 4.29 の例では，履修テーブル risyu_t の科目名 (kamoku) が「基礎プログラミング」であり，かつ評価 (hyouka) が「A」の行を検索する．

リスト 4.29　論理演算子 and を利用した条件の指定例

```
mysql> select * from risyu_t where kamoku like '基礎プログラミング' and hyouka='A';
+---------+--------------------+--------+
| snumber | kamoku             | hyouka |
+---------+--------------------+--------+
| 1212003 | 基礎プログラミング | A      |
| 1212004 | 基礎プログラミング | A      |
+---------+--------------------+--------+
2 rows in set (0.00 sec)
```

検索結果をある列の値の昇順や降順で並べ替えたいときは order by 句で指定する．リスト 4.30 の例では，履修テーブル risyu_t の科目 (kamoku) が「情報リテラシー」の行を成績の昇順（アルファベット順）に並べ替えている．

リスト 4.30　order by 句による並べ替えの例

```
mysql> select * from risyu_t where kamoku like '情報リテラシー' order by hyouka asc;
+---------+----------------+--------+
| snumber | kamoku         | hyouka |
+---------+----------------+--------+
| 1212001 | 情報リテラシー | A      |
| 1212003 | 情報リテラシー | A      |
| 1212005 | 情報リテラシー | A      |
| 1212002 | 情報リテラシー | B      |
| 1212004 | 情報リテラシー | B      |
+---------+----------------+--------+
5 rows in set (0.00 sec)
```

テーブルを分解していく正規化とは逆に，テーブルとテーブルを結びつける操作がテーブルの結合であり，select コマンドを利用してテーブルの結合を実行することができる．結合方法はさまざまであるが，ここでは代表的な等結合と自然結合を説明する．

2つのテーブルのそれぞれの列に注目し，その値が等しい行どうしを取り出して結びつける結合を等結合という．等結合を実行するには，from 句に対象のテーブルを列挙し，結合条件を where 句に記述する．2つのテーブルで列名が同じ場合は，「テーブル名.列名」のように，テー

ブル名と列名を「.」（ドット）でつないで記述する．列名が重複していなくてもドットでつないだ表現を利用することはできる．リスト 4.31 は等結合の例である．この例では，学生テーブル gakusei_t と履修テーブル risyu_t の等結合を行っている．

リスト **4.31**　等結合の例

```
mysql> select * from gakusei_t, risyu_t where
gakusei_t.snumber=risyu_t.snumber;
+---------+-----------+-----------+-------+---------+------------------+--------+
| snumber | sname     | syusshin  | class | snumber | kamoku           | hyouka |
+---------+-----------+-----------+-------+---------+------------------+--------+
| 1212001 | 伊藤 翔   | 神奈川県  |     1 | 1212001 | Web システム     | B      |
| 1212001 | 伊藤 翔   | 神奈川県  |     1 | 1212001 | データベース入門 | 履修中 |
| 1212001 | 伊藤 翔   | 神奈川県  |     1 | 1212001 | 情報リテラシー   | A      |
| 1212002 | 木村 大輝 | 神奈川県  |     1 | 1212002 | Web システム     | B      |
| 1212002 | 木村 大輝 | 神奈川県  |     1 | 1212002 | データベース入門 | 履修中 |
| 1212002 | 木村 大輝 | 神奈川県  |     1 | 1212002 | 情報リテラシー   | B      |
| 1212003 | 清水 陽菜 | 東京都    |     1 | 1212003 | 基礎プログラミング | A    |
| 1212003 | 清水 陽菜 | 東京都    |     1 | 1212003 | 応用プログラミング | 履修中 |
| 1212003 | 清水 陽菜 | 東京都    |     1 | 1212003 | 情報リテラシー   | A      |
| 1212004 | 高橋 結愛 | 愛知県    |     2 | 1212004 | データベース入門 | 履修中 |
| 1212004 | 高橋 結愛 | 愛知県    |     2 | 1212004 | 基礎プログラミング | A    |
| 1212004 | 高橋 結愛 | 愛知県    |     2 | 1212004 | 情報リテラシー   | B      |
| 1212004 | 高橋 結愛 | 愛知県    |     2 | 1212004 | 社会と情報       | 履修中 |
| 1212005 | 山本 陸   | 東京都    |     2 | 1212005 | Web システム     | B      |
| 1212005 | 山本 陸   | 東京都    |     2 | 1212005 | 基礎プログラミング | C    |
| 1212005 | 山本 陸   | 東京都    |     2 | 1212005 | 応用プログラミング | 履修中 |
| 1212005 | 山本 陸   | 東京都    |     2 | 1212005 | 情報リテラシー   | A      |
| 1212005 | 山本 陸   | 東京都    |     2 | 1212005 | 社会と情報       | 履修中 |
+---------+-----------+-----------+-------+---------+------------------+--------+
18 rows in set (0.00 sec)
```

　2 つのテーブルの同じ名前の列をもとにテーブルを結合することを自然結合という．自然結合の書式をリスト 4.32 に示す．このように自然結合では natural join を利用する．また，自然結合の例をリスト 4.33 に示す．この例は先のリスト 4.31 と同じように学生テーブル gakusei_t と履修テーブル risyu_t を利用している．等結合では学籍番号 (snumber) の列が 2 つ存在しているが，自然結合では 1 つだけである．

リスト **4.32**　自然結合の書式

```
select 列名, 列名, … from テーブル名 natural join テーブル名 [natural join テーブル
名 …] [where 検索条件] [order by 列名 [asc | desc], 列名 [asc | desc], …];
```

リスト **4.33**　自然結合の例

```
mysql> select * from gakusei_t natural join risyu_t;
+---------+-----------+-----------+-------+------------------+--------+
| snumber | sname     | syusshin  | class | kamoku           | hyouka |
+---------+-----------+-----------+-------+------------------+--------+
| 1212001 | 伊藤 翔   | 神奈川県  |     1 | Web システム     | B      |
| 1212001 | 伊藤 翔   | 神奈川県  |     1 | データベース入門 | 履修中 |
```

```
| 1212001 | 伊藤  翔   | 神奈川県 |  1 | 情報リテラシー      | A    |
| 1212002 | 木村  大輝 | 神奈川県 |  1 | Web システム        | B    |
| 1212002 | 木村  大輝 | 神奈川県 |  1 | データベース入門    | 履修中 |
| 1212002 | 木村  大輝 | 神奈川県 |  1 | 情報リテラシー      | B    |
| 1212003 | 清水  陽菜 | 東京都   |  1 | 基礎プログラミング  | A    |
| 1212003 | 清水  陽菜 | 東京都   |  1 | 応用プログラミング  | 履修中 |
| 1212003 | 清水  陽菜 | 東京都   |  1 | 情報リテラシー      | A    |
| 1212004 | 高橋  結愛 | 愛知県   |  2 | データベース入門    | 履修中 |
| 1212004 | 高橋  結愛 | 愛知県   |  2 | 基礎プログラミング  | A    |
| 1212004 | 高橋  結愛 | 愛知県   |  2 | 情報リテラシー      | B    |
| 1212004 | 高橋  結愛 | 愛知県   |  2 | 社会と情報          | 履修中 |
| 1212005 | 山本  陸   | 東京都   |  2 | Web システム        | B    |
| 1212005 | 山本  陸   | 東京都   |  2 | 基礎プログラミング  | C    |
| 1212005 | 山本  陸   | 東京都   |  2 | 応用プログラミング  | 履修中 |
| 1212005 | 山本  陸   | 東京都   |  2 | 情報リテラシー      | A    |
| 1212005 | 山本  陸   | 東京都   |  2 | 社会と情報          | 履修中 |
+---------+-----------+----------+-----+---------------------+--------+
18 rows in set (0.00 sec)
```

(4) データの変更・データの削除

テーブルの中の特定の行，またはすべての行の列の値を変更する場合は，update コマンドを利用する．update コマンドの書式をリスト 4.34 に示す．また update コマンドの利用例をリスト 4.35 に示す．この例では，クラステーブル class_t のクラス (class) が 1 の行のアドバイザー (adviser) の値を「佐藤」から「山田」に変更している．

リスト 4.34　update コマンドの書式

```
update テーブル名 set 列名=値, 列名=値, … [where 検索条件];
```

リスト 4.35　update コマンドの例

```
update class_t set adviser='山田' where class=1;
```

テーブルの中の特定の行，またはすべての行の列の値を削除する場合は，delete コマンドを利用する．delete コマンドの書式をリスト 4.36 に示す．すべての行が削除されてもテーブルそのものが削除されるわけではないため，insert コマンドでデータを挿入することができる．

リスト 4.36　delete コマンドの書式

```
delete from テーブル名 [where 検索条件];
```

update コマンドも delete コマンドも検索条件を指定しないと，テーブル内のすべてのデータが対象となるので注意する必要がある．

(5) MySQL で実行可能な代表的なコマンド

これまでに解説したコマンド以外にも，MySQL では便利なコマンドを数多く利用すること

表 4.16 MySQL の代表的なコマンド

種類	コマンドの書式	説明
データベースの操作	create database データベース名;	データベースの作成
	show databases;	データベースの一覧表示
	use データベース名;	データベースの選択
	drop データベース;	データベースの削除
テーブルの操作	create table [データベース名.] テーブル名 (列名 データ型 [(バイト数)] [not null] [unique] [primary key] [default デフォルト値] [auto_increment], 列名 ……, ……, [unique (列名, 列名, …),] [primary key (列名, 列名, …),] ……);	テーブルの作成
	show tables from データベース名	データベース内のテーブルの一覧表示
	show fields from テーブル名;	テーブル内の列の情報の一覧表示
	alter table 変更前のテーブル名 rename 変更後のテーブル名;	テーブル名の変更
	alter table テーブル名 change column 変更前の列名 変更後の列名 データ型 [(バイト数)] [not null] [unique] [primary key] [default デフォルト値] [auto_increment];	テーブル内の列名の変更
	drop table テーブル名	テーブルの削除
データの操作	insert into テーブル名 [(列名, 列名, …)] values (値, 値, …);	データの挿入
	select 列名, 列名, … from テーブル名, テーブル名, … [where 検索条件] [order by 列名 [asc | desc], 列名 [asc | desc], …];	データの検索
	update テーブル名 set 列名=値, 列名=値, … [where 検索条件];	データの変更
	delete from テーブル名 [where 検索条件];	データの削除
ユーザアカウントの管理	create user ユーザ名@ホスト名;	ユーザアカウントの作成
	set password for ユーザ名@ホスト名=password('パスワード');	パスワードの設定
	grant all on [データベース名.] テーブル名 to ユーザ名@ホスト名 [identified by 'パスワード'];	アクセス権限の設定
	revoke all on [データベース名.] テーブル名 to ユーザ名@ホスト名;	アクセス権限の削除
	drop user ユーザ名@ホスト名;	ユーザアカウントの削除

ができる．これまでに解説したコマンドも含めて，知っていると便利なコマンドを表 4.16 に整理する．

リスト 4.37 では，ユーザ (hattori) がホスト (localhosot) のデータベース (support_db) のすべてのテーブルにアクセスできるように設定している．また，hattori のパスワードを websystem としている．

リスト 4.37 ユーザアカウントの作成とアクセス権限の設定

```
mysql> create user hattori@localhost;
mysql> set password for hattori@localhost=password('websystem');
```

```
mysql> grant all on support_db.* to hattori@localhost;
```

リスト 4.37 の設定をリスト 4.38 のように grant コマンドのみで実行することもできる．

リスト **4.38**　grant コマンドのみを利用したアクセス権限の設定

```
mysql> grant all on support_db.* to hattori@localhost identified by 'websystem';
```

すでに作成してあるユーザアカウントに，パスワードを変更せずに別のデータベースへのアクセス権限を設定する場合はリスト 4.39 のように実行する．リスト 4.39 では testdb_db というデータベースのすべてのテーブルにアクセス権限を設定している．

リスト **4.39**　既存ユーザアカウントへのアクセス権限の設定

```
mysql> grant all on test_db.* to hattori@localhost;
```

4.4.5　PHP プログラムからのデータベースの利用

PHP は PostgreSQL や MySQL を利用するための関数群を標準で備えており，データベースとの親和性が高い．本項では前項で作成したデータベース (support_db) を利用する PHP プログラムを例として，PHP プログラムで MySQL を利用するための方法を解説する．

リスト 4.40 は support_db 内のテーブル (gakusei_t) のすべてのデータを検索し，その結果を <table> タグを利用して表形式で表示する PHP プログラムである．また図 4.14 はその PHP プログラムの実行結果である．

リスト **4.40**　MySQL を利用する PHP プログラムの例（学生テーブルの表示）

```
<!DOCTYPE HTML PUBLIC "-//W3C//DTD HTML 4.01//EN"
"http://www.w3.org/TR/html4/strict.dtd">
<html>
<head>
<meta http-equiv="Content-Type" content="text/html;charset=utf-8"/>
<title>Web システム（データベースの利用例）</title>
</head>
<body>
<h1>Web システム</h1>
<p>データベースを利用する PHP のプログラムの例</p>

<?php
  // MySQL に接続する
  $db=mysql_connect('localhost', 'ユーザ名', 'パスワード');

  // 使用するデータベースを選択する
  $rc=mysql_select_db('support_db');

  // select コマンドを実行する
  $query="select * from gakusei_t";
  $result=mysql_query($query);
```

```
?>

<h2>学生テーブル</h2>
<table border="1">
<tr>
<th>学籍番号</th>
<th>氏名</th>
<th>出身</th>
<th>クラス</th>
</tr>

<?php
  // コマンドの実行結果を処理する
  while ($row=mysql_fetch_array($result)) {
    echo "<tr>\n";
    echo "<td align='right'>" . $row['snumber'] . "</td>\n";
    echo "<td>" . $row['sname'] . "</td>\n";
    echo "<td>" . $row['syusshin'] . "</td>\n";
    echo "<td align='right'>" . $row['class'] . "</td>\n";
    echo "</tr>\n";
  }

  // MySQL の接続を閉じる
  mysql_close();
?>

</table>
</body>
</html>
```

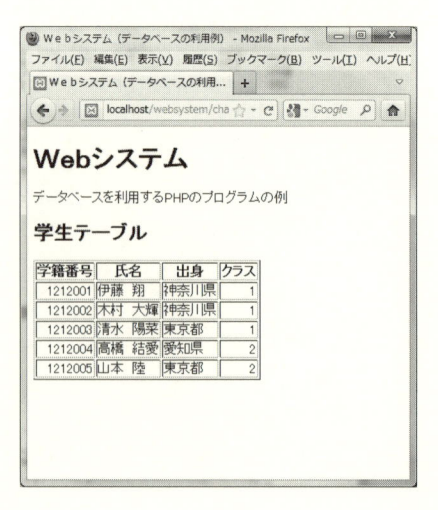

図 4.14 リスト 4.40 の PHP プログラムの実行結果

PHP プログラムで MySQL を利用するための大まかな手順は以下のとおりである．

(1) MySQL に接続する
(2) 使用するデータベースを選択する
(3) データベースを操作するためのコマンドを実行する
(4) コマンドの実行結果を処理する
(5) MySQL の接続を閉じる

(1) 関数 mysql_connect は MySQL に接続するためのものであり，関数の引数として，MySQL のサーバ名，ユーザ名，パスワードを与える．

(2) MySQL では複数のデータベースを作成することができるため，関数 mysql_select_db を実行して利用するデータベースを選択する．

(3) MySQL のデータベースを操作するために，更新（挿入，変更，削除）や問合せ（検索）などのコマンドを，関数 mysql_query を利用して実行する．mysql_query の引数としてコマンドを与え，mysql_query は実行結果として結果 ID を返す．リスト 4.40 の例では select コマンドを実行しているが，insert コマンドや update コマンドを mysql_query の引数として与えれば，データの挿入や更新などの操作を実行することができる．

(4) mysql_query が返した結果 ID を利用してコマンドの実行結果を処理する．データベースの操作が検索の場合は，関数 mysql_fetch_array を利用して，検索結果を 1 行ずつ処理することが多い．そのため，PHP の while 文が利用されることが多い．「while ($row=mysql_fetch_array($result)) { 処理内容 }」のようにプログラムを記述すると，検索結果の行数だけ処理内容を繰り返して実行することができ，繰り返すたびに「$row=mysql_fetch_array($result)」が実行され，1 行分のデータが順番に配列として変数 $row に代入される．つまり，「$row=mysql_fetch_array($result)」を実行して 1 行分のデータを取り出して処理内容を実行し，「$row=mysql_fetch_array($result)」を実行して次の 1 行分のデータを取り出し処理内容を実行し，「$row=mysql_fetch_array($result)」を実行してさらに次の 1 行分のデータを取り出し処理内容を実行し，という処理が検索結果の行数分だけ繰り返される．そして，処理内容の実行中に $row['snumber'] や $row['sname'] のように列名を利用すれば，その行の各列のデータを取得することができる．リスト 4.40 の例では，処理内容は <tr> タグと <td> タグにより表形式の表示のために各行を出力することである．mysql_fetch_array の他にも，検索結果の行数を取得するための関数 mysql_num_rows なども利用されることが多い．また，データベースの操作が挿入の場合，つまりテーブルに新しくデータを挿入した場合，関数 mysql_insert_id を利用すれば，列属性に auto_increment が設定された列のために生成された番号を取得することができる．

(5) データベースの操作が終了したら関数 mysql_close を利用して MySQL 接続を閉じる．

リスト 4.40 は PHP プログラムから MySQL を利用するための大まかな手順を説明することを目的としているため，mysql_connect などの実行で何らかのエラーが発生したときの処理を記述していない．しかし本来であれば，MySQL を利用するための関数の実行がエラーとなったときの処理を的確に記述しておく必要がある．リスト 4.41 は，リスト 4.40 の PHP プログ

ラムにエラー処理を追加したプログラムである．たとえば，mysql_connect 実行時にエラーが発生した場合，PHP の関数 exit が実行され，それにより Web ブラウザの画面には「MySQL に接続できません．」というエラーメッセージが表示され，PHP プログラムの実行は打ち切られる．

リスト 4.41　エラー処理の追加

```
<!DOCTYPE HTML PUBLIC "-//W3C//DTD HTML 4.01//EN"
"http://www.w3.org/TR/html4/strict.dtd">
<html>
<head>
<meta http-equiv="Content-Type" content="text/html;charset=utf-8"/>
<title>Web システム（データベースの利用例）</title>
</head>
<body>
<h1>Web システム</h1>
<p>データベースを利用する PHP のプログラムの例</p>

<?php
  // MySQL に接続する
  $db=mysql_connect('localhost', 'ユーザ名', 'パスワード');
  if (!$db) {
    exit ('MySQL に接続できません．');
  }

  // 使用するデータベースを選択する
  $rc=mysql_select_db('support_db');
  if (!$rc) {
    exit ('データベースを選択できません．');
  }

  // select コマンドを実行する
  $query="select * from gakusei_t";
  $result=mysql_query($query);
  if (!$result) {
    exit ('コマンドを実行できません．');
  }
?>

<h2>学生テーブル</h2>
<table border="1">
<tr>
<th>学籍番号</th>
<th>氏名</th>
<th>出身</th>
<th>クラス</th>
</tr>

<?php
  // コマンドの実行結果を処理する
  while ($row=mysql_fetch_array($result)) {
    echo "<tr>\n";
    echo "<td align='right'>" . $row['snumber'] . "</td>\n";
```

```
      echo "<td>" . $row['sname'] . "</td>\n";
      echo "<td>" . $row['syusshin'] . "</td>\n";
      echo "<td align='right'>" . $row['class'] . "</td>\n";
      echo "</tr>\n";
    }

    // MySQL の接続を閉じる
    mysql_close();
?>

</table>
</body>
</html>
```

　また，リスト 4.42 は 4.2 節で説明したフォームとデータベース (MySQL) を組み合わせた PHP プログラムである．このプログラムでは，ユーザがテキスト入力フィールドに学籍番号を入力し送信ボタンをクリックすると，学生テーブルから該当する学生のデータが検索され，氏名や出身などのデータが表示される．実行結果を図 4.15 に示す．図 4.15 では学籍番号として「1212001」を入力した．リスト 4.42 の <form> タグでは action 属性の値が「""」(2 つのダブルクォート) となっている．この場合，送信ボタンをクリックすると，現在アクセスしている URI，つまりリスト 4.42 の PHP プログラムが送信先 URI となる．<form> タグの action 属性を省略したときも同様にアクセス中の URI が送信先 URI となる．また，下記の if 文を実行することで，(1) フォーム部品に学籍番号が入力されているかどうか，(2) 入力された学籍番号が数値かどうか，(3) 学生テーブルの検索結果は 1 件だけかどうかを判定している．

```
if (isset($snum)!="" && is_numeric($snum) && mysql_num_rows($result)==1)
```

リスト **4.42**　フォームと MySQL を利用する PHP プログラムの例 (学生テーブルの検索)

```
<!DOCTYPE HTML PUBLIC "-//W3C//DTD HTML 4.01//EN"
"http://www.w3.org/TR/html4/strict.dtd">
<html>
<head>
<meta http-equiv="Content-Type" content="text/html;charset=utf-8"/>
<title>Web システム (フォームとデータベースの利用例) </title>
</head>
<body>
<h1>Web システム</h1>
<p>フォームとデータベース</p>
<?php
  // MySQL に接続する
  $db=mysql_connect('localhost', 'ユーザ名', 'パスワード');
  if (!$db) {
    exit ('MySQL に接続できません．');
  }

  // 使用するデータベースを選択する
  $rc=mysql_select_db('support_db');
  if (!$rc) {
    exit (' データベースを選択できません．');
```

```php
    }

    // フォームに入力されているかどうか
    $snum="";
    if (isset($_GET['snum'])) {
      // 入力フォームの内容を取得する
      $snum=@trim($_GET['snum']);

      // select コマンドを実行する
      $query="select * from gakusei_t where snumber=$snum";
      $result=mysql_query($query);
      if (!$result) {
        exit ('コマンドを実行できません．');
      }
    }

?>

<form action="" method="GET">
<p>学籍番号：<input type="text" name="snum" value="

<?php
  echo $snum;
?>

"/> <input type="submit" value="送信する"/>
</form>

<p>

<?php
  if (isset($snum)!="" && is_numeric($snum) && mysql_num_rows($result)==1) {
    $row=mysql_fetch_array($result);
    echo "<table border=\"1\">\n";
    echo "<tr>\n";
    echo "<th>学籍番号</th>\n";
    echo "<th>氏名</th>\n";
    echo "<th>出身</th>\n";
    echo "<th>クラス</th>\n";
    echo "</tr>\n";
    echo "<tr>\n";
    echo "<td align=\"right\">" . $row['snumber'] . "</td>\n";
    echo "<td>" . $row['sname'] . "</td>\n";
    echo "<td>" . $row['syusshin'] . "</td>\n";
    echo "<td align=\"right\">" . $row['class'] . "</td>\n";
    echo "</tr>\n";
    echo "</table>\n";
  }
?>

</p>

</body>
</html>
```

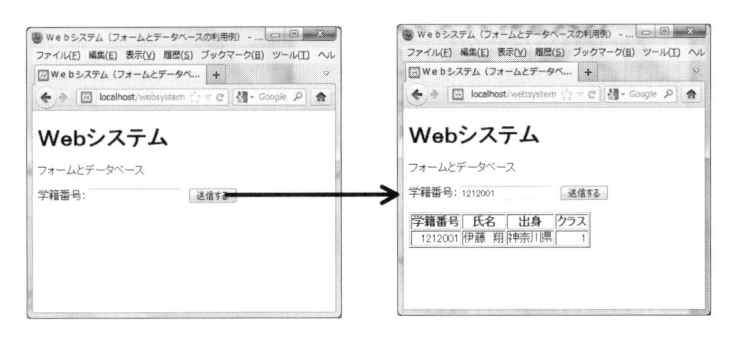

図 **4.15** リスト 4.42 の PHP プログラムの実行結果

コラム　MySQL のユーザアカウントの管理

　一般に，Web アプリケーションから MySQL を操作するときに MySQL の root アカウントを利用することはしない．データベースにアクセスするためのユーザアカウントを管理する方法を説明する．表 4.16 にはユーザアカウントを管理するためのコマンドも含まれている．grant コマンドや revoke コマンドの前に use コマンドを利用して対象のデータベースを指定しておけば，それらのコマンドでデータベース名を省略することができる．また，grant コマンドや revoke コマンドのテーブル名には，個々のテーブル名を指定する．すべてのテーブルを意味する「*」（アスタリスク）を指定することもできる．

演習問題

設問 1　フォーム処理の基本を説明しよう．

設問 2　文学部，工学部，情報学部からできているプルダウンメニューを作成しよう．ただし，プルダウンメニューの名前は pname とし，また，文学部が選択されたときは 10 が，工学部のときは 20 が，情報学部のときは 30 が送信されるようにすること．

設問 3　フォーム部品に入力・選択された値はどのように Web サーバに送信されるかを説明しよう．

設問 4　HTML5 で追加されたフォーム部品と Web ブラウザの対応状況を調べよう．

設問 5　CGI の問題の 1 つに，サーバへの負荷が大きいことがある．その理由をまとめよう．

設問 6　CGI のプログラムの実行のされ方とサーブレットのプログラムの実行のされ方と PHP のプログラムの実行のされ方との違いを説明しよう．

設問7　データベースが適切に正規化されていない場合，どのような問題が発生するかを説明しよう．

設問8　「select kamoku from risyu_t;」を実行すると，同じ科目が何回も重複して表示されることもあります．この重複を取り除くために select コマンドにパラメータを追加しよう．

設問9　等結合，あるいは自然結合を利用して，表 4.5 の表（第 1 正規形）を再現してみよう．

設問10　選択ボックスで学籍番号を選択すると，その学籍番号の学生テーブルと履修テーブルの内容を表示する PHP プログラムを作成しよう．

参考文献

[1] 大垣靖男，「PHP ポケットリファレンス」，技術評論社（2005）．
[2] 山田祥寛，「10 日でおぼえる PHP5 入門教室　第 2 版」，翔泳社（2009）．
[3] 益子貴寛，「Web 標準の教科書」，秀和システム（2005）．
[4] 田辺茂也監訳，大川佳織訳，「CGI プログラミング第 2 版」，オライリー・ジャパン（2001）．
[5] 川崎克巳，「これからはじめる　すぐにわかる　サーブレット & JSP 入門」，秀和システム（2011）．
[6] Tomcat　http://tomcat.apache.org/
[7] Ruby　http://www.ruby-lang.org/ja/
[8] Python　http://www.python.org/
[9] .NET　http://www.microsoft.com/net
[10] 速水治夫，「リレーショナルデータベースの実践的基礎」，コロナ社（2008）．
[11] 速水治夫編著，古井陽之助，服部哲，「Web データベースの構築技術」，コロナ社（2009）．
[12] 鈴木啓修，「MySQL 全機能リファレンス」，技術評論社（2004）．

第5章
Webサービス技術

□ 学習のポイント

　Webシステムのデータやアプリケーション機能の一部をWebブラウザから利用するだけでなく外部のサーバ上のWebアプリケーションなど外部のプログラムからも利用できるようにするためにWebサービス技術が開発された．外部のプログラムは，Webシステムのデータや機能の一部を外部のプログラムから利用できるようにするためのプログラム（Webサービス）が提供するAPI（Web API; Application Programming Interface）を実行することでそのデータや機能を利用することができる．その結果として，Webシステムの開発では，すべてのデータや機能を1つのWebサーバ上で実現するのではなく，複数のWebサービスを組み合わせてシステムを実現することも増えている．

　「Webサービス」という用語が使われ始めたのは2000年ごろからである．当時，Webサービスといえば，SOAP（Simple Object Access Protocol）とXML（eXtensible Markup Language）を利用してインターネット上に分散したシステム間を連携させる技術の総称を意味していた．本書ではこの意味でのWebサービスを「XML Webサービス技術」と呼ぶことにする．

　近年は，SOAPを利用しない，REST（Representational State Transfer）と呼ばれる方式のWebサービスの開発が増えており，REST方式のWebサービスではHTTPのGETメソッドを利用してWeb APIを実行する．また，その実行結果として，XMLではなくJSON（JavaScript Object Notification）で記述されたデータを返すWebサービスも増えている．

　本章では，まずXMLの特徴と文法と関連技術を解説し，XML Webサービス技術を解説する．その後，REST方式のWebサービスとJSONを解説する．

　本章では次の項目の理解を目的とする．

- XMLの特徴と基本的な文法，XML文書を別の形式の文書に変換する技術やXML文書をプログラムから操作するための技術など（5.2節）．
- XML Webサービス技術の基盤となる，SOAP，WSDL，UDDIという3つの技術（5.3節）．
- 今日の主流になりつつあるREST方式のWebサービスと，Webサービスの実行結果としての利用が広がっているJSONというフォーマット（5.4節）．

□ キーワード

　Webサービス，Web API，XML，XML文書，ツリー構造，タグ，要素，属性，DTD，XLM Schema，名前空間，XSL，XSLT，XPath，テンプレート，テンプレートルール，ノード，階層構造，DOM，XML Webサービス，SOAP，WSDL，UDDI，REST，JSON

5.1 Web サービス技術とは

Web サービス技術とは，地図検索サイトやショッピングサイトなどの Web システムのデータやアプリケーション機能の一部を Web ブラウザから利用するだけでなく，外部のサーバ上の Web アプリケーションなどの外部のプログラムからも利用できるようにするために，HTTP や XML などのインターネットの標準的な技術を応用した分散処理技術である．Web サービス技術により，Web システムのデータやアプリケーション機能の一部が Web サービスとしてインターネット上に公開され，外部のプログラムは Web サービスが提供する API (Web API; Application Programming Interface) を実行することでそのデータや機能を利用することができる．

API は，OS やプログラミング言語で提供されるインタフェース，つまり，機能や関数の呼び出し方や記述方法を定義したものであり，プログラムから利用可能である．API を利用すれば OS やプログラミング言語が提供する機能をゼロから開発する必要がない．この API を Web サーバ上で公開，つまり HTTP というプロトコルにより利用できるようにし，自サイトの Web システムのデータやアプリケーション機能の一部を利用可能にしたものが Web API である．Web システムの開発で外部サイトの Web API を利用すれば，それらのデータや機能を自身で開発する必要がなく，Web システムを効率的に開発することができる．

「Web サービス」という用語が使われ始めたのは 2000 年ごろからである．当時，Web サービスといえば，SOAP (Simple Object Access Protocol) と呼ばれる，HTTP の上位に位置するプロトコルを利用して XML 文書をやり取りすることにより，インターネット上に分散したシステム間を連携させる技術の総称を意味していた．しかし今日，Web サービスという用語は Web アプリケーションを含む，非常に広い意味で使用されることが多い．そのため本書では，本節の最初に述べたように，Web システムのデータやアプリケーション機能の一部を外部のプログラムからも利用できるようにするための技術を Web サービス技術と呼び，外部のプログラムに Web システムのデータや機能の一部を提供するためのプログラムを Web サービスと呼ぶことにする．また，SOAP と XML を利用してインターネット上に分散したシステム間を連携させるための技術の総称を「XML Web サービス技術」と呼び，XML 文書のやり取りにより呼び出される側のプログラムを「XML Web サービス」と呼ぶことにする．

XML Web サービス技術は高機能であり仕様も複雑であったため，SOAP を利用しない，よりシンプルな REST 方式の Web サービスが増加し，今日では数多くの Web サービスが API (Web API) を提供している．また，Web サービスの API の実行結果として，XML 以外にも JSON で記述されたデータを返すものも増えている．

5.2 XML

5.2.1 XML とは

XML (eXtensible Markup Language) とは，タグと呼ばれる文字列を使って文書やデータ

の構造や意味を記述するためのマークアップ言語である．XMLで記述された文書やデータをXML文書と呼ぶ [1,2]．

　HTMLもタグを利用するマークアップ言語の一種である．HTMLの場合，タグの種類はあらかじめ決められており，それらは文書やデータの構造と書式に関するものであり，HTML文書ではそれらのタグが混在している．一方，インターネット上にはHTMLで記述された膨大な量の文書やデータが蓄積されている．しかし，HTMLのタグで記述された文書やデータをプログラムが解釈することはとても難しく，そのためにXMLが考案された．1998年にW3CによりXML 1.0が勧告された．

　XMLでは，タグを自由に定義し，文書やデータの構造や意味を記述することができる一方，書式に関する情報はXSL (eXtensible Stylesheet Language) として完全に分離されている．XSLは，XML文書を他のXML文書やHTML文書に変換するためのXSLT (XSL Transformations) と，XML文書にスタイルを付与するためのXSL-FO (XSL Formatting Objects) に分類される．本書ではXSLTを解説する．

　また，XML文書をコンピュータプログラムから操作することも可能であり，そのためにDOM (Document Object Model) やSAX (Simple API for XML) が利用される．本書ではDOMを取り上げる．

5.2.2　XMLの特徴

　XMLには次の特徴がある．

(1) 構造化されたデータをテキスト形式で記述できる
(2) マークアップ言語を定義する機能がある

　XML文書の例をリスト5.1に示す．このXML文書は学生のデータをXMLで記述した例である．学生のデータは氏名や出身，クラスなどの項目に分かれた構造を持ったデータである．XML文書では各データにその内容（意味）を表す名前のタグが付与されている．学生の氏名を表すデータには＜氏名＞というタグが付与されており，このタグで囲まれたデータが「氏名」であることを意味する．また，XMLでは複数の項目を構造化（グループ化）することができる．履修科目を示すための＜履修科目＞というタグは，それぞれ科目名と評価を示す＜科目名＞と＜評価＞というタグをグループ化している．逆に見ると，＜科目名＞と＜評価＞の各タグで囲まれたデータは，それらを囲む＜履修科目＞というタグで囲まれている．

リスト **5.1**　XML文書の例（学生のデータ）

```
<?xml version="1.0" encoding="UTF-8" standalone="yes"?>
<学生一覧>
<学生 学籍番号="1212001">
<氏名>伊藤　翔</氏名>
<出身>神奈川県</出身>
<クラス>1</クラス>
<履修科目>
<科目名>データベース入門</科目名>
<評価>履修中</評価>
```

```xml
    </履修科目>
    <履修科目>
      <科目名>Web システム</科目名>
      <評価>B</評価>
    </履修科目>
    <履修科目>
      <科目名>情報リテラシー</科目名>
      <評価>A</評価>
    </履修科目>
  </学生>
  <学生 学籍番号="1212002">
    <氏名>木村　大輝</氏名>
    <出身>神奈川県</出身>
    <クラス>1</クラス>
    <履修科目>
      <科目名>データベース入門</科目名>
      <評価>履修中</評価>
    </履修科目>
    <履修科目>
      <科目名>Web システム</科目名>
      <評価>B</評価>
    </履修科目>
    <履修科目>
      <科目名>情報リテラシー</科目名>
      <評価>B</評価>
    </履修科目>
  </学生>
  <学生 学籍番号="1212003">
    <氏名>清水　陽菜</氏名>
    <出身>東京都</出身>
    <クラス>1</クラス>
    <履修科目>
      <科目名>基礎プログラミング</科目名>
      <評価>A</評価>
    </履修科目>
    <履修科目>
      <科目名>情報リテラシー</科目名>
      <評価>A</評価>
    </履修科目>
    <履修科目>
      <科目名>応用プログラミング</科目名>
      <評価>履修中</評価>
    </履修科目>
  </学生>
  <学生 学籍番号="1212004">
    <氏名>高橋　結愛</氏名>
    <出身>愛知県</出身>
    <クラス>2</クラス>
    <履修科目>
      <科目名>基礎プログラミング</科目名>
      <評価>A</評価>
    </履修科目>
    <履修科目>
      <科目名>データベース入門</科目名>
```

```
<評価>履修中</評価>
</履修科目>
<履修科目>
<科目名>情報リテラシー</科目名>
<評価>B</評価>
</履修科目>
<履修科目>
<科目名>社会と情報</科目名>
<評価>履修中</評価>
</履修科目>
</学生>
<学生 学籍番号="1212005">
<氏名>山本　陸</氏名>
<出身>東京都</出身>
<クラス>2</クラス>
<履修科目>
<科目名>基礎プログラミング</科目名>
<評価>C</評価>
</履修科目>
<履修科目>
<科目名>Webシステム</科目名>
<評価>B</評価>
</履修科目>
<履修科目>
<科目名>情報リテラシー</科目名>
<評価>A</評価>
</履修科目>
<履修科目>
<科目名>社会と情報</科目名>
<評価>履修中</評価>
</履修科目>
<履修科目>
<科目名>応用プログラミング</科目名>
<評価>履修中</評価>
</履修科目>
</学生>
</学生一覧>
```

このように，XMLはデータの意味を示すタグとグループ化によって，データの構造とその意味を保持し，Web上で交換できるようにしたものである．XML文書はテキスト形式であるため，人間にもコンピュータプログラムにも扱いやすく理解しやすい（XMLの特徴の(1)）．

一般に，タグを用いて文書やデータを記述する言語をマークアップ言語という．HTMLのタグは固定であるが，XMLでは利用目的に合わせてタグを定義できるところに特徴がある．XMLではタグの名前と階層構造を自由に定義することができる（XMLの特徴の(2)）．

5.2.3 XMLの基本

XML文書は，XML宣言，文書型宣言，XMLインスタンスの3つからなる．XML宣言と文書型宣言は省略可能である．リスト5.1の例では文書型宣言が省略されている．

XML宣言はXML文書であることを示すものであり，XMLのバージョン，使用する文字

コードを明示する．また，standalone 属性では，その XML 文書を処理するために外部のファイルを必要とするかどうかを指定する．リスト 5.1 のように「standalone="yes"」の場合は外部のファイルを必要としない．

　文書型宣言では XML インスタンスで使用されるタグの名前と階層構造を定義する．XML 文書は整形式文書と妥当な文書の 2 つに大別される．整形式文書は XML の文法に従って記述された文書である．妥当な文書は XML の文法に従っているだけでなく，文書型宣言を持ち，さらにそれに従ってタグが付与されている文書のことをいう．

　XML インスタンスは，実際にタグで文書やデータを記述した部分である．XML インスタンスは要素と属性からなる．

　XML 文書の要素は「<XX>○○○</XX>」という形をしており，「<XX>」を開始タグ，「</XX>」を終了タグといい，「XX」を要素名という．また「○○○」の部分を要素の内容という．たとえば，「<氏名>伊藤　翔</氏名>」は 1 つの要素であり，「氏名」が要素名であり，「伊藤　翔」が要素の内容である．<履修科目> 要素のように要素の内容に別の要素を含むこともできる．この場合，<科目名> 要素などを <履修科目> 要素の子要素，<履修科目> 要素を <科目名> 要素の親要素という．

　属性は「<学生 学籍番号="1212001">」のように開始タグの中に「属性名="属性値"」の形で記述される．1 つの開始タグに複数の属性を含めることも可能であり，その場合，「属性名="属性値"」の組を空白文字（半角スペースやタブ，改行）で区切って列挙する．リスト 5.1 には存在していないが，属性のみからなる要素を空要素といい，たとえばリスト 5.2 のように最後をスラッシュで終わらせて記述することもできる．このようなタグを空要素タグという．

リスト **5.2**　空要素タグの例

```
<ホームページ url="http://www.kait.jp/"/>
```

　整形式文書が従わなければならない XML の文法は次のとおりである．

(1) 唯一のルート要素を持つ．ルート要素は XML インスタンスの中で一番外側の要素である．つまりルート要素以外の要素はルート要素の内容として含まれる．
(2) すべての要素は必ず開始タグで始まり，終了タグで終わる．
(3) すべての要素は正しく入れ子構造になっている

　リスト 5.1 の XML 文書は，(1)<学生一覧> 要素が一番外側の要素，つまりルート要素であり，それ以外の要素はすべて <学生一覧> 要素の内容として含まれている．(2) すべての要素は開始タグと終了タグで終わっている．そして，(3) すべての要素は正しく入れ子構造になっている．そのため，整形式文書である．

　XML 文書を要素と属性のツリー構造（階層構造）で表すことができる．たとえば，リスト 5.1 の XML 文書は図 5.1 のようなツリー構造で表すことができる．ある要素から見てツリー構造上でその要素より下位の要素を子孫要素といい，上位の要素を祖先要素という．ツリー構造上の「学生」や「履修科目」はそれぞれの要素の数だけ存在する．

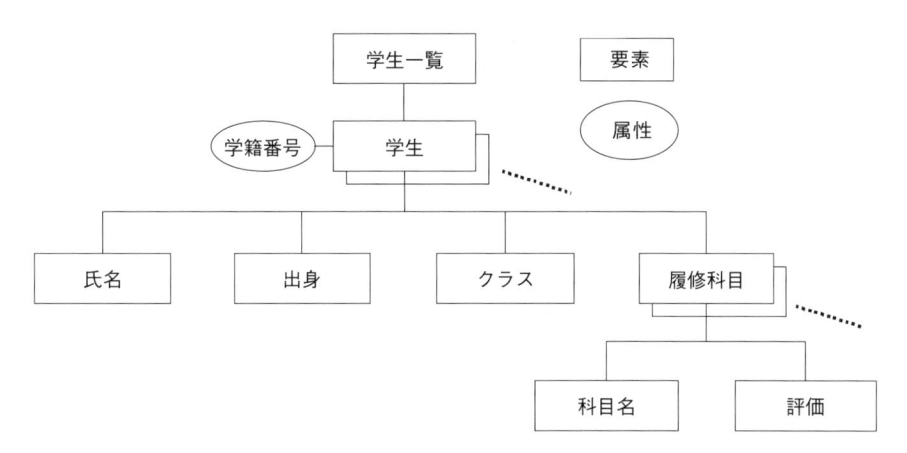

図 5.1 XML 文書（学生のデータ）のツリー構造

5.2.4 名前空間

XML では自由にタグ（正確にはタグの集合（タグセット））を定義することができる．そのため，要素名や属性名に競合が生じることもある．たとえば，ある XML 文書では学生の名前として <名前> 要素を使用し，別の XML 文書では授業科目の名前として <名前> 要素を使用していたとする．これらの XML 文書を 1 つの XML 文書に統合したとき，<名前> 要素が 2 つの意味を持つことになる．このような要素名や属性名の競合を避けるための仕組みが名前空間である [3]．

また，XML ではいろいろなところで独自のタグセットが定義される．他のところで定義されたタグセットを必要に応じて組み合わせて使うときに名前空間は不可欠である．複数のタグセットを組み合わせることで新たにタグセットを定義する手間も省ける．

名前空間を利用した XML 文書の例をリスト 5.3 に示す（データそのものはリスト 5.1 と同じである）．XML 文書で名前空間を使うときは，「< 名前空間接頭辞:要素名 xmlns:名前空間接頭辞 = "URI">」とし，名前空間の識別には URI を利用する．これにより，他のタグセットとの重複を避けることができる．リスト 5.3 のように複数の名前空間を指定する場合は空白文字（リスト 5.3 では半角スペースを利用）で区切って名前空間を指定する．

名前空間を利用して同じ名前の要素や属性を区別するために，要素名や属性名の前に接頭辞（プレフィックス）をつける．たとえば，<gakusei:名前>，<kamoku:名前> のようにする．これらの gakusei や kamoku を名前空間接頭辞という．属性名の場合も要素名と同じように，属性名の前に名前空間接頭辞をつければ，名前空間を利用することができる（リスト 5.3 では「gakusei:学籍番号 = "1212001"」）．

名前空間の有効範囲は，名前空間を指定した要素を含めてその子孫要素である．そのためリスト 5.3 のようにルート要素（<学生一覧>）で名前空間を指定した場合，その子孫要素，つまり XML 文書中のすべての要素で，指定された名前空間を利用することができる．

リスト 5.3　名前空間を利用した XML 文書の例

```
<?xml version="1.0" encoding="UTF-8" standalone="yes"?>
<gakusei:学生一覧 xmlns:gakusei="http://www.student.co.jp/"
xmlns:kamoku="http://www.subject.jp/">
<gakusei:学生 gakusei:学籍番号="1212001">
<gakusei:名前>伊藤　翔</gakusei:名前>
<gakusei:出身>神奈川県</gakusei:出身>
<gakusei:クラス>1</gakusei:クラス>
<gakusei:履修科目>
<kamoku:名前>データベース入門</kamoku:名前>
<kamoku:評価>履修中</kamoku:評価>
</gakusei:履修科目>
<gakusei:履修科目>
<kamoku:名前>Web システム</kamoku:名前>
<kamoku:評価>B</kamoku:評価>
</gakusei:履修科目>
<gakusei:履修科目>
<kamoku:名前>情報リテラシー</kamoku:名前>
<kamoku:評価>A</kamoku:評価>
</gakusei:履修科目>
</gakusei:学生>
<gakusei:学生 gakusei:学籍番号="1212002">
<gakusei:名前>木村　大輝</gakusei:名前>

（中略）

</gakusei:学生>
</gakusei:学生一覧>
```

5.2.5　XML 文書の変換 XSLT

(1) XSLT とは

　XSLT (XML Stylesheet Language Transformations) とは，XML 文書を別の構造の XML 文書に変換したり，HTML 文書に変換したりするなど，XML 文書を他の形式に変換するためのものである [4]．XSLT による変換ルールは整形式の XML 文書であり XSLT スタイルシートという．XSLT スタイルシートが関連付けられていない XML 文書をブラウザで表示するとタグつきの XML 文書がそのまま表示される（図 5.2）．これは，XML 文書に文法エラーがないかどうかを確認するのに便利であるが，データそのものが見えやすいとはいえない．XML 文書を Web ブラウザで表示するとき，XSLT により HTML 文書に変換することで，表やリスト，また画像などを利用して，XML 文書を見やすく表示することができる（図 5.3）．この場合，XML 文書を XSLT により HTML 文書に変換し，さらに CSS を利用して変換済みの HTML 文書の見栄えを整えるというのが一般的である（図 5.4）．また，1 つの XML 文書に対し複数の XSLT スタイルシートを作成しておけば 1 つの XML 文書をさまざまな形式に変換し，多目的に利用することができる．

(2) XSLT の基本

　XSLT スタイルシートの例をリスト 5.4 に示す．この例は図 5.3 で利用された XSLT スタイ

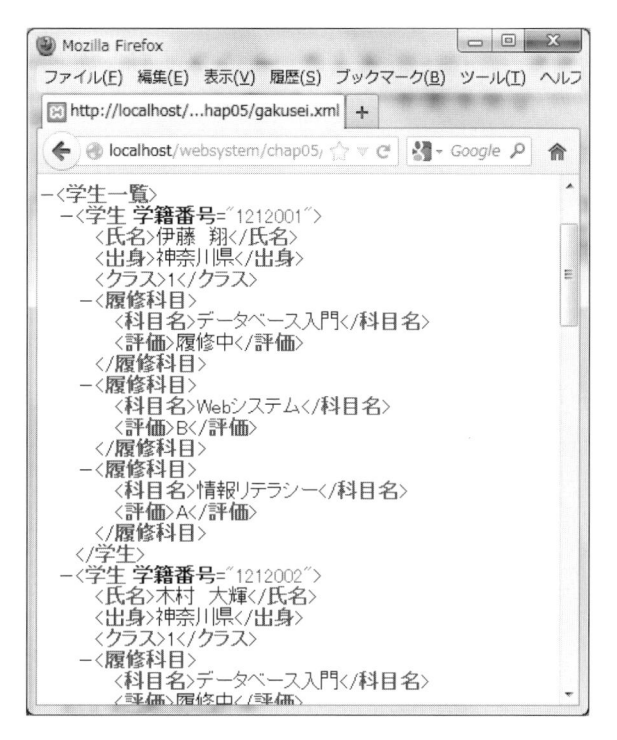

図 5.2　XSLT が関連付けられていない XML 文書

ルシートである（リスト 5.4 よりもっとシンプルに XSLT スタイルシートを記述することもできるが，後述の XPath の説明のために少し複雑な記述をしている）．

リスト 5.4　XSLT スタイルシートの例

```
<?xml version="1.0" encoding="UTF-8" standalone="yes"?>
<xsl:stylesheet xmlns:xsl="http://www.w3.org/1999/XSL/Transform" version="1.0">
<xsl:output method="html" encoding="UTF-8"/>

<xsl:template match="/">
<html>
<head>
<title><xsl:text>ＸＳＬＴスタイルシートの例</xsl:text></title>
</head>
<body>
<h1>学生一覧</h1>
<table border="1">
<tr bgcolor="#cccccc">
<th><xsl:text>学籍番号</xsl:text></th>
<th><xsl:text>氏名</xsl:text></th>
<th><xsl:text>クラス</xsl:text></th>
<th><xsl:text>履修科目</xsl:text></th>
</tr>
<xsl:apply-templates select="学生一覧"/>
</table>
</body>
</html>
```

```
</xsl:template>

<xsl:template match="学生一覧">
<xsl:for-each select="学生">
<tr>
<td align="right"><xsl:value-of select="@学籍番号"/></td>
<td><xsl:value-of select="氏名"/></td>
<td align="right"><xsl:value-of select="./クラス"/></td>
<td>
<xsl:for-each select="履修科目/科目名">
<xsl:value-of select="."/> (<xsl:value-of select="../評価"/>) <br/>
</xsl:for-each>
</td>
</tr>
</xsl:for-each>
</xsl:template>

</xsl:stylesheet>
```

リスト 5.4 のように XSL スタイルシートも XML 文書の 1 つである．XSLT スタイルシートのルート要素は必ず <xsl:stylesheet> 要素であり，リスト 5.5 のように記述する．

リスト **5.5** XSLT スタイルシートのルート要素

```
<xsl:stylesheet xmlns:xsl="http://www.w3.org/1999/XSL/Transform" version="1.0">
```

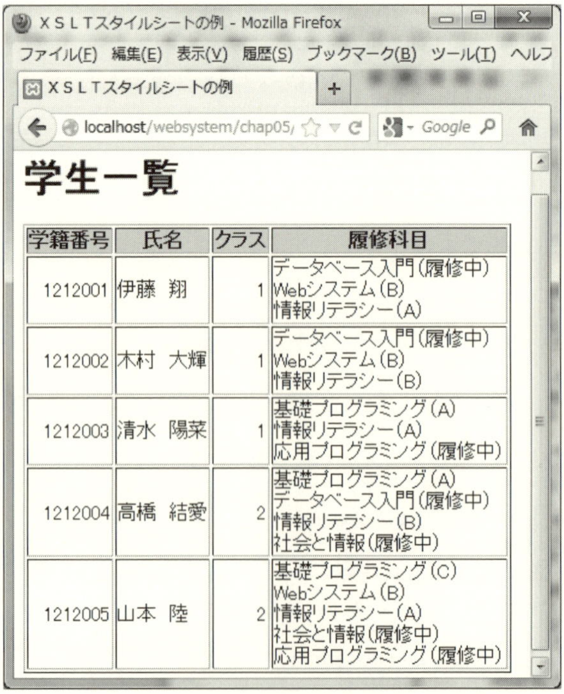

図 **5.3** XSLT が関連付けられた XML 文書

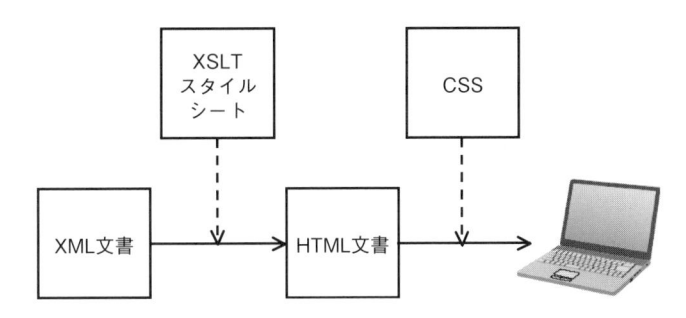

図 5.4　XML 文書を HTML 文書に変換し Web ブラウザに表示するまでの流れ

XSLT スタイルシートでは，ルート要素の子要素として <xsl:template> 要素を 1 つ以上記述することができる．<xsl:template> 要素の内容に XML 文書を変換するためのルールを記述する．具体的には，XML 文書のどの要素をどのように変換するかを記述する．この変換ルールをテンプレートルールという．<xsl:template> 要素はその内容として一連の変換ルールを持ち，テンプレートと呼ばれる．どの XSLT スタイルシートにも match 属性の値が "/"（スラッシュ）の <xsl:template> 要素が存在し，XSLT による変換処理の最初にこのテンプレートが利用される．

XSLT スタイルシートはテンプレートの集合であり，<xsl:apply-templates> 要素によりテンプレートの中から適宜別のテンプレートを利用していく．たとえば，match 属性の値が "/" の <xsl:template> 要素（<xsl:template match="/">）の内容に含まれる「<xsl:apply-templates select="学生一覧"/>」のところでは，XML 文書の <学生一覧> 要素に対して，対応するテンプレート（<xsl:template match="学生一覧">）が利用される．もし，match 属性の値が "学生" の <xsl:template> 要素（<xsl:template match="学生">）が存在し，match 属性の値が "学生一覧" の要素（<xsl:template match="学生一覧">）の内容に <xsl:apply-templates select="学生"/> があれば，すべての <学生> 要素に対して対応するテンプレート（<xsl:template match="学生">）が利用される．

XML 文書を HTML 文書へ変換するためには，そのことを示すため，<xsl:output method="html" encoding="UTF-8"/> が必要である．そして，HTML のタグはテンプレート内で HTML のタグをそのまま記述すればよい．ただし，XSLT は XML 文書であるため HTML の終了タグの省略はできない．リスト 5.4 の「学籍番号」や「氏名」のように文字を出力したいときは，<xsl:text> 要素を利用して，「<xsl:text> 学籍番号 </xsl:text>」のようにする．リスト 5.4 の「<h1> 学生一覧 </h1>」のように <xsl:text> タグを省略して文字だけを記述してもよい．

XML 文書内の要素の内容や属性の値を取得するには，<xsl:value-of> 要素を利用し，取得したい要素や属性を select 属性で指定する．たとえば，「<xsl:value-of select="@学籍番号"/>」では <学生> 要素の学籍番号属性の値を取得でき，「<xsl:value-of select="氏名"/>」では <氏名> 要素の内容（テキスト）を取得することができる．また，「<xsl:value-of select="../評価"/>」とすれば <科目名> 要素の親要素である <履修科目> 要素の子要素 <評価> の

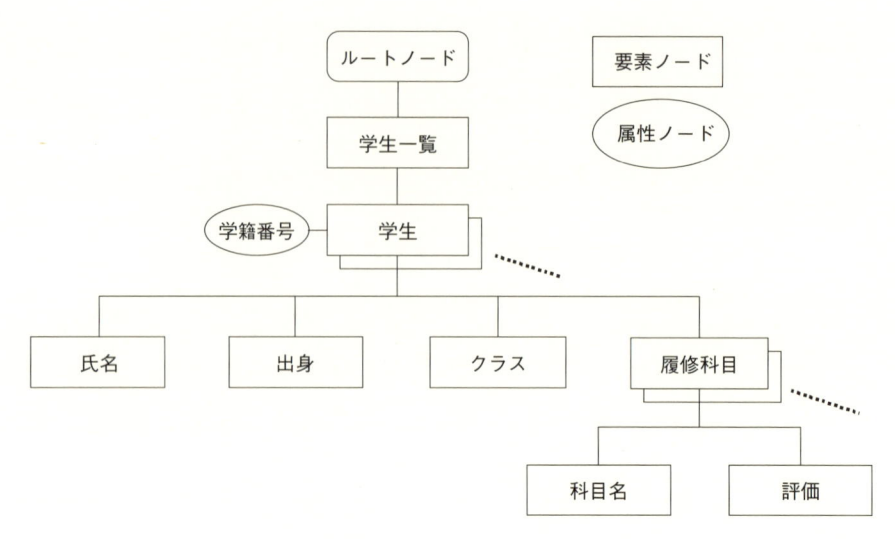

図 5.5 ノードのツリー構造

内容を取得することができる．select 属性の値については次の XPath で詳しく説明する．

(3) XPath (XML Path Language)

これまで説明したように，<xsl:template> 要素では match 属性を利用してどの要素のテンプレートであるかを指定し，<xsl:applytemplates> 要素では select 属性を利用してどの要素に対してテンプレートを利用するかを指定する．また，<xsl:value-of> 要素では select 属性を利用してどの要素から内容（属性の場合は値）を取得するかを指定する．XSLT スタイルシートではそれらの指定に XPath を利用する．つまり，match 属性や select 属性の値を XPath で指定する．

XPath では要素や属性などをすべてノードとして扱い，XML 文書をノードのツリー構造（階層構造）として扱う（図 5.5）．

図 5.5 のルートノードは XML 文書そのものを示し，「/」（スラッシュ）で表現する．＜学生＞要素と＜履修科目＞要素のノードはそれぞれ＜学生＞要素と＜履修科目＞要素の数だけ存在する．各ノードはルートノードを基点として，「/学生一覧」，「/学生一覧/学生」，「/学生一覧一覧/学生/@学籍番号」のように指定することができる．ルートノードを示す「/」（スラッシュ）ではじめて，子孫ノードの要素名を順番に「/」で区切っていく．属性の場合は属性名の前に「@」（アットマーク）をつける．

ルートノードを基点とするのではなく，カレントノードを基点とする方法もある．多くの場合はカレントノードを基点とする．カレントノードは基本的に現在どのテンプレートを利用しているかに依存する．<xsl:template match="学生一覧"> 要素のテンプレートを利用している場合は＜学生一覧＞要素がカレントノードとなる．よく利用されるノードの指定方法をカレントノード，記述例，指定されるノード（意味）の組で表 5.1 に整理する．

(4) 繰り返し処理

<xsl:for-each> 要素を利用すれば，指定した要素や属性に対して繰り返し処理を実施する

表 5.1　XPath による主なノードの指定方法

カレントノード	記述例	意味
/（ルートノード）	学生一覧	ルートノードの子要素 ＜学生一覧＞
＜学生一覧＞要素	学生	カレントノード（＜学生一覧＞要素）の子要素 ＜学生＞
＜学生＞要素	@学籍番号	カレントノードである ＜学生＞ 要素の学籍番号属性
＜学生＞要素	./クラス	カレントノードの子要素 ＜クラス＞ 要素
＜学生＞要素	履修科目/科目名	カレントノードの子要素 ＜履修科目＞ の子要素 ＜科目名＞
＜科目名＞要素	.（ドット 1 つ）	カレントノードである ＜科目名＞ 要素
＜科目名＞要素	..（ドット 2 つ）/評価	カレントノードの親要素 ＜履修科目＞ の子要素 ＜評価＞

（同じルールを適用する）ことができる．＜xsl:for-each＞要素で繰り返し対象の XML 文書の要素や属性を指定するには select 属性を利用し，その値は XPath で指定される．リスト 5.4 の例では，＜学生一覧＞要素の子要素である＜学生＞要素のすべてに，同じルールを適用する．＜xsl:for-each＞要素が利用されると，カレントノードが select 属性で指定された要素に移動する．そのため，「＜xsl:for-each select="履修科目/科目名"＞」では，カレントノードとなっている＜学生＞要素のすべての子要素＜履修科目＞の子要素＜科目名＞に同じルールが適用される．繰り返し処理の他に，条件分岐（＜xsl:if＞要素や＜xsl:choose＞要素）も可能であるが，詳細は省略する．

(5)　XSLT スタイルシートの関連付け

XML 文書に XSLT スタイルシートを関連付けるには，リスト 5.5 の網掛け部分ように 1 行追加する．XML では「＜?xml-stylesheet type="text/xsl" href="gakusei.xsl"?＞」のように「＜?」で始まり「?＞」で終わるものを処理命令という．

リスト 5.5　XML 文書への XSLT スタイルシートの関連付け

```
<?xml version="1.0" encoding="UTF-8" standalone="yes"?>
<?xml-stylesheet type="text/xsl" href="gakusei.xsl"?>
<学生一覧>
<学生 学籍番号="1212001">
<氏名>伊藤　翔</氏名>
<出身>神奈川県</出身>
<クラス>1</クラス>
<履修科目>
<科目名>データベース入門</科目名>
<評価>履修中</評価>
</履修科目>
<履修科目>
<科目名>Webシステム</科目名>
<評価>B</評価>
</履修科目>
<履修科目>
<科目名>情報リテラシー</科目名>
<評価>A</評価>
</履修科目>

　（中略）
```

```
</学生>
</学生一覧>
```

5.2.6 XML 文書の操作 DOM

(1) DOM の仕組み

　XML 文書は人間にもプログラムにも理解しやすく扱いやすいように作られている．プログラムが XML 文書を扱う場合，XML 文書の要素や属性にアクセスし，それらを取り出したり，削除したりするなどの操作をする．DOM (Document Object Model) は，プログラムが XML 文書にアクセスし，要素や属性を操作するためのプログラミングインタフェース (API) を提供する [4]．

　DOM で XML 文書を扱うプログラムを作成するには，XML 文書を読み込み，どのような構造になっているかを解析する必要がある．その機能は XML パーサというソフトウェアにより提供され，現在，利用可能なほとんどの XML パーサは DOM を実装している（図 5.6）．

(2) DOM ツリー

　DOM では XML 文書をツリー構造として扱い，このツリーのことを DOM ツリーという．つまり，DOM に対応した XML パーサは XML 文書を解析し DOM ツリーを生成する．DOM ツリーが生成されれば，プログラムは DOM の API を利用し XML 文書にアクセスすることができる（図 5.6）．

　DOM ツリーを構成する個々の部分をノードという．DOM では 12 種類のノードが定義されている．Document ノードは XML 文書全体に対応し，Element ノード（要素ノード）や Attr ノード（属性ノード）などの各ノードは XML 文書の要素や属性などに対応する．

　図 5.7 に，リスト 5.1 の XML 文書の DOM ツリーを示す．Document ノードが DOM ツリーのルートにあり，その下に Element ノードがある．この Element ノードは XML 文書のルート要素である <学生一覧> 要素に対応する．<学生> 要素や <履修科目> 要素に対応する Element ノードは，それぞれ <学生> 要素や <履修科目> 要素の数だけ存在する．

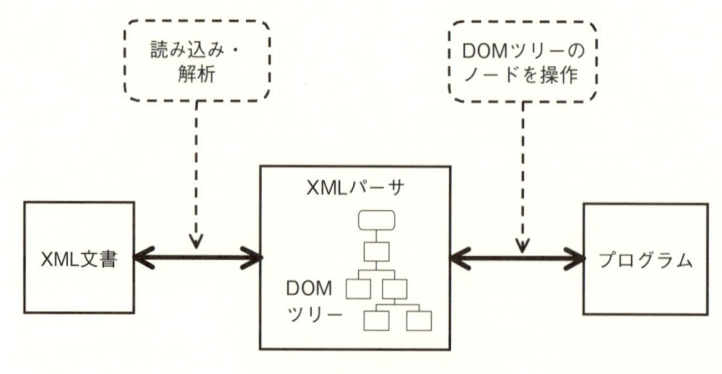

図 5.6 DOM の仕組み

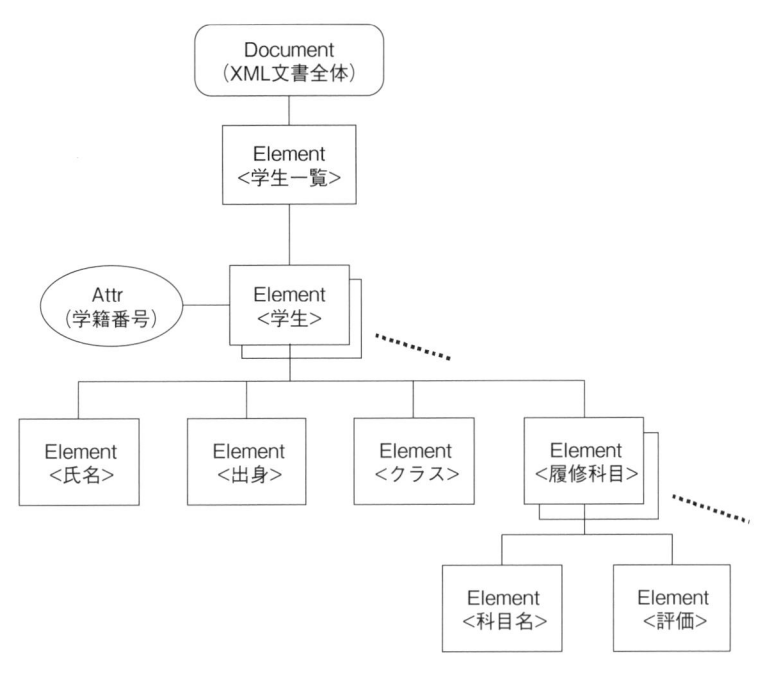

図 5.7 DOM ツリーの例

(3) DOM ツリーの操作

DOM による XML 文書の処理の基本を，JavaScript のプログラムを利用して説明する [4]．JavaScript のプログラムを含む HTML 文書をリスト 5.6 に示す．また，リスト 5.6 の HTML 文書に Web ブラウザでアクセスした結果が図 5.8 である．なお，本書執筆時点では，Google Chrome と safari で load メソッドがサポートされていないため，リスト 5.6 の動作確認は Internet Explorer と Firefox のみで実施された．

リスト 5.6　XML 文書を処理する JavaScript のプログラム

```
<!DOCTYPE HTML PUBLIC "-//W3C//DTD HTML 4.01//EN"
"http://www.w3.org/TR/html4/strict.dtd">
<html>
<head>
<meta http-equiv="Content-Type" content="text/html;charset=utf-8"/>
<meta http-equiv="Content-Script-Type" content="text/javascript"/>
<title>ＤＯＭによるＸＭＬ文書の操作例</title>
<script type="text/javascript" charset="utf-8">
<!--
// ここにスクリプトを記述

function display() {
  // (1)XML 文書を DOM で扱うため Document ノードのオブジェクトを作成
  var doc=createDocumentNode();

  // XML 文書の読み込みを設定する（非同期にしない）
  doc.async=false;
```

```javascript
// (2)XML 文書を読み込み DOM ツリーを生成
doc.load("gakusei.xml");

// str という名前の変数を文字列で初期化
var str="<p>";

// ルート要素を取得し，その子ノードリストを取得（これ以降 (3)）
var root=doc.documentElement;
var children=root.childNodes;

// 子ノードの数だけ繰り返す
for (var i=0; i<children.length; i++) {
  // 子ノードリストから i 番目の要素（要素ノード）を取り出す
  var child=children[i];
  // i 番目のノードが要素ノード（nodeType の値が 1）なら処理
  if (child.nodeType==1) {
    // 学籍番号用の変数
    var kno="";

    // 属性ノード（Attr ノード）のリストを取得
    var attrs=child.attributes;
    // 属性ノードの数だけ繰り返す
    for (var j=0; j<attrs.length; j++) {
      // j 番目の属性ノードを取り出す
      var attr=attrs[j];
      // 属性名が科目コードならその値を kno に保存
      if (attr.nodeName=="学籍番号") {
        kno=attr.nodeValue;
      }
    }

    // 子ノードのリストを取得
    var children2=child.childNodes;

    // 子ノードの数だけ繰り返す
    for (var j=0; j<children2.length; j++) {
      // 子ノードリストから j 番目の要素（要素ノード）を取り出す
      var child2=children2[j];
      // 子ノードの nodeType が 1，かつ要素名が氏名ならその内容を str に追加
      if (child2.nodeType==1 && child2.nodeName=="氏名") {
        str+="氏名：";
        // 子ノードの数だけ繰り返す
        for (var k=0; k<child2.childNodes.length; k++) {
          str+=trim(child2.childNodes[k].nodeValue);
        }
        str+=" (" + kno + ") <br/>";
      }
    }
  }
}

str+="</p>";

// <div id="result">のところに str の値を表示する
```

```
    document.getElementById("result").innerHTML=str;
}

// Webブラウザに応じてDocumentノードのオブジェクトを作成するための関数
function createDocumentNode(){
  try{
    if (typeof ActiveXObject!="undefined" && typeof GetObject!="undefined") {
      // Internet Explore
      var a = new ActiveXObject("Microsoft.XMLDOM");
      return a;
    } else if (typeof XSLTProcessor!="undefined" &&
typeof XSLTProcessor.prototype.importStylesheet!="undefined") {
      // Firefox
      var a = document.implementation.createDocument("", "", null);
      return a;
    }
  }catch(c){
  }
}

// 改行や空白文字を取り除くための関数
function trim(str){
  var text = str.replace(/^[ 　]*/gim,"").replace(/[ 　]*$/gim,"").
replace(/[\n]*$/gim,"").replace(/[\r\n]*$/gim,"");
  return text;
}
//-->
</script>
</head>
<body onload="display()">
<h1>学生一覧</h1>

<div id="result"></div>

</body>
</html>
```

図 **5.8** リスト 5.6 の HTML 文書にアクセスした結果

表 5.2 Element ノードを取得する方法（child は Element ノードとする）

アクセス方法	意味
child.firstChild	1番目の子要素に対応する Element ノードを取得.
child.lastChild	1番最後の子要素に対応する Element ノードを取得.
child.nextChild	次の兄弟要素の子要素に対応する Element ノードを取得.
child.previousChild	1つ前の兄弟要素に対応する Element ノードを取得.
child.parentNode	親要素に対応する Element ノードを取得.

DOM による XML 文書の基本的な処理の流れは次のとおりである．

(1) Document ノードのオブジェクトを作る
(2) そのオブジェクトを利用して XML 文書を読み込む
(3) DOM の API を利用して要素や属性にアクセスし操作する

XML 文書の要素にアクセスするには，まず，ルート要素に対応する Element ノードを取得する (doc.documentElement)．次に，ルート要素の子要素に対応する Element ノードのリストを取得する (root.childNodes)．そして，Element ノードのリストから Element ノードを取得する (children[i])．リスト 5.6 に示した方法以外にも，Element ノードを取得する方法はさまざま存在する（表 5.2）．表 5.2 中の child は Element ノードを格納している変数である．

XML 文書の属性にアクセスするには，まず，要素にアクセスする方法を利用して目的の要素ノードを取り出す．次に，その要素に対応する Attr ノードのリストを取得 (child.attributes)．そして，その中から特定の Attr ノードを取り出す (attrs[j])．child.getAttributeNode("学籍番号") のように属性名を指定してダイレクトに Attr ノードを取得することもできる．

リスト 5.6 と同じ処理を PHP で記述したものがリスト 5.7 である [5]．PHP では JavaScript の attributes に相当するものがないので，「$attr=$child->getAttributeNode("学籍番号");」のように，属性名を指定してダイレクトに属性ノードを取得する．

リスト 5.7　XML 文書を処理する PHP プログラム

```
<!DOCTYPE HTML PUBLIC "-//W3C//DTD HTML 4.01//EN"
"http://www.w3.org/TR/html4/strict.dtd">
<html>
<head>
<meta http-equiv="Content-Type" content="text/html;charset=utf-8"/>
<title>DOM による XML 文書の操作例（PHP）</title>
</head>
<body>
<h1>学生一覧</h1>
<p>

<?php
  // XML 文書を DOM で扱うため Document ノード（のオブジェクト）を作成
  $doc = new DOMDocument();

  // 字下げ用スペースなどの空白を読み飛ばすための設定
  $doc->preserveWhiteSpace=false;
```

```
    // XML 文書を読み込み DOM ツリーを生成
    $doc->load("gakusei.xml");

    // ルート要素を取得し，その子ノードリストを取得
    $root=$doc->documentElement;
    $children=$root->childNodes;

    // 子ノードの数だけ繰り返す
    for ($i=0; $i<$children->length; $i++) {
      // 子ノードリストから i 番目の要素（要素ノード）を取り出す
      $child=$children->item($i);
      // i 番目のノードが要素ノード（nodeType の値が 1）ならの子ノードのリストを取得
      if ($child->nodeType==1) {
        // 科目コード属性が存在するかどうかを調べ，存在すればその値を取得
        if ($child->hasAttribute("学籍番号")) {
          $attr=$child->getAttributeNode("学籍番号");
          $kno=$attr->nodeValue;
        } else {
          $kno="";
        }

        // 子ノードのリストを取得
        $children2=$child->childNodes;

        // 子ノードの数だけ繰り返す
        for ($j=0; $j<$children2->length; $j++) {
          // 子ノードリストから j 番目の要素（要素ノード）を取り出す
          $child2=$children2->item($j);
          // 子ノードの nodeType が 1，かつ要素名が氏名ならその内容を str に追加
          if ($child2->nodeType==1 && $child2->nodeName=="氏名") {
            $str="氏名：";
            $str.=$child2->nodeValue;
            $str.=" (" . $kno . ") <br/>";
            // 出力
            echo $str;
          }
        }
      }
    }
?>

</p>
</body>
</html>
```

　なお本書では解説しないが，DOM を利用して XML 文書を処理するもっとも基本的な方法は，ルート要素から順にツリー構造に従ってルート要素以下のノードにアクセスして行くことである．この手法はたいへんわずらわしく感じることもあるが，どの要素にもアクセスできる非常に便利な方法である．

> **コラム** CDATA セクション
>
> XML パーサが XML 文書として解析する必要がないものに CDATA セクションがある．スクリプト言語のプログラムなどを記述する場合に用いられる．CDATA セクションは，「<![CDATA[」で始まり，「]]>」で終わる．HTML (XHTML) 文書の中に JavaScript のプログラムを記述する場合に利用される．ただしプログラム内では「//<![CDATA[」のようにコメントアウトされていなければならない．

5.3 XML Web サービス技術

5.3.1 XML Web サービス技術開発の背景

5.1 節で述べたとおり，本書では，SOAP と呼ばれる，HTTP の上位に位置するプロトコルを利用して XML 文書をやり取りすることにより，インターネット上に分散したシステム間を連携させる技術の総称を「XML Web サービス技術」と呼ぶことにする．また，XML 文書のやり取りにより外部のプログラムに Web システムのデータや機能の一部を提供するプログラムを「XML Web サービス」と呼ぶことにする．

XML Web サービス技術が考案された背景を説明する [6]．現在，さまざまな Web システムが開発されている．これまでに本書で解説した Web システムでは，ユーザの要求（Web ブラウザに表示されるフォーム部品に入力）を Web ブラウザがリクエストメッセージとして Web サーバに送信し，Web サーバ上では Web アプリケーションがリクエストメッセージを処理して結果を HTML 文書として返し，その結果が Web ブラウザに表示される．

一方，今日，Web を利用してショッピングしたり映画情報を検索したりする場合，複数の Web サイトを比較したり，複数のサイトを閲覧して必要な情報を調べたりすることが多い．電車とバスを乗り継ぐ場合は，乗り換え案内サービスや各社の Web サイト上の時刻表を調べ，目的地を検索サービスで検索し，その住所や最寄り駅の情報から経路を調べる．ユーザがそれぞれの Web サイト上で検索語句を入力するなどして必要な情報を調べなければならないため，手間がかかる．また，個々のユーザのニーズだけではなく，企業間の電子商取引にも Web や XML が取り入れられ，また市場の変化に迅速に対応するために，ビジネスプロセスを絶えず変化させて新しいものにし，社内外のシステムとの柔軟な連携が求められていた．このような背景から XML Web サービス技術が考えられた．

5.3.2 XML Web サービス技術の仕組み

XML Web サービス技術ではサービスプロバイダ（サービス提供者），サービスリクエスタ（サービス利用者），サービスレジストリの3つの役割が存在する（図5.9）[3,6]．サービスプロバイダは XML Web サービスを実装し Web サーバ上に配置・公開する．サービスリクエスタは XML Web サービスを発見し利用する．サービスプロバイダが Web サーバ上に配置した

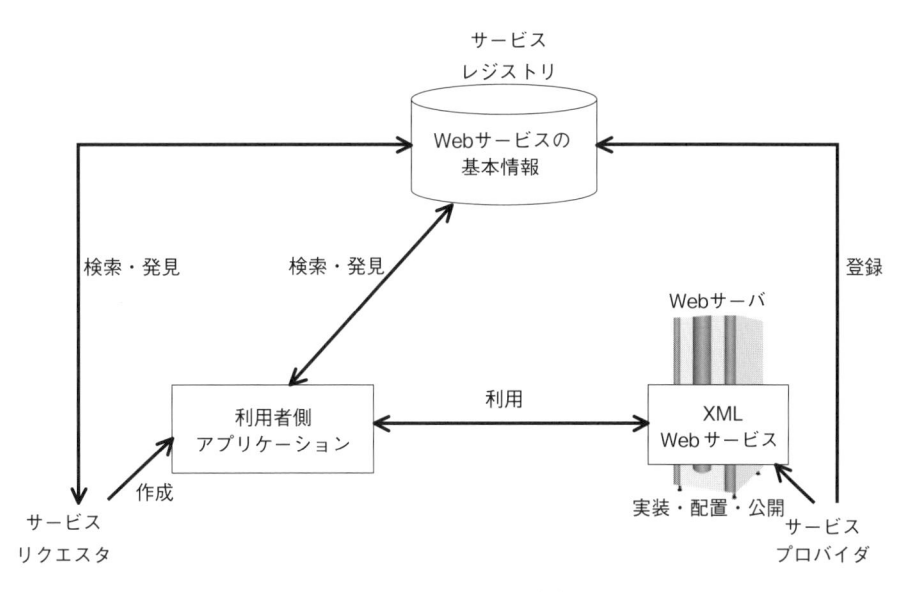

図 5.9 Web サービスの仕組み

XML Web サービスの基本情報（企業名，サービスの名前や種類など）をレジストリに登録すれば，サービスリクエスタは必要な機能を持つ XML Web サービスを検索し発見することができる．また XML Web サービスが提供する API（関数）が同じであれば，プログラム（利用者側アプリケーション）の実行時に動的に XML Web サービスを呼び出すこともできる．

このような XML Web サービス技術を実現するために，SOAP (Simple Object Access Protocol), WSDL (Web Services Description Language), UDDI (Universal Description, Discovery and Integration) が考案された．

(1) SOAP (Simple Object Access Protocol)

XML Web サービスを利用するためには，サービスリクエスタつまり利用者側のアプリケーションからサービスプロバイダの XML Web サービスにリクエストを送信したり，XML Web サービスから利用者側のアプリケーションに処理の結果を返したりすることが必要である．XML Web サービス技術では，多くの場合 HTTP を利用して，XML で記述されたメッセージが利用者側のアプリケーションと XML Web サービスとの間でやり取りされる．SOAP はそのメッセージのデータフォーマットや処理の方法を定めたプロトコルであり，HTTP の上位のプロトコルとして位置づけられる．SOAP のデータフォーマットに準拠した XML 文書を SOAP メッセージと呼ぶ．

SOAP は本来，Simple Object Access Protocol という名前が意味するように，HTTP や XML などのインターネットの標準的な技術を使うことによって，インターネット上の分散オブジェクトを OS やプログラム言語などのプラットフォームの壁を越えて利用することを可能にするために開発されたプロトコルであった．しかし今日では，XML Web サービスとその利用者側のアプリケーションでやり取りされるメッセージの汎用的な仕組みとなっている．

SOAP メッセージは封筒のような構造であり，SOAP エンベロープの中に SOAP ヘッダと

SOAPボディが含まれる．SOAPヘッダにはどのサービスプロバイダがどのように処理するべきかなどSOAPボディに追加する情報が含まれ，SOAPヘッダは封筒の宛名に該当する．SOAPボディは封筒の中身に該当し，XML Webサービスと実際にやり取りされる情報が格納される．リスト5.8にSOAPメッセージの例を示す．この例ではSOAPヘッダは含まれていない．

リスト 5.8　SOAP メッセージの例

```xml
<?xml version="1.0" encoding="UTF-8" ?>
<soapenv:Envelope xmlns:soapenv="http://schemas.xmlsoap.org/soap/envelope/"
xmlns:xsd="http://www.w3.org/2001/XMLSchema"
mlns:xsi="http://www.w3.org/2001/XMLSchema-instance">
<soapenv:Body>
<学生一覧>
<学生 学籍番号="1212001">
<氏名>伊藤　翔</氏名>
<出身>神奈川県</出身>
<クラス>1</クラス>
<履修科目>
<科目名>データベース入門</科目名>
<評価>履修中</評価>
</履修科目>
<履修科目>
<科目名>Webシステム</科目名>
<評価>B</評価>
</履修科目>
<履修科目>
<科目名>情報リテラシー</科目名>
<評価>A</評価>
</履修科目>

（中略）

</学生>
</学生一覧>
</soapenv:Body>
</soapenv:Envelope>
```

　XML Webサービスが提供する関数を呼び出すSOAPメッセージ（SOAPリクエスト）では，関数名が要素名として使われ，その関数への引数は関数名の要素の子要素としてWebサービスに送信される．XML Webサービスが返すSOAPメッセージ（SOAPレスポンス）では「関数名Response」が要素名として使われる．たとえば，XML WebサービスがgetGakuseiDataという関数を持ち，その関数は引数として学籍番号と履修科目を取得するかどうかを受け取ると，処理の結果として，受け取った学籍番号と，その番号に対応する学生の氏名とクラスのデータ，および履修科目を取得する場合は該当学生のすべての履修科目の科目名と評価を返すとすると，リスト5.9とリスト5.10に示したSOAPリクエストとSOAPレスポンスがやり取りされる．

リスト 5.9　XML Web サービスの関数 (getGakuseiData) を呼び出す SOAP リクエスト

```
<?xml version="1.0" encoding="UTF-8"?>
<SOAP-ENV:Envelope xmlns:SOAP-ENV="http://schemas.xmlsoap.org/soap/envelope/"
xmlns:ns1="trn:WebSystem" xmlns:xsi="http://www.w3.org/2001/XMLSchema-instance"
xmlns:xsd="http://www.w3.org/2001/XMLSchema"
xmlns:ns2="http://xml.apache.org/xml-soap"
xmlns:SOAP-ENC="http://schemas.xmlsoap.org/soap/encoding/"
SOAP-ENV:encodingStyle="http://schemas.xmlsoap.org/soap/encoding/">
<SOAP-ENV:Body>
<ns1:getGakuseiData>
<Request xsi:type="ns2:Map">
<item>
<key xsi:type="xsd:string">snum</key>
<value xsi:type="xsd:int">1212001</value>
</item>
<item>
<key xsi:type="xsd:string">risyu</key>
<value xsi:type="xsd:string">yes</value>
</item>
</Request>
</ns1:getGakuseiData>
</SOAP-ENV:Body>
</SOAP-ENV:Envelope>
```

リスト 5.10　XML Web サービスの関数 (getGakuseiData) の実行結果の SOAP レスポンス

```
<?xml version="1.0" encoding="UTF-8"?>
<SOAP-ENV:Envelope xmlns:SOAP-ENV="http://schemas.xmlsoap.org/soap/envelope/"
xmlns:ns1="trn:WebSystem" xmlns:xsi="http://www.w3.org/2001/XMLSchema-instance"
xmlns:xsd="http://www.w3.org/2001/XMLSchema"
xmlns:ns2="http://xml.apache.org/xml-soap"
xmlns:SOAP-ENC="http://schemas.xmlsoap.org/soap/encoding/"
SOAP-ENV:encodingStyle="http://schemas.xmlsoap.org/soap/encoding/">
<SOAP-ENV:Body>
<ns1:getGakuseiDataResponse>
<Result xsi:type="ns2:Map">
<item>
<key xsi:type="xsd:string">snumber</key>
<value xsi:type="xsd:int">1212001</value>
</item>
<item>
<key xsi:type="xsd:string">sname</key>
<value xsi:type="xsd:string">伊藤　翔</value>
</item>
<item>
<key xsi:type="xsd:string">class</key>
<value xsi:type="xsd:int">1</value>
</item>
<item>
<key xsi:type="xsd:string">risyu</key>
<value SOAP-ENC:arrayType="ns2:Map[3]" xsi:type="SOAP-ENC:Array">
<item xsi:type="ns2:Map">
<item>
```

```
<key xsi:type="xsd:string">kamoku</key>
<value xsi:type="xsd:string">Web システム</value>
</item>
<item>
<key xsi:type="xsd:string">hyouka</key>
<value xsi:type="xsd:string">B</value>
</item>
</item>
<item xsi:type="ns2:Map">
<item>
<key xsi:type="xsd:string">kamoku</key>
<value xsi:type="xsd:string">データベース入門</value>
</item>
<item>
<key xsi:type="xsd:string">hyouka</key>
<value xsi:type="xsd:string">履修中</value>
</item>
</item>
<item xsi:type="ns2:Map">
<item>
<key xsi:type="xsd:string">kamoku</key>
<value xsi:type="xsd:string">情報リテラシー</value>
</item>
<item>
<key xsi:type="xsd:string">hyouka</key>
<value xsi:type="xsd:string">A</value>
</item>
</item>
</item>
</value>
</item>
</Result>
</ns1:getGakuseiDataResponse>
</SOAP-ENV:Body>
</SOAP-ENV:Envelope>
```

(2) WSDL (Web Services Description Language)

WSDL は XML Web サービスの API を人間にもコンピュータプログラムにも理解できるように XML で記述するために考案された言語である．WSDL では，XML Web サービスとやり取りされるメッセージの構造や型，XML Web サービスのネットワークアドレス (URI) などを記述する．WSDL に基づいて記述された XML 文書を WSDL 文書という．WSDL 文書の例として，上述の関数 getGakuseiData を持つ XML Web サービスの WSDL 文書をリスト 5.11 に示す．

リスト **5.11** WSDL 文書の例

```
<?xml version="1.0" encoding="UTF-8"?>
<definitions name="WebSystem" targetNamespace="http://localhost/websystem/chap05/websystem.wsdl"
xmlns:tns="http://localhost/websystem/chap05/websystem.wsdl"
xmlns:soap="http://schemas.xmlsoap.org/wsdl/soap/"
xmlns:xsd="http://www.w3.org/2001/XMLSchema"
```

```xml
xmlns:soapenc="http://schemas.xmlsoap.org/soap/encoding/"
xmlns:wsdl="http://schemas.xmlsoap.org/wsdl/"
xmlns="http://schemas.xmlsoap.org/wsdl/">

<types>
<xsd:schema targetNamespace="urn:WebSystem">
<xsd:complexType name="RequestGakuseiDataElement">
<xsd:all>
<xsd:element name="snum" type="xsd:int"/>
<xsd:element name="risyu" type="xsd:string"/>
</xsd:all>
</xsd:complexType>
<xsd:complexType name="GakuseiDataElement">
<xsd:all>
<xsd:element name="snumber" type="xsd:int"/>
<xsd:element name="sname" type="xsd:string"/>
<xsd:element name="class" type="xsd:int"/>
<xsd:element name="risyu" type="RisyuElement"
minOccurs="0" maxOccurs="unbounded"/>
</xsd:all>
</xsd:complexType>
<xsd:complexType name="RisyuElement">
<xsd:all>
<xsd:element name="kamoku" type="xsd:string"/>
<xsd:element name="hyouka" type="xsd:string"/>
</xsd:all>
</xsd:complexType>
</xsd:schema>
</types>

<message name="getGakuseiData">
<part name="Request" type="tns:RequestGakuseiDataElement"/>
</message>
<message name="getGakuseiDataResponse">
<part name="Result" type="tns:GakuseiDataElement"/>
</message>

<portType name="WebSystemPortType">
<operation name="getGakuseiData">
<input message="tns:getGakuseiData"/>
<output message="tns:getGakuseiDataResponse"/>
</operation>
</portType>

<binding name="WebSystemBinding" type="tns:WebSystemPortType">
<soap:binding style="rpc" transport="http://schemas.xmlsoap.org/soap/http"/>
<operation name="getGakuseiData">
<soap:operation soapAction="tns:WebSystemGetAction"/>
<input>
<soap:body use="encoded" namespace="trn:WebSystem"
encodingStyle="http://schemas.xmlsoap.org/soap/encoding/"/>
</input>
<output>
<soap:body use='encoded' namespace="trn:WebSystem"
```

```
encodingStyle="http://schemas.xmlsoap.org/soap/encoding/"/>
</output>
</operation>
</binding>

<service name="WebSystemService">
<port name="WebSystemPort" binding="WebSystemBinding">
<soap:address location="http://localhost/websystem/chap05/soap_server.php"/>
</port>
</service>

</definitions>
```

詳細な説明は省略するが，<types> 要素では XML Web サービスに送信するデータや XML Web サービスから返されるデータの型を定義する．データの型は XML Schema という XML 文書のタグセットやその構造を定義するための技術を利用して定義される．リスト 5.11 の例では RequestGakuseiDataElement 型と GakuseiDataElement 型と RisyuElement 型という 3 つの独自の型を定義している．RequestGakuseiDataElement 型は 1 つの整数型 (int) のデータ (snum) と 1 つの文字列型 (string) のデータ (risyu) を持つ．GakuseiDataElement 型は 2 つの整数型のデータ (snumber と class) と 1 つの文字列型のデータ (sname) と 0 以上の RisyuElement 型のデータ (risyu) を持つ．そして，RisyuElement 型は 2 つの文字列型のデータ（kamoku と hyouka）を持つ．

<message> 要素では XML Web サービスとそれを利用するアプリケーションとの間でやり取りされる SOAP メッセージに含まれるデータの名前と型を定義する．データの型は <types> 要素で定義したものが参照されたり，XML Schema により定義されたりする．リスト 5.11 では getGakuseiData と getGakuseiDataResponse という名前のデータを定義し，それぞれは <types> 要素で定義した RequestGakuseiDataElement 型の Request と GakuseiDataElement 型の Result を持つ．

XML Web サービスが提供する関数を，WSDL では操作 (operation) と呼び，その操作と入出力データの型（関数を呼び出すために送信されるデータの型と関数の処理結果のデータの型，つまり XML Web サービスとそれを利用するアプリケーションとの間でやり取りされる SOAP メッセージの構造）を定義するのが <portType> 要素である．入出力データの型には <message> 要素で定義した型を参照する．

<binding> 要素では，<portType> 要素で定義された操作に具体的なプロトコルやデータの型の結びつけ（バインディング）を定義する．

そして，<port> 要素でバインディングに XML Web サービスのネットワークアドレス (URI) を割り当て，それらを <service> 要素により 1 つの XML Web サービスとしてまとめる．

XML Web サービスを利用するアプリケーションの開発者は，WSDL 文書を XML Web サービスの開発ツールやプログラミング言語が提供する関数に読み込ませることで，XML Web サービスを呼び出すためのモジュール（プログラム部品）やオブジェクトを自動的に生成することができる．ある業界団体で XML Web サービスのインタフェースを標準化して WSDL 文

書を公開すれば，XML Web サービスの開発者は，公開された WSDL 文書を開発ツールなどに読み込ませることで，そのインタフェースを実装するプログラム部品やオブジェクトを比較的簡単に生成することができる．

(3) UDDI (Universal Description, Discovery and Integration)

Web 上に数多く存在する XML Web サービスを効率的に利用するために，XML Web サービスに関する情報を登録・公開し，目的の XML Web サービスを検索できるようにする仕組みが UDDI である．XML Web サービスの提供者（サービスプロバイダ）は，企業名や連絡先，XML Web サービスの名前や内容，分類，XML Web サービスのアクセスポイント，WSDL 文書の URI などの情報を，サービスレジストリである UDDI のデータベース（UDDI レジストリと呼ぶ）に登録する．UDDI レジストリの登録情報は XML で記述される．社内や業界団体内など，あらかじめアクセス権が与えられた利用者だけが XML Web サービスの登録や検索を行える「プライベート UDDI」と，誰でも XML Web サービスの登録や検索が行える「パブリック UDDI」がある．UDDI では，UDDI レジストリを利用するための API（UDDI プログラマ API）が用意されている．UDDI プログラマ API には，UDDI レジストリから情報を取得するための「照会 API」や，UDDI レジストリに情報を登録するための「発行 API」などが存在する．UDDI レジストリも XML Web サービスであるため，UDDI プログラマ API は SOAP によって呼び出される．

5.3.3 PHP による XML Web サービスの例

リスト 5.12 とリスト 5.13 に XML Web サービスとそれを利用するアプリケーションの PHP プログラムの例を示す．網掛け部分が SOAP や WSDL に関連するところである．この XML Web サービスの WSDL 文書はリスト 5.11 である．

リスト **5.12**　XML Web サービスの PHP プログラム

```php
<?php
// XML Web サービスの関数
function getGakuseiData( $req ) {
  // リクエストの配列を変数に代入
  $snum=$req['snum'];
  $risyu=$req['risyu'];

  // 学籍番号と氏名とクラスを保存（返信用）
  $arr_ret=array();

  // MySQL に接続する
  $db=mysql_connect('localhost', 'ユーザ名', 'パスワード');

  // 使用するデータベースを選択する
  $rc=mysql_select_db('support_db');

  // 学籍番号が与えられたときのみ実行
  if ($snum!="") {
    // 学生テーブルの検索
    $query="select * from gakusei_t where snumber=$snum";
```

```php
      $result=mysql_query($query);
      if (mysql_num_rows($result)==1) {
        $row=mysql_fetch_array($result);
        $arr_ret['snumber']=intval($snum);
        $arr_ret['sname']=$row['sname'];
        $arr_ret['class']=intval($row['class']);
      }
    }

    // 履修テーブルを検索するかどうか
    if ($risyu=="yes") {
      $arr_ret['risyu']=array();
      $query="select * from risyu_t where snumber=$snum";
      $result=mysql_query($query);
      $i=0;
      if (mysql_num_rows($result)>0) {
        while ($row=mysql_fetch_array($result)) {
          $arr_ret['risyu'][$i]=array();
          $arr_ret['risyu'][$i]['kamoku']=$row['kamoku'];
          $arr_ret['risyu'][$i]['hyouka']=$row['hyouka'];
          $i++;
        }
      }
    }

    // MySQL の接続を閉じる
    mysql_close();

    if (!isset($arr_ret['snumber'])) {
      $arr_ret['snumber']=intval($snum);
      $arr_ret['sname']="該当学生なし";
      $arr_ret['class']=-1;
    }

    return $arr_ret;
  }

  // XML Web サービスの生成と関数の登録
  ini_set("soap.wsdl_cache_enabled", "0");
  $server = new SoapServer("websystem.wsdl");
  $server->addFunction("getGakuseiData");
  $server->handle();
?>
```

リスト **5.13**　リスト 5.12 の Web サービスを利用するアプリケーションの PHP プログラム

```
<!DOCTYPE HTML PUBLIC "-//W3C//DTD HTML 4.01//EN"
"http://www.w3.org/TR/html4/strict.dtd">
<html>
<head>
<meta http-equiv="Content-Type" content="text/html;charset=utf-8"/>
<title>Web システム（ＸＭＬ　Web サービスの例）</title>
</head>
<body>
```

```php
<h1>Webシステム</h1>
<p>ＸＭＬ　Webサービス</p>

<?php
  // XML Webサービスの実行結果を代入
  $res=0;

  // XML Webサービスへのリクエスト
  $arr_req=array();

  // フォームに入力されているかどうか
  $snum="";
  if (isset($_GET['snum'])) {
    // 入力フォームの内容を取得する
    $snum=@trim($_GET['snum']);
    $arr_req['snum']=intval($snum);
    $arr_req['risyu']="yes";
    // XML Webサービスの利用
    $client=new SoapClient("http://localhost/websystem/chap05/websystem.wsdl");
    $res=$client->getGakuseiData($arr_req);
  }
?>

<form action="" method="GET">
<p>学籍番号：<input type="text" name="snum" value="

<?php
  echo $snum;
?>

"/> <input type="submit" value="送信する"/>
</form>

<p>

<?php
  if (is_array($res)) {
    echo "<table border=\"1\">\n";
    echo "<tr>\n";
    echo "<th>学籍番号</th>\n";
    echo "<th>氏名</th>\n";
    echo "<th>クラス</th>\n";
    echo "<th>履修科目</th>\n";
    echo "</tr>\n";
    echo "<tr>\n";
    echo "<td align=\"right\">" . $res['snumber'] . "</td>\n";
    echo "<td>" . $res['sname'] . "</td>\n";
    echo "<td align=\"right\">" . $res['class'] . "</td>\n";
    echo "<td>\n";
    foreach ($res['risyu'] as $risyu) {
      echo $risyu['kamoku'] . " (" . $risyu['hyouka'] . ") <br/>\n";
    }
    echo "</td>\n";
    echo "</tr>\n";
```

```
    echo "</table>\n";
  }
?>

</p>

</body>
</html>
```

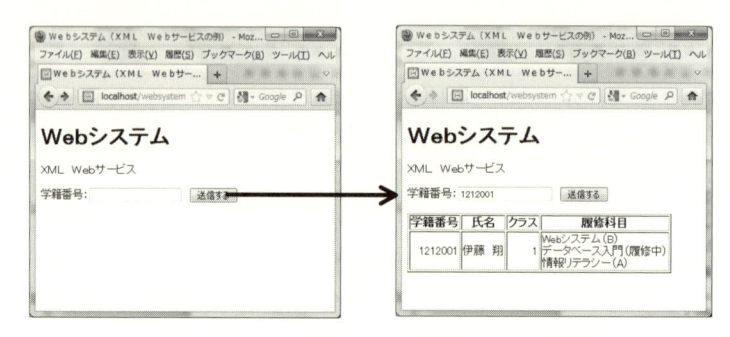

図 5.10 リスト 5.13 の PHP プログラムの実行結果

　リスト 5.12 の XML Web サービスは学籍番号と履修科目を取得するかどうか（"yes"または"no"）を受け取ると，4.4 節で説明したデータベース (support_db) の学生テーブル (gakusei_t) を検索し，受け取った学籍番号と該当する学生の氏名とクラスを返す関数 (getGakuseiData) を公開する．履修科目を取得する場合，この関数はさらに履修テーブル (risyu_t) を検索し，該当する学生の履修科目の科目名と評価も返す．この例では，XML Web サービスが処理の途中でデータベースを検索しているが，XML 文書を読み込んでもかまわないし，データベースや XML 文書を操作することなく何らかの処理を実行するだけでもかまわない．図 5.10 は，XML Web サービスを利用するアプリケーションの PHP プログラムの実行結果である．この例では学籍番号に「1212001」と入力し履修科目も取得するとして，XML Web サービスから受け取った結果を表形式で表示している．また，SOAP の説明で利用したリスト 5.9 とリスト 5.10 のリクエストとレスポンスは，図 5.10 の実行結果が得られたときに，XML Web サービスとそれを利用するアプリケーションとの間でやり取りされた SOAP メッセージである．

　プログラムの詳細な説明は省略するが，XML Web サービスの PHP プログラム（リスト 5.12）では，SoapServer のオブジェクトを生成し（$server=new SoapServer("websystem.wsdl")），公開する関数を登録し（$server->addFunction("getGakuseiData")），SOAP メッセージを処理する（$server->handle()）．一方，XML Web サービスを利用する PHP プログラム（リスト 5.13）では，SoapClient のオブジェクトを生成し（$client=new SoapClient("http://localhost/websystem/chap05/websystem.wsdl")），そのオブジェクトを利用して XML Web サービスが公開している関数 (getGakuseiData) を実行する（$res=$client->getGakuseiData($arr_req)．getGakuseiData に渡す値は配列に代入しておく．リスト 5.9

やリスト 5.10 に示した SOAP メッセージの生成や送受信など必要な処理は PHP エンジンが実行するため，プログラムの開発者がプログラミングする必要はない．

なお，やり取りされる SOAP メッセージを確認したい場合は，SoapClient のオブジェクトを生成するときに次のように実行する．

リスト 5.14　SOAP メッセージを確認したい場合の処理

```
$client=new SoapClient("http://localhost/websystem/chap05/websystem.wsdl",
array('trace'=>1));
```

そして，XML Web サービスの関数を実行した後に，SoapClient オブジェクトの __getLastRequest メソッドや __getLastResponse メソッドを利用する．それぞれのメソッドは，直近の SOAP リクエストのメッセージ，SOAP レスポンスのメッセージを取得する．リスト 5.9 とリスト 5.10 はこの手法で取得された．

コラム　XML Schema

XML Schema は XML 文書で利用されるタグセットやその構造（スキーマと呼ばれる）を定義するための技術（スキーマ定義言語）である．XML 文書のタグセットや構造を定義する技術に DTD (Document Type Definition) がある．しかし DTD には，(1) データの型を定義する機能が不十分である，(2) XML 文書でないために XML 関連の技術を適用できない，(3) 名前空間に対応していないなどの問題があり，そのため XML Schema が考案された．XML Schema は 2001 年に W3C により仕様が勧告された．

5.4　REST 方式の Web サービス

5.4.1　REST とは

XML Web サービス技術では，SOAP をはじめとする技術の仕様群が複雑で高度化しているため，技術的なハードルが高い．そのため，インターネット上の Web サービスから情報を取得するためにわざわざ SOAP メッセージを作らなくても，HTTP の GET メソッドでリクエストメッセージを送信し，その結果を単純な XML 文書として受け取ったほうが単純でプログラムも作りやすいという考えも出現した．その結果，REST (Representational State Transfer) という，よりシンプルな方式に基づく Web サービスが増加している．REST 方式の Web サービスでは，公開された URI に対して必要なパラメータを渡せば Web サービスの API を実行し結果を得ることができる．

REST は Web のアーキテクチャスタイルであり，ロイ・トーマス・フィールディング (Roy Thomas Fielding) が博士論文の中で初めて使用した言葉である [7]．アーキテクチャスタイルとは複数のアーキテクチャに共通の特徴や方法である．

RESTを理解するためにはリソースについて知っておくことが必要である．リソースは名前を持った情報であり，Webの場合はURIによって識別される情報となる．「東京の天気予報」や「商品の検索結果」などがリソースの具体例としてよく使用される [8]．毎日の天気予報が日ごとに変化するように，リソースの内容は時間や条件によって変化しうる．各時点や条件で取得できるリソースの内容をリソースの表現 (Representational State) と呼ぶ．そして，リソースの表現をサーバ（Webサーバ）からクライアント（Webブラウザ）に転送する (Transfer) するのが「Representational State Transfer」，つまり REST である．

RESTの最大の特徴は，URIで識別されるリソースに GET, POST, PUT, DELETE の4つのHTTPメソッドをあてはめて利用することである．つまり，RESTは「URIで識別されるリソースに，統一の4つのHTTPメソッド (GET, POST, PUT, DELETE) を適用し，そのリソースの表現を転送する」方法を示す．GET, POST, PUT, DELETE はそれぞれリソースの取得，新規作成，更新，削除を意味する．

本書では，REST アーキテクチャスタイルに厳密に従うわけではないが，REST アーキテクチャスタイルに基づいて HTTP のみで，つまり SOAP を使用せずに利用できる Web サービスを REST 方式の Web サービスと呼ぶことにする．Amazon Web サービスや，はてなのサービス群，Yahoo! の Web サービスなど代表的な Web サービスは，それらが備えるデータや機能を利用するための Web API を REST 方式で提供している．Amazon Web サービスのように SOAP でも利用可能にしているものも存在する [9, 10]．

5.4.2 JSON

REST 方式の Web サービスでは，Web API の実行結果を記述するために，XML に加えて JSON (JavaScript Object Notification) の利用も増えており，Twitter API など両方の形式で実行結果を返す Web API も存在する．XML の場合，表記が冗長すぎる，DOM の操作がわずらわしいという問題があり，よりシンプルなフォーマットとして JSON が考案された．

JSON は，JavaScript Object Notation というその正式名称が示すように，JavaScript の一部（JavaScript でオブジェクトを表記するための方法）をベースとして作られた [11]．JSON は XML と同様に，人間にもプログラムにも読みやすく処理しやすいことが特徴である．PHP をはじめ多くのプログラミング言語が JSON 形式のデータを扱うための関数やライブラリを備えている．また，Web ブラウザ上で動作する JavaScript が Web API を実行することができるために，その実行結果のフォーマットとして JSON は相性がよい．

HTTP のメッセージヘッダに「Content-Type: application/json」とある場合，HTTP のメッセージボディが JSON 形式であることを示す．また，JSON のファイルの拡張子として .json が推奨されており，Web サービスの API でもそのような推奨に従ったものもある．たとえば，Twitter (140 文字のメッセージを投稿できる Web システム) への投稿を取得するための Web API に http://api.twitter.com/1/statuses/public_timeline.json というものがあり，この API の実行結果は JSON 形式で返される．

JSON は 2 つの構造を基にしている．(1) オブジェクト（順序付けされない名前と値のペアの集合）と (2) 配列（順序付けされた値の集合）である．プログラミング言語では，(1) のオブ

ジェクトは構造体や連想配列，ハッシュテーブルなどとして実現される．JSONでのオブジェクトの表記は，「{」（左の中括弧）で始まり，「}」（右の中括弧）で終わる．名前と値は「:」（コロン）で区切られ，名前と値のペアは，「,」（コンマ）で区切られる．名前は必ず文字列であり，「"」（ダブルクォーテーション）で囲む必要がある．

(2)の配列は，ほとんどのプログラミング言語で（整数値を添え字とする）通常の配列として実現される．JSONでの配列の表記は，「[」（左の角括弧）で始まり，「]」（右の角括弧）で終わる．値は，「,」（コンマ）で区切られる．

(1)のオブジェクトでも(2)の配列でも，それらの値は文字列，数値，true，false，null，オブジェクト，配列であり，これらを入れ子にすることができる．(1)のオブジェクトの例をリスト5.15に示す．リスト5.15の"risyu"の値はオブジェクトであり，入れ子にされている．また，配列の例をリスト5.16に示す．

リスト **5.15**　JSON の構造（オブジェクト）

```
{
    "established": 1212001,
    "name": "伊藤　翔",
    "class": 1,
    "risyu": {
        "kamoku": "Webシステム",
        "hyouka": "B"
    }
}
```

リスト 5.16　JSON の構造（配列）
```
[
    "東京都", "茨城県", "愛知県", "神奈川県", "その他"
]
```

リスト **5.16**　JSON の構造（配列）

```
[
    "東京都", "茨城県", "愛知県", "神奈川県", "その他"
]
```

5.4.3　PHP による REST 方式の Web サービスの例

リスト5.17とリスト5.18にREST方式のWebサービスとそれを利用するためのPHPプログラムの例を示す．このWebサービスの仕様は次のとおりである．

(1) 学籍番号をリクエストパラメータで受け取り，その学籍番号，対応する学生の氏名とクラスを返す
(2) 履修科目の一覧も取得することがリクエストパラメータで指定された場合は，学籍番号，氏名，クラスに加え，履修科目の一覧（科目名と評価）を返す
(3) 実行結果をXMLまたはJSON形式で返す．デフォルトはJSON形式である

(4) 学生のデータとして 4.4 節で説明したデータベースを利用する

また，リスト 5.17 の Web サービスが受け取るパラメータの説明を表 5.3 に整理する．なお，実際の Web サービスでは，受け取った学籍番号の学生がデータベースに存在しない場合や，処理の途中で何らかのエラーが発生した場合には，そのことを示す内容を返すべきであるが，リスト 5.17 ではそのようなエラーメッセージを返さない．

リスト **5.17** REST 方式の Web サービスの PHP プログラム

```php
<?php
  // リクエストパラメータの処理
  // 学籍番号
  if (isset($_GET['snumber'])) {
    $snum=trim($_GET['snumber']);
  } else {
    $snum="";
  }
  // 履修科目の一覧を取得するかどうか
  if (isset($_GET['risyu']) && trim($_GET['risyu'])=="yes") {
    $risyu="yes";
  } else {
    $risyu="";
  }
  // 出力形式（XML または JSON）
  if (isset($_GET['output']) && trim($_GET['output'])=="xml") {
    $output="xml";
  } else {
    $output="json";
  }

  // MySQL に接続する
  $db=mysql_connect('localhost', 'ユーザ名', 'パスワード');

  // 使用するデータベースを選択する
  $rc=mysql_select_db('support_db');

  // 学籍番号が与えられたときのみ実行
  if ($snum!="") {
    // 学生テーブルの検索
    $query="select * from gakusei_t where snumber=$snum";
    $result=mysql_query($query);
    if (mysql_num_rows($result)==1) {
      $row=mysql_fetch_array($result);
      // HTTP ヘッダと結果の出力
      if ($output=="xml") {
        header("Content-type: text/xml; charset=utf-8");
        echo "<?xml version=\"1.0\" encoding=\"UTF-8\" standalone=\"yes\"?>\n";
        echo "<学生 学籍番号=\"" . $snum . "\">\n";
        echo "<氏名>" . $row['sname'] . "</氏名>\n";
        echo "<クラス>" . $row['class'] . "</クラス>\n";
      } else {
        header("Content-type: application/json; charset=utf-8");
        echo "{\n";
```

```php
      echo "\"snumber\": " . $snum . ",\n";
      echo "\"sname\": \"" . $row['sname'] . "\",\n";
      echo "\"class\": " . $row['class'];
    }
  } else {
    exit ("Error");
  }

  // 履修テーブルを検索するかどうか
  if ($risyu=="yes") {
    $query="select * from risyu_t where snumber=$snum";
    $result=mysql_query($query);
    if (mysql_num_rows($result)>0) {
      // JSON の場合の処理
      if ($output=="json") {
        echo ",\n";
        echo "\"risyu\": [\n";
        $s="";
      }
      while ($row=mysql_fetch_array($result)) {
        if ($output=="xml") {
          echo "<履修科目>\n";
          echo "<科目名>" . $row['kamoku'] . "</科目名>\n";
          echo "<評価>" . $row['hyouka'] . "</評価>\n";
          echo "</履修科目>\n";
        } else {
          echo $s;
          $s=",\n";
          echo "{\n";
          echo "\"kamoku\": \"" . $row['kamoku'] . "\",\n";
          echo "\"hyouka\": \"" . $row['hyouka'] . "\"\n";
          echo "}";
        }
      }
      if ($output=="json") {
        echo "\n]";
      }
    }
  }
  if ($output=="xml") {
    echo "</学生>\n";
  } else {
    echo "\n}\n";
  }
}

// MySQL の接続を閉じる
mysql_close();
?>
```

リスト **5.18** リスト 5.17 の Web サービスを利用するアプリケーションの PHP プログラム

```
<!DOCTYPE HTML PUBLIC "-//W3C//DTD HTML 4.01//EN"
"http://www.w3.org/TR/html4/strict.dtd">
```

```
<html>
<head>
<meta http-equiv="Content-Type" content="text/html;charset=utf-8"/>
<title>Web システム（REST 方式の Web サービスの利用例）</title>
</head>
<body>
<h1>Web システム</h1>
<p>REST 方式の Web サービス</p>

<?php
  // 必要なファイルの取り込み
  require_once "HTTP/Request2.php";

  // REST 方式の Web サービスの Web API の実行結果を代入
  $data=0;

  // フォームに入力されているかどうか
  $snum="";
  if (isset($_GET['snum'])) {
    // 入力フォームの内容を取得する
    $snum=@trim($_GET['snum']);

    // Web サービスの Web API の URI とパラメータの設定（JSON を受け取る）
    $uri="http://localhost/websystem/chap05/rest_ws.php?snumber=" . $snum .
      "&risyu=yes";

    // Web サービスの Web API を実行
    $req=new HTTP_Request2($uri);
    $res=$req->send();

    // JSON 形式のデータを配列に変換
    $data=json_decode($res->getBody(),true);
  }
?>

<form action="" method="GET">
<p>学籍番号：<input type="text" name="snum" value="

<?php
  echo $snum;
?>
"/> <input type="submit" value="送信する"/>
</form>

<?php
  if (is_array($data)) {
    echo "<table border=\"1\">\n";
    echo "<tr>\n";
    echo "<th>学籍番号</th>\n";
    echo "<th>氏名</th>\n";
    echo "<th>クラス</th>\n";
    echo "<th>履修科目</th>\n";
    echo "</tr>\n";
```

```
    echo "<tr>\n";
    echo "<td align=\"right\">" . $data['snumber'] . "</td>\n";
    echo "<td>" . $data['sname'] . "</td>\n";
    echo "<td align=\"right\">" . $data['class'] . "</td>\n";
    echo "<td>\n";
    foreach ($data['risyu'] as $risyu) {
      echo $risyu['kamoku'] . " (" . $risyu['hyouka'] . ") <br/>\n";
    }
    echo "</td>\n";
    echo "</tr>\n";
    echo "</table>\n";
  }
?>

</body>
</html>
```

リスト 5.17 の Web サービスの PHP プログラムの大まかな処理の流れは，(1) リクエストパラメータを処理し，(2) データベースを検索し，(3) PHP の関数 header を利用して HTTP のレスポンスメッセージのヘッダ (Content-type) を出力し，(4) PHP の関数 echo を利用してデータベースの検索結果を返す．(3) で Web サービスの実行結果を XML で記述して返す場合は Content-type を "text/xml" とし，JSON で記述して返す場合は "application/json" とする．

REST 方式の Web サービスを利用するリスト 5.18 の PHP プログラムでは，Web サービスの実行結果を JSON 形式で受け取るため，リクエストパラメータで output を指定していない．実行結果を XML で受け取りたい場合は，Web サービスの URI とパラメータの設定をリスト 5.19 のように記述する．

リスト **5.19** Web サービスの URI とパラメータの設定例

```
// Web サービスの Web API の URI とパラメータの設定（XML を受け取る）
$uri="http://localhost/websystem/chap05/rest_ws.php?snumber=" . $snum .
"&risyu=yes&output=xml";
```

図 5.11 は，リスト 5.18 の Web サービスを利用するプログラムの実行結果である．この例では学籍番号に「1212001」と入力し，受け取った結果を表形式で表示している．このときに Web サービスから返される JSON 形式の実行結果をリスト 5.20 に示す．リスト 5.20 の "risyu" の値はオブジェクトの配列となっている．また，リクエストパラメータで output=xml と指定した場合，同じ実行結果はリスト 5.21 の XML 文書として返される．Web サービスの検索結果

表 **5.3** リスト 5.17 の Web サービスのリクエストパラメータ

パラメータ	値	必須／省略可	説明
snumber	数値	必須	学籍番号を指定する．
risyu	yes のみ	省略可	指定した学生の履修科目の一覧を取得する場合は risyu=yes とする．
output	xml のみ	省略可	実行結果を XML で受け取りたい場合は output=xml とする．

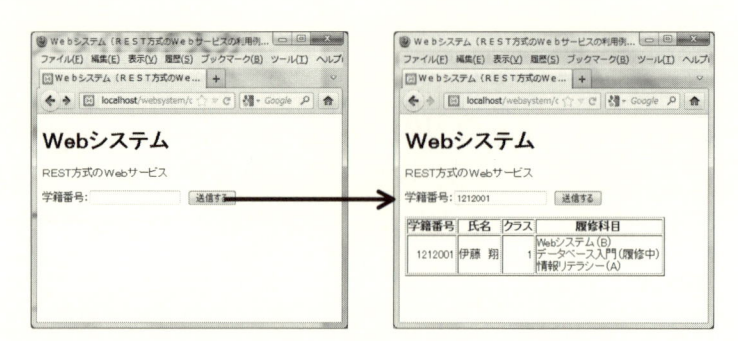

図 5.11　リスト 5.18 の PHP プログラムの実行結果

は Web サーバからのレスポンスメッセージのボディに含まれるため，PHP プログラムはレスポンスメッセージのボディから検索結果を取り出し（$res->getBody()）処理する．なお，リスト 5.18 の PHP プログラムでは Web サーバに HTTP のリクエストメッセージを送信し，Web サーバから HTTP のレスポンスメッセージを受け取るために，PEAR という PHP のライブラリの HTTP_Request2 を利用している．

リスト 5.20　リスト 5.17 の Web サービスから返される実行結果 (JSON)

```
{
"snumber": 1212001,
"sname": "伊藤　翔",
"class": 1,
"risyu": [
{
"kamoku": "Web システム",
"hyouka": "B"
},
{
"kamoku": "データベース入門",
"hyouka": "履修中"
},
{
"kamoku": "情報リテラシー",
"hyouka": "A"
}
]
}
```

リスト 5.21　リスト 5.17 の Web サービスから返される実行結果 (XML)

```
<?xml version="1.0" encoding="UTF-8" standalone="yes" ?>
<学生　学籍番号="1212001">
<氏名>伊藤　翔</氏名>
<クラス>1</クラス>
<履修科目>
<科目名>Web システム</科目名>
<評価>B</評価>
</履修科目>
```

```
<履修科目>
<科目名>データベース入門</科目名>
<評価>履修中</評価>
</履修科目>
<履修科目>
<科目名>情報リテラシー</科目名>
<評価>A</評価>
</履修科目>
</学生>
```

リスト 5.22　演習問題設問 3 で利用する XML 文書

```
<?xml version="1.0" encoding="UTF-8" standalone="yes"?>
<大学一覧>
<大学 大学番号="21001">
<大学名>神奈川工科大学</大学名>
<所在地>神奈川県厚木市</所在地>
<学部一覧>
<学部 学部番号="0001">工学部</学部>
<学部 学部番号="0017">創造工学部</学部>
<学部 学部番号="0020">応用バイオ科学部</学部>
<学部 学部番号="0029">情報学部</学部>
</学部一覧>
</大学>
</大学一覧>
```

演習問題

設問 1　HTML と比較して，XML の特徴をまとめよう．

設問 2　XML の応用規格には，RSS，SVG，BML，MusicML，MathML など，さまざまなものがあります．これらの応用規格のうち 1 つを取り上げ，どういう規格かを調べよう．

設問 3　リスト 5.22 の XML 文書をツリー構造で表現しよう．ただし，大学は複数個あるものとします．

設問 4　DOM を利用して XML 文書のルート要素から順にツリー構造に従ってルート要素以下のノードにアクセスして要素の内容（テキスト）を表示するプログラムを JavaScript または PHP で作成しよう．

設問 5　SOAP との違いがわかるように REST を説明しよう．

設問 6　自分の履修状況を JSON 形式で記述しよう．

設問 7　公開されている Web サービスを 1 つ取り上げ，どういうデータや機能を Web API で提供しているかを調べよう．

参考文献

[1] 高橋麻奈,「図解でわかる XML のすべて」, 日本実業出版社 (2000).
[2] 池田実ほか,「まるごと図解 最新 XML がわかる」, 技術評論社 (2000).
[3] 立川敬行,「XML 徹底入門」, 電波新聞社 (2004).
[4] 山田祥寛,「10 日でおぼえる XML 入門教室 第 2 版」, 翔泳社 (2004).
[5] 山田祥寛,「10 日でおぼえる PHP5 入門教室 第 2 版」, 翔泳社 (2009).
[6] 日本アイビーエム jStart チーム,「まるごと図解 最新 Web サービスがわかる」, 技術評論社 (2002).
[7] Roy Thomas Fielding, "Architectural Styles and the Design of Network-based Software Architectures", Doctoral dissertation, University of California, Irvine (2000).
[8] 山本陽平,「Web を支える技術」, 技術評論社 (2010).
[9] Software Design 編集部,「最新 Web サービス API エクスプローラ」, 技術評論社 (2005).
[10] MdN 編集部,「"ソーシャル" なサイト構築のための Web API コーディング」, エムディエヌコーポレーション (2011).
[11] 山田祥寛,「JavaScript 本格入門」, 技術評論社 (2010).

第6章
Webプログラミング技法

□ 学習のポイント

　今日のWebシステムの開発では，システムの機能やデータをすべて自前で用意するのではなく，地図データや商品データなど大規模なデータベースを利用するために提供されているWeb APIを組み合わせることが多い．このようにWeb APIを組み合わせて新しいシステムを開発する手法をマッシュアップと呼ぶ．マッシュアップの手法でシステムを開発することにより，システムの質や信頼性の向上を期待できる．

　また，多くのWebシステムでは，ユーザはシステムを利用するときに，ユーザIDとパスワードを入力してログインし，システムの利用が終了したらログアウトすることが多い．たとえばショッピングサイトでは，商品を選び，支払い方法や届け先を入力・選択し，最後に注文内容を確認することが一般的であるが，その前後にログイン・ログアウトが実行される．またショッピングサイトでは，誰がどの商品を選んだのかを記憶しておかないと，注文内容を確認することができない．これらを実現するには，あるユーザがWebシステム上で行う一連の操作（セッションと呼ぶ．たとえばログインしてからログアウトするまで）を管理する必要がある．今日のほとんどのWebシステムではセッションの管理とその応用であるログイン操作は必要不可欠な技術である．

　ところで，Webシステムが広く普及するにつれ，Webアプリケーションの脆弱性を狙った攻撃が大きな被害をもたらすようになり，企業や組織の信頼性にも影響を及ぼしている．Webシステムを取り巻く脅威への対策は十分に実施されなければならない．

　本章では，Webシステムのプログラミング技法から，上記のマッシュアップ，セッション管理，セキュリティに焦点を絞り解説する．本章では次の項目の理解を目的とする．

- 具体的なマッシュアップ事例による，Web APIやWeb上で公開されているデータの活用方法，およびマッシュアップの効果（6.2節）．
- あるユーザがWebシステム上で行う一連の操作（セッション）を，Cookieを利用して管理する方法と，それを応用したログイン処理（6.3節）．
- Webシステムを取り巻くさまざまな脅威とリスク，およびそれらからWebシステムを守り，安全に運用するためのセキュリティ対策（6.4節）．

□ キーワード

　presentationマッシュアップ, dataマッシュアップ, logicマッシュアップ, Google Maps, Twitter, セッション, ステートレス, ステートフル, Cookie, セッション管理, セッションID, ログイン, ログアウト, 脆弱性, クラッカー, 不正侵入, 情報漏えい, クロスサイト・スクリプティング, SQLインジェクション, OSインジェクション, ディレクトリ・トラバーサル, セッション・ハイジャック／リプレイ, セッション・フィクセーション, サニタイジング

6.1 Webプログラミング技法とは

Webシステムを開発するには，Webを基盤とするために必要なプログラミング技法がある．たとえば，第4章で解説したフォーム処理もその1つである．数多くのWebプログラミング技法の中で，本章ではマッシュアップ，セッション管理，セキュリティ対策を取り上げる．マッシュアップは今日のWebシステムの開発に不可欠であり，セッション管理はほとんどのWebシステムに必須である．機密データの漏えいなどの脅威に対抗するためのセキュリティ対策はWebシステムの安全な運用に不可欠である．

6.2 マッシュアップ

6.2.1 マッシュアップとは

複数のWeb APIやWeb上で公開されているデータを組み合わせ，新たなシステムを開発することをマッシュアップと呼ぶ．マッシュアップでは，既存のWebシステムが持つ機能やデータを活用し，より利用者に便利な新しいサービスを提供することが可能である．たとえば，住所を入力するとその周辺のレストランの位置情報が取得できるWeb APIと，地図を表示するWeb APIをマッシュアップすることで，利用者が入力した住所周辺のレストランを地図上に表示するサービスが完成する．また，一般に公開されているデータを地図上にマッピングすることで，効果的なデータの提示が可能となり，より多くの利便性が見込まれる．さらにマッシュアップには，独自にWebシステムを開発するよりもデータが集まりやすく，より膨大な情報を扱えるメリットもある．

マッシュアップにより，既存システムの機能やデータを利用し，新たなWebシステムを効率的に開発することが可能である．そのため，今日では，これまでWebシステムの利用者であった人が，新たなWebシステムの提供者となる機会が生まれたといえる．しかしながら，Web APIには，インタフェースや出力データのファイル形式（フォーマット）などに統一規格がなく，それぞれのWeb APIの仕組みを理解し，その特徴に応じた処理の開発が必要となる．本章では，容易に実現可能なマッシュアップ事例を取り上げる．

6.2.2 マッシュアップの分類

マッシュアップは，presentationマッシュアップ，dataマッシュアップ，logicマッシュアップの3種類に分類することができる [1,2]．

(1) presentationマッシュアップ

presentationマッシュアップは，もっとも単純なマッシュアップ手法である．この手法では，1つのWebページ内に，1つ以上のWebサービスからのコンテンツをまとめて表示する．よって，Webページがマッシュアップされた Webサービスの共通のユーザインターフェースの役割を果たす．Twitterウィジェット [3] やFacebookのソーシャルプラグイン [4] を導入したブログなどが例として挙げられる．マッシュアップの中ではもっとも単純で，利用者が必要な

Webサービスをドラッグ&ドロップ操作のみで組み立てて実現可能であったり，Webサービスが提供するスクリプトをHTML文書に埋め込む程度の編集のみで実現可能であったりする．presentationマッシュアップでは，Webサービスから提供されるコンテンツを利用者独自の方法で表すことは困難である一方，初心者であっても容易にマッシュアップを実現できるという利点がある．

図 6.1 presentation マッシュアップ

(2) data マッシュアップ

dataマッシュアップは，presentationマッシュアップより高度で，複数のWebサービスからデータを取得し結合する．地図ベースのマッシュアップがdataマッシュアップとしてよく知られており，ほとんどは地図に位置情報を持った何らかのデータを重ね合わせて表示する．地図上に各地の天気情報を表示する気象情報サービスなどが例として挙げられる．dataマッシュアップでは，情報の表現方法を工夫することができ，天気予報などよりわかりやすい情報提供が可能となる．

(3) logic マッシュアップ

logicマッシュアップは，もっとも高度なマッシュアップで，複数のWeb APIの入出力処理を連結させて，新たにサービスを提供する．そのためプログラミングをともなう．目的地の住所を入力し，その地点までのルートや，周辺に存在する店舗の情報を地図上に表示する観光案

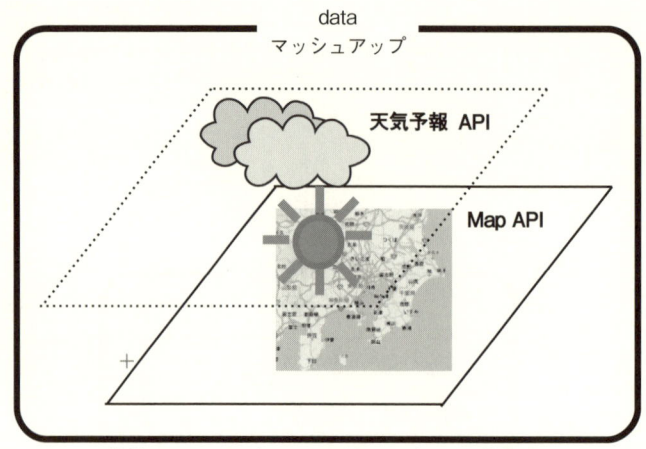

複数のWebサービスから取得したデータを統合

図 6.2 data マッシュアップ

内サービスが例として挙げられる．より動的で高度な Web システムを開発する場合，複雑なプログラミングが必要となる．logic マッシュアップは，presentation マッシュアップや data マッシュアップと違い，高度なプログラミング知識が必要となる．しかしその一方，Web サービスから得られるデータを自在に組み合わせ，より独自性の高いサービスを構築することが可能である．

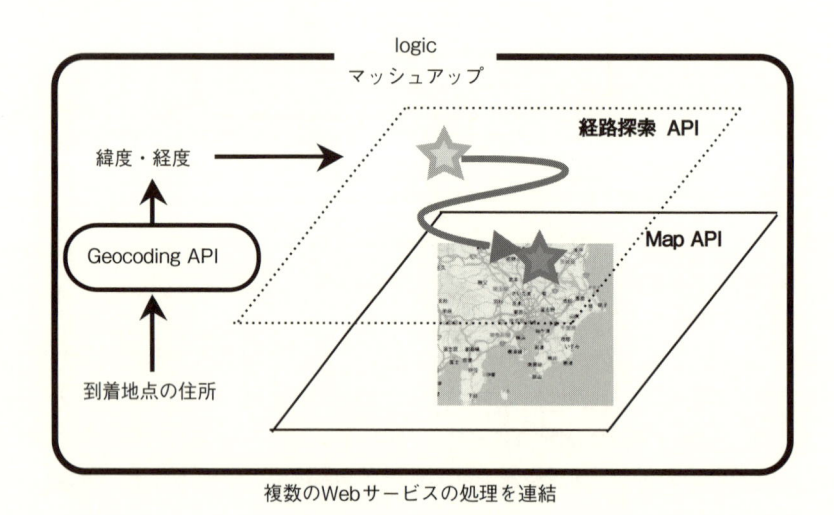

複数のWebサービスの処理を連結

図 6.3 logic マッシュアップ

presentation マッシュアップ，data マッシュアップ，logic マッシュアップの順により高度なプログラミング技術を要する．近年では，さまざまな Web サービスにより，ブログパーツやウィジェットと呼ばれる自動生成 HTML が提供されおり，初心者であっても容易に presentation マッシュアップを実現可能である．logic マッシュアップでは，目的のデータ取得や変換に最適

な Web API を探し出し，それぞれの仕様を適切に理解し，プログラミングする技術や知識が必要となる．

Web API やマッシュアップの情報を集約しているサービス WAFL も提供されている [5]．

6.2.3　マッシュアップの具体例

ここではマッシュアップの事例として Twitter ウィジェットと，KML/KMZ 形式のデータを Google Maps 上に表示する事例を取り上げる．

(1)　Twitter ウィジェットを使ったツイートの表示

Twitter を事例に，presentation マッシュアップの具体例を紹介する．

Twitter では，ブログやホームページなどに自身のツイートを表示したり，指定した語句の検索結果をリアルタイムに表示したりするためのウィジェット (Embedded Timelines) を提供している [3]．このウィジェットは，プログラミング知識の少ない利用者にとっても容易に利用しやすいよう必要事項の設定を行えばコードが提供される仕組みになっている．自動生成されたコードを Web ページのソースコードの任意の場所に埋め込むことで Twitter ウィジェットの表示が可能である．

自動生成されたコードの例をリスト 6.1 に示す．これは指定したユーザのツイートを表示するウィジェットの例である．

リスト **6.1**　Twitter ウィジェット自動生成コード

```
<a class="twitter-timeline" href="https://twitter.com/YukaObu"
data-widget-id="2600213074695946260">@YukaObu からのツイート</a>

<script>
!function(d,s,id){
  var js,fjs=d.getElementsByTagName(s)[0];
  if(!d.getElementById(id)){
    js=d.createElement(s);
    js.id=id;
    js.src="//platform.twitter.comwidgets.js";
    fjs.parentNode.insertBefore(js,fjs);
  }
}
(document,"script","twitter-wjs");
</script>
```

リスト 6.1 の 1 行目では，下記のようにツイートを表示するユーザアカウントへのリンク (href="https://twitter.com/YukaObu")，生成したウィジェットの ID (data-widget-id="2600213074695946260") を指定している．

```
<a class="twitter-timeline" href="https://twitter.com/YukaObu"
data-widget-id="2600213074695946260">@YukaObu からのツイート</a>
```

3 行目以降は，Twitter ウィジェット共通の JavaScript の関数である．同一ページ内に複数の Twitter ウィジェットや Tweet ボタンなどを設置する場合，この関数は HTML 文書内に

一度だけ記述してあれば良い．この JavaScript のコードが記述されていれば，Twitter 社により，機能がアップデートされた場合，自動でこの関数の機能がアップデートされるようになっている [3]．

リスト 6.1 のコードによる Twitter ウィジェットを図 6.4 に示す．

(2) KML/KMZ 形式の地理情報の Google Maps 上への表示

data マッシュアップの具体例を紹介する．

KML ファイルとは，Google Earth や Google Maps における位置情報を示す XML 形式のファイルで，緯度経度，距離，方位などの情報が含まれている [6]．「.kml」という拡張子を持つ．KMZ ファイルは KML ファイルを ZIP 圧縮したもので，「.kmz」という拡張子を持つ．KML/KMZ 形式による地理情報の提供により，地理情報を地図上に表示するマッシュアップが容易に実現可能である．

宇宙航空研究開発機構地球観測研究センターが提供している「世界の雨分布速報」では，世界の雨分布が準リアルタイム（観測から約 4 時間遅れ）で 1 時間ごとに提供されている [7]．自動生成された KMZ 形式のファイルのダウンロードも可能である一方，下記の URI の指定により，Google Maps とのマッシュアップも可能である．

KMZ 形式の情報を取得する URI は下記の形式で指定する．

```
http://sharaku.eorc.jaxa.jp/GSMaP/archive/file/yearMonth/
gsmap_nrt.date.time.file
```

ファイル形式 (file)，年月 (yearMonth)，日付 (date) と時刻 (time) をそれぞれ指定することにより，任意の日時の世界の雨分布情報を取得可能である．

ファイル (file) に kmz を指定することで，kmz 形式の出力ファイルを得る．また年月 (yearMonth) には取得対象の年月（例：201203），日付 (date) には年月日（例:20120304），時刻

図 6.4 Twitter ウィジェット

(time) には時刻を世界標準時で指定する．

図 6.5 は，宇宙航空研究開発機構 地球観測研究センターが「世界の雨分布速報」で公開している世界の雨分布の情報 [8] を Google Maps 上に表示したものである．

Google Maps, Google Earth では KML/KMZ 形式のクエリに対応している．したがって，下記のように Google Maps の検索クエリに KMZ の URI を指定する，または，Google Maps の検索ボックスに KMZ の URI を入力することでも，図 6.5 に示すような地理情報の提示が可能である．

```
http://maps.google.co.jp/maps?q=http://sharaku.eorc.jaxa.jp/
GSMaP/archive/kmz/201203/gsmap_nrt.20120304.1300.kmz
```

(3) KML 形式の情報を取得可能な Web API と Google Maps とのマッシュアップ

data マッシュアップの具体例をもう 1 つ紹介する．

DiNaLI Mapping API は，国土交通省国土計画局提供の国土数値情報を REST 方式の Web API として提供している [9]．緯度経度などの位置情報から，国土に関するさまざまな位置・地理情報が取得可能である．

DiNaLI Mapping API の URI は下記の形式で指定する．

```
http://yard.cis.ibaraki.ac.jp/dinalimapping/controller/
action.extention?parameters
```

コントローラ (controller)，アクション (action)，拡張子 (extention)，リクエストパラメータ (parameters) をそれぞれ指定することにより，国土数値情報の取得が可能である．国土数値情報のリクエストの際は通常，コントローラ (controller) に api を指定する．コントローラ

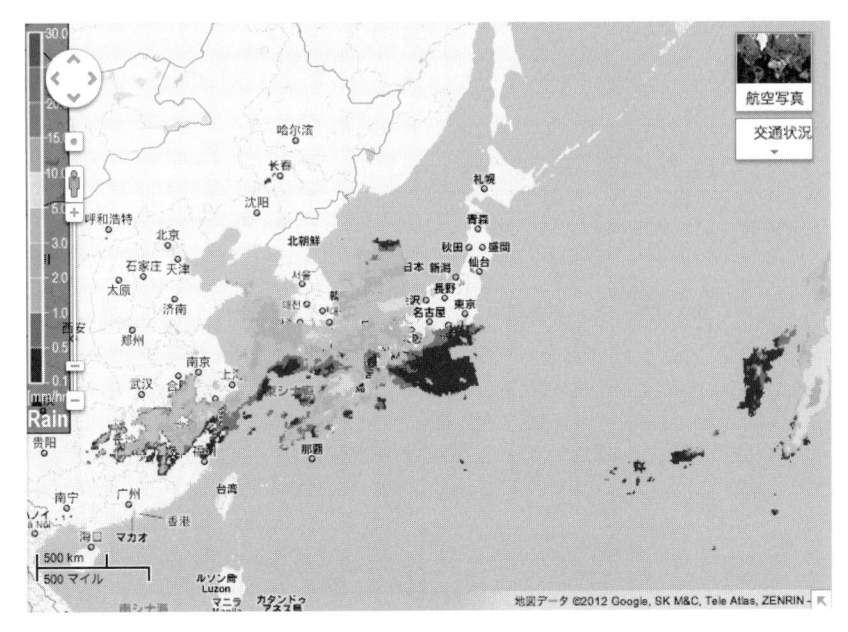

図 6.5　宇宙航空研究開発機構 地球観測研究センター 提供：「世界の雨分布速報」

(controller) に info を指定することで，HTML の table タグによる出力データ詳細の整形表示が可能である．アクション (action) には国土数値情報の種類，拡張子 (extention) には出力データのファイル形式に対応した拡張子，リクエストパラメータ (parameters) には位置・地理情報の検索範囲や描画プロパティをそれぞれ指定する（表 6.1〜6.3）．DiNaLI Mapping API のレスポンスは，status 要素，results 要素，meta 要素の 3 つで構成される．status 要素は応答ステータスを示す．results 要素には，リクエストが正常に処理され，出力データが 1 件以上存在する場合，リクエストに応じた出力データを代入する．それ以外の場合，レスポンスの状態を示すメッセージを代入する．meta 要素には，API の著作に関する情報を代入する．

ここでは，例として東京駅を中心に半径 10 km 圏内にある道路情報を取得する．API の URL は下記のようになる．

```
http://yard.cis.ibaraki.ac.jp/dinalimapping/api/
road.kml?geocode=35.681382,139.766084,10.0
```

コントローラには api，アクションには road，ファイル形式に kml を指定する．パラメータの geocode には検索対象点の緯度経度（東京駅：35.681382,139.766084）および検索領域半径

表 6.1 アクションの設定値（取得可能な国土数値情報）

アクション	名称	形状
road	道路	線
busstop	バス停留所	点
gs	燃料給油所	点
medic	医療機関	点
mpo	市町村役場などおよび公的集会施設	点

表 6.2 出力データのファイル形式

MIME タイプ	ファイル形式	一般的な拡張子
application/json	JSON	json
text/javascript	JSONP	jsonp
application/xml	XML	xml
application/vnd.google-earth.kml+xml	KML	kml
application/vnd.google-earth.kmz	KMZ	kmz

表 6.3 リクエストパラメータへの設定値

パラメータ名	詳細	値
geocode	検索対象と範囲 (km)	(lat, lng) または (lat, lng, range)
bounds	検索対象領域	(lat1, lng1 | lat2, lng2)
pcode	都道府県コード	数字 2 桁
mcode	市町村コード	数字 5 桁
page	取得ページ番号	整数
count	最大取得数	整数
width	線の太さ	整数
color	線の色	(α BGR)
scale	アイコンの大きさ	少数
callback	コールバック関数名	文字列

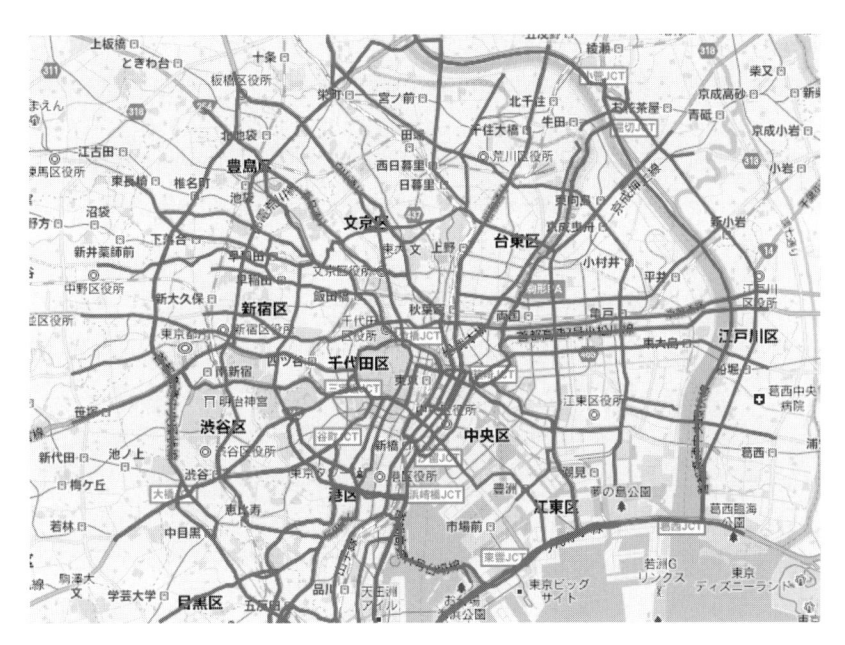

図 6.6　DiNaLI Mapping API で取得した道路情報と Google Maps のマッシュアップ結果

(10.0 km) を指定する．この URI を Google Maps の検索パラメータに指定することで得られる地図を図 6.6 に示す．

6.2.4　マッシュアップを活用することの効果

　Web API を利用することにより，個人では入手困難な機能やデータの入手が容易になり，新たな Web システム構築のための時間と手間の短縮が可能である．

　一般の利用者にとって，さまざまな Web API を利用したマッシュアップを活用することにより，新たなシステムの開発が容易になった．これまで，単に Web 上のさまざまなシステムを利用するのみであった利用者が，サービスの提供者になる機会に恵まれている．

　一方，Web API を提供することの利点は，より多くのサービス利用者の注目を集められることである．たとえば，Twitter ウィジェットを多くのブログに掲載してもらうことにより，Twitter の認知度が高まる．加えて，Web API を提供すれば，提供する Web サービスを多くの利用者に利用してもらうことができる．これにより，情報の共有が行われ，より多くの情報収集が可能になる．

　Web API の持つ課題として，リクエスト／レスポンスのインタフェースが Web API ごとに独自に定められている点が挙げられる．たとえば，地理情報が取得可能な Web API はあるが，その API から取得した情報を地図に反映しようとするとき，その地理情報を解析し，地図に反映する処理の記述が必要となる．これは，開発の煩雑さにつながり，開発者の負担も大きい．加えて，API の出力データは，XML, KML, JSON などフォーマットが統一されていないため，Web API の出力データのフォーマットを前もって知る必要がある．

　近年の Web システムでは，利用者間のコミュニケーションがより活発にリアルタイムに交

わされるようになった．そこには，新しいコミュニティや文化が誕生している．Webが社会基盤となった現在，Web APIやサービスの提供に関するガイドラインの策定も求められている．

6.3 セッション管理

6.3.1 セッションとは

　セッションとは，あるWebシステム上でユーザが行う一連の操作のことである．たとえばショッピングサイトでは，ユーザはログインしてから商品を選び，支払い方法や届け先を入力・選択し，最後に注文内容を確認する．そして購入が終了したら最後にログアウトする．この場合，ログインからログアウトまでがセッションである [10]．

　HTTPは，Webブラウザからのリクエストに対してWebサーバがレスポンスを返すという単純なやり取りを繰り返す，極めてシンプルなプロトコルである．HTTPでは，やり取りの記録（たとえば，ログインしているのは誰か，どの商品を選択したのか，どの支払い方法を選択したかなど．これらの記録を状態と呼ぶ）を保持しない．このようなプロトコルをステートレスなプロトコルと呼ぶ．HTTPはステートレスなプロトコルであるため，Webシステムにはセッションを管理するための方法が必要である．現在，この方法の実現にはCookieを使うことが一般的である．

　Cookieは，Webブラウザに保持される少量のデータであり，また，その少量のデータをWebサーバとWebブラウザとの間でやり取りする仕組みでもある．本書ではCookieを用いたセッション管理を解説する．

6.3.2 ステートレスなプロトコル

　HTTPは「WebブラウザからWebサーバへリクエストを送信し，WebサーバがWebブラウザにレスポンスを返す」という単純なやり取りを繰り返す（第2章を参照）．Webサーバは基本的にそれぞれのやり取りを独立したものとして扱うため，WebサーバはどのWebブラウザとどのようなやり取りをしたのかを記憶しない．つまりWebサーバは，あるWebブラウザと2回続けてやり取りをしたとき，1回目にやり取りされた内容と，その結果としてどのような状態になったのかを覚えていない．2回目のやり取りは1回目のやり取りと全く別のものとなるため，HTTPはステートレスなプロトコルといわれる．一方，FTPのように通信相手の状態を記憶してやり取りを繰り返すプロトコルはステートフルなプロトコルと呼ばれる [11]．

　HTTPがステートレスであるということは，WebサーバとWebブラウザの双方は互いの状態を記憶して整合性を気にする必要がないため，Webの仕組みを非常に単純なものにする．Webが考案された当初は，世界中のさまざまな大学や研究機関の研究者どうしで情報を共有することが目的であった．つまり，Webサーバは要求されたHTML文書を返すことができれば十分であった．そのため，ステートレスなプロトコルとしてHTTPが設計されたのは合理的である．

6.3.3 セッションの管理

(1) セッション管理の必要性

ショッピングサイトや航空券の予約サイトでは，どのユーザのWebブラウザとやり取りしているのかを，つまり，どのユーザのWebブラウザがWebサイトにアクセスし，Webサーバとリクエストとレスポンスをやり取りしているのかを管理する必要がある．つまり，HTTPがステートレスなプロトコルでは都合が悪い．

Webブラウザが Web サーバに対してある操作を行ってから別の操作を行うまでの期間，典型例としてログインしてからログアウトするまでを，1つのセッションとしてWebブラウザごとに管理する必要がある．ステートレスなHTTPではセッションを管理することができないため，HTTPの仕様を拡張するための仕組みとしてCookieが利用されることが多い．

(2) Cookie

Cookieは，WebブラウザがWebサーバから指定された値を記憶するための変数の一種，つまり，Webブラウザに保持される少量のデータである．また，その少量のデータをWebサーバとWebブラウザとの間でやり取りする仕組みでもある．

Cookieの仕組みは次のとおりである（図6.7）．

(1) WebブラウザはWebサーバにリクエストメッセージを送信する
(2) Webサーバはレスポンスメッセージのヘッダにウェブラウザごとに異なる値をCookieとして与える
(3) Webブラウザは受け取ったCookieを保存する
(4) Webブラウザは (1) と同じWebサーバにリクエストメッセージを送信する．このとき，メッセージヘッダを利用してCookieも一緒に送信する
(5) Webサーバは受け取ったCookieでWebブラウザを識別する

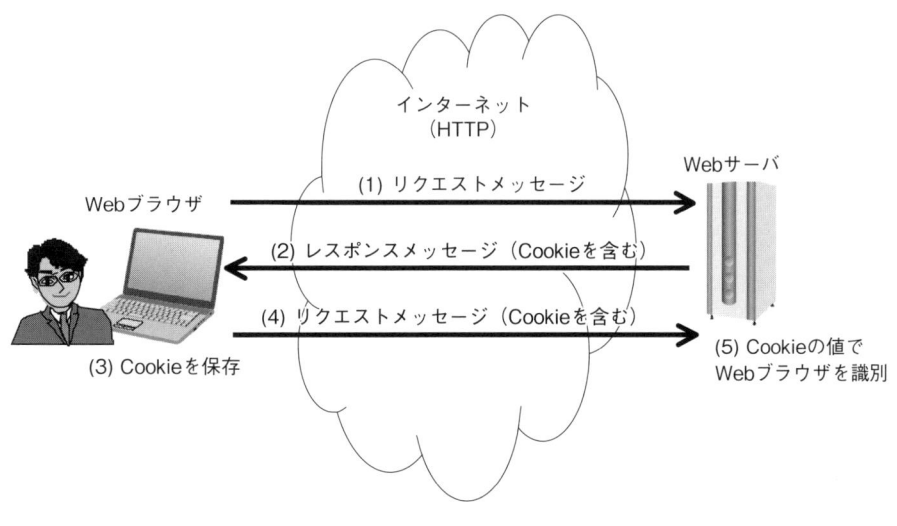

図 **6.7** Cookie の仕組み

Cookie には，Web ブラウザが実行している間だけ記憶しているものと，Web ブラウザを終了しても記憶したままになるものがある．携帯電話の Web ブラウザなど Cookie を備えていないものもあるため，リクエストパラメータやフォームを利用するなど，Cookie 以外のセッション管理方法も必要に応じて利用すべきである．ただし，セッションが乗っ取られることもあるため，セッションを利用する場合，セキュリティを十分に検討しておく必要がある（6.4 節を参照）．

(3) PHP によるセッション管理

サーバサイドの動的処理技術の多くはセッションを管理する機能を備えている．PHP の場合，関数 session_start を呼び出してセッションを開始すると，Web ブラウザごとにセッション ID が生成される．セッションを利用した PHP プログラムの例をリスト 6.2 に示す．図 6.8 と図 6.9 はリスト 6.2 の PHP プログラムにアクセスした結果である．

Web ブラウザを起動してリスト 6.2 の PHP プログラムにアクセスすると，セッションが開始される．はじめてアクセスしたときは「このページへのアクセスは，はじめてです．」と表示され（図 6.8），それ以降にページをリロードしたり，別のページにアクセスした後で再度このページにアクセスしたりするとカウンタ（$_SESSION['counter']）の値が更新され，その値が Web ブラウザに表示される（図 6.9）．この手法で生成される Cookie は Web ブラウザが実行している間だけ記憶しているものである．Web ブラウザを一度終了してから再度起動したり，別の Web ブラウザを起動したりしてリスト 6.2 の PHP プログラムにアクセスすると，それらの Web ブラウザに対して新しくセッションが開始される．つまりカウンタの値が 1 から開始される．

リスト **6.2** セッションを利用した PHP プログラム

```
<!DOCTYPE HTML PUBLIC "-//W3C//DTD HTML 4.01//EN"
"http://www.w3.org/TR/html4/strict.dtd">
<html>
<head>
<meta http-equiv="Content-Type" content="text/html;charset=utf-8"/>
<title>セッションの管理（PHP）</title>
</head>
<body>
<h1>セッションを利用したカウンタ</h1>
<p>
<?php
  // セッションの開始
  session_start();

  // 出力
  echo "このページへのアクセスは，";

  // セッションでカウンタが記憶されているかどうか
  if (isset($_SESSION['counter'])) {
    echo $_SESSION['counter'] . "回目です．";
  } else {
```

```
      $_SESSION['counter']=1;
      echo "はじめてです．";
   }

   // カウンタの更新
   $_SESSION['counter']++;

?>

</p>
</body>
</html>
```

図 6.8　リスト 6.2 の PHP プログラムへの最初のアクセスの結果

　リスト 6.2 の PHP プログラムに基づいて，PHP でセッションを管理する仕組みを図 6.10 に示す．

　ユーザが Web ブラウザを起動し，(1) リスト 6.2 のプログラムにアクセスすると，(2) そのプログラムは関数 session_start を実行することでセッションを開始し (session_start())，スーパーグローバル変数$_SESSION に Web ブラウザがアクセスした回数（カウンタ）を格納する ($_SESSION['counter']=1)．このように PHP では，セッションで記憶したいデータがあれば，セッション開始後にスーパーグローバル変数に「$_SESSION[' キー']= データ」として格納する．PHP ではセッションごとにセッション ID（図 6.10 の例では abc1234）を割り当て，セッション ID ごとにスーパーグローバル変数を格納するためのメモリ領域を Web サーバ上に確保する．そのため，別の Web ブラウザを起動してリスト 6.2 の PHP プログラムにアクセスしたときは，それまでに割り当てられているセッション ID とは異なる ID が割り当てられる．

　スーパーグローバル変数にカウンタを格納した後にリスト 6.2 の PHP プログラムは「アクセスがはじめてである」ことを示す HTML 文書を出力し，この HTML 文書は Web サーバソ

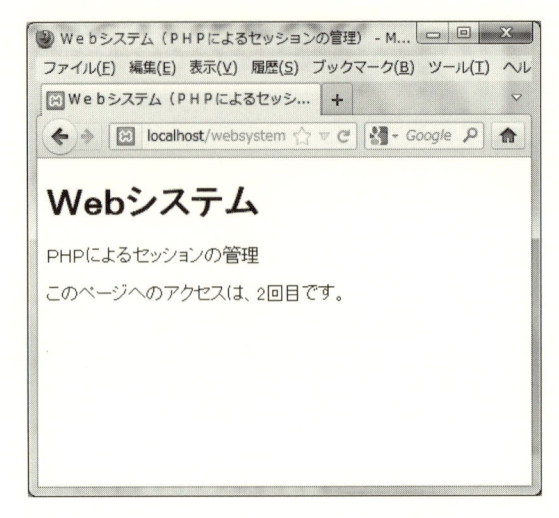

図 **6.9** リスト 6.2 の PHP プログラムへ 2 回目のアクセスの結果

図 **6.10** PHP でセッションを管理する仕組み

フトウェアを経由して Web ブラウザに表示される．このとき，(3) Cookie の仕組みを利用してセッション ID が Web ブラウザに送信され，(4) Web ブラウザは受け取った Cookie（セッション ID）を記憶する．

ユーザが Web ブラウザのリロードボタンをクリックするなどして再びリスト 6.2 のプログラムにアクセスすると，(5) Web ブラウザは Cookie の仕組みで記憶したセッション ID をリクエストメッセージに含めて送信する．リクエストを受け取った PHP プログラムは，(6) 関数 session_start を実行するが 2 回目のアクセス以降に呼び出される場合は，送信されたセッション ID に基づいて現在のセッションを復帰する．そして，すでにカウンタはスーパーグローバル変数に記憶されている（if 文の条件「isset($_SESSION['counter'])」が True となる）ため，そのカウンタを更新し ($_SESSION['counter']++)，その結果として更新されたカウンタを示

す HTML 文書を出力し，(7) Web サーバソフトウェア経由で Web ブラウザに送信する．

　図 6.10 のように，セッションで記憶したいデータ（リスト 6.2 の場合だとカウンタ）そのもの，つまりスーパーグローバル変数 $_SESSION の値が Web ブラウザに Cookie として記憶されるのではなく，セッション ID のみが記憶される．そして，それ以降に Web ブラウザが Web サーバにリクエストを送信するときは，セッション ID が HTTP のリクエストメッセージのヘッダに格納されて送信される．Web ブラウザを起動してリスト 6.2 の PHP プログラムにはじめてアクセスしたときのリクエストメッセージとそれに対する Web サーバからのレスポンスメッセージ，および 2 回目にアクセスしたときのリクエストメッセージとそれに対するレスポンスメッセージのヘッダ部分のみを，それぞれリスト 6.3 からリスト 6.6 に示す．リスト中の網掛け部分が Cookie である．リスト 6.3 のリクエストメッセージのヘッダははじめてリスト 6.2 の PHP プログラムにアクセスしたときのものであるため，Cookie は含まれていない．リスト 6.4 のレスポンスメッセージを受け取ると，Web ブラウザはヘッダ部分に含まれる Cookie を記憶する．そして，2 回目のリクエストメッセージのヘッダ（リスト 6.5）には Cookie が含まれる．リスト 6.6 のメッセージヘッダは 2 回目のアクセス時のレスポンスのものであり，Cookie は含まれていない．しかし，すでに Web ブラウザには Cookie が記憶されているため，3 回目のアクセス時も Cookie がリクエストメッセージのヘッダに含まれる．

　　　リスト **6.3**　　リスト 6.2 の PHP プログラムへの最初のアクセス時のリクエストメッセージのヘッダ

```
GET /websystem/chap06/session01.php HTTP/1.1
Host: localhost
User-Agent: Mozilla/5.0 (Windows NT 6.1; WOW64; rv:10.0.1)
Gecko/20100101 Firefox/10.0.1
Accept: text/html,application/xhtml+xml,application/xml;q=0.9,*/*;q=0.8
Accept-Language: ja,en-us;q=0.7,en;q=0.3
Accept-Encoding: gzip, deflate
Connection: keep-alive
```

　　　リスト **6.4**　　リスト 6.2 の PHP プログラムへの最初のアクセス時のレスポンスメッセージのヘッダ

```
HTTP/1.1 200 OK
Date: Fri, 17 Feb 2012 08:56:46 GMT
Server: Apache/2.2.17 (Win32) mod_ssl/2.2.17 OpenSSL/0.9.8o
PHP/5.3.4 mod_perl/2.0.4 Perl/v5.10.1
X-Powered-By: PHP/5.3.5
Set-Cookie:  PHPSESSID=n4jc5uqpgfs4sdam54jbu6ju27; path=/
Expires: Thu, 19 Nov 1981 08:52:00 GMT
Cache-Control: no-store, no-cache, must-revalidate, post-check=0, pre-check=0
Pragma: no-cache
Content-Length: 441
Keep-Alive: timeout=5, max=100
Connection: Keep-Alive
Content-Type: text/html
```

リスト 6.5　リスト 6.2 の PHP プログラムへの 2 回目のアクセス時のリクエストメッセージのヘッダ

```
GET /websystem/chap06/session01.php HTTP/1.1
Host: localhost
User-Agent: Mozilla/5.0 (Windows NT 6.1; WOW64; rv:10.0.1)
Gecko/20100101 Firefox/10.0.1
Accept: text/html,application/xhtml+xml,application/xml;q=0.9,*/*;q=0.8
Accept-Language: ja,en-us;q=0.7,en;q=0.3
Accept-Encoding: gzip, deflate
Connection: keep-alive
Cookie:  PHPSESSID=n4jc5uqpgfs4sdam54jbu6ju27
```

リスト 6.6　リスト 6.2 の PHP プログラムへの 2 回目のアクセス時のレスポンスメッセージのヘッダ

```
HTTP/1.1 200 OK
Date: Fri, 17 Feb 2012 08:59:45 GMT
Server: Apache/2.2.17 (Win32) mod_ssl/2.2.17 OpenSSL/0.9.8o
PHP/5.3.4 mod_perl/2.0.4 Perl/v5.10.1
X-Powered-By: PHP/5.3.5
Expires: Thu, 19 Nov 1981 08:52:00 GMT
Cache-Control: no-store, no-cache, must-revalidate, post-check=0, pre-check=0
Pragma: no-cache
Content-Length: 436
Keep-Alive: timeout=5, max=100
Connection: Keep-Alive
Content-Type: text/html
```

6.3.4　ログイン処理

　Web システムを利用するために，ユーザの身元を確認するための処理がログインである．ログイン処理はセキュリティ対策の 1 つの手段として重要である．今日のほとんどの Web システムでは，ユーザがシステムにログインすることにより，Web システムの機能を利用することが可能となる．

　一般的なログインの方法はログイン画面のフォームにユーザ名（ユーザ ID）とパスワードを入力することである．ログインに成功する（ユーザの身元が確認される）とそのユーザのセッションが Web システム上で作成され，Web システムはユーザがログインしている間，このセッションを保持し，ユーザに提供する機能をコントロールする．

　リスト 6.7 からリスト 6.11 にログイン処理に関連する一連の PHP プログラムを示す．また，Web ブラウザを起動し，ログイン画面を表示する PHP プログラム（リスト 6.7）にアクセスし，ユーザ名とパスワードを入力してログインした結果を図 6.11 に示す．図 6.11 ではログインに成功したときと失敗したときのそれぞれを示している．ログインに成功し，学生データベースの検索が終了し，ユーザがログアウトという文字列をクリックすると，Web システムからログアウトしログイン画面に戻る．

リスト **6.7**　ログイン画面を表示する PHP プログラム (login_form.php)

```php
<?php
  // セッションの開始
  session_start();

  // スーパーグローバル変数にセッション ID を格納
  $sess_id=session_id();
  $_SESSION['sessid'] = $sess_id;

?>
<!DOCTYPE HTML PUBLIC "-//W3C//DTD HTML 4.01//EN"
"http://www.w3.org/TR/html4/strict.dtd">
<html>
<head>
<meta http-equiv="Content-Type" content="text/html;charset=utf-8"/>
<title>Web システム（ログイン画面）</title>
</head>
<body>
<h1>ログイン画面</h1>
<p>ユーザ名とパスワードを入力し，ログインしてください．</p>
<form action="login.php" method="POST">
<p>
<input type="hidden" name="sessid" value="
<?php
  echo $sess_id;
?>
"/>
ユーザ名：<input type="text" name="uname" value=""><br/>
パスワード：<input type="password" name="passwd" value="">
</p>
<input type="submit" value="ログイン"/>
</form>

</body>
</html>
```

リスト **6.8**　ログイン処理を実行する PHP プログラム (login.php)

```php
<?php
  // セッションの開始
  session_start();

  // ログイン操作
  if ($_SERVER['REQUEST_METHOD'] == "POST"){
    // 入力フォームの内容を取得する
    $uname=@trim($_POST['uname']);
    $passwd=@trim($_POST['passwd']);
    $sessid=@trim($_POST['sessid']);

    // セッション ID の確認
    if (!empty($sessid) && $sessid==$_SESSION['sessid']) {
      // ユーザ名とパスワードの確認
      if ($uname=="hattori" && $passwd=="akira") {
```

```php
        // 新しいセッションに切り替える
        session_regenerate_id();

        // スーパーグローバル変数にログイン状態（ユーザ名）を格納
        $_SESSION['uname']=$uname;

        // ログイン成功後の Web ページへ遷移
        header("Location: http://{$_SERVER['SERVER_NAME']}/websystem/chap06/database_form.php");
        exit();
      }
    }
  }

  // スーパーグローバル変数からログイン状態などを削除
  $_SESSION['sessid'] = FALSE;
  $_SESSION['uname'] = FALSE;

  // 新しいセッションに切り替える
  session_regenerate_id();

  // ログイン失敗の Web ページへ移動
  header("Location: http://{$_SERVER['SERVER_NAME']}/websystem/chap06/login_error.php");

?>
```

リスト 6.9　学生テーブルを検索する PHP プログラム (database_form.php)

```
<!DOCTYPE HTML PUBLIC "-//W3C//DTD HTML 4.01//EN"
"http://www.w3.org/TR/html4/strict.dtd">
<html>
<head>
<meta http-equiv="Content-Type" content="text/html;charset=utf-8"/>
<title>Web システム（ログイン成功後の Web ページ）</title>
</head>
<body>
<h1>ログイン成功</h1>
<p>データベースを検索できます．</p>
<?php
  // セッションの開始
  session_start();

  // ログイン状態の確認
  if (!isset($_SESSION['uname'])) {
    // 新しいセッションに切り替える
    session_regenerate_id();

    // ログインしていない（不正アクセス）のためログイン画面へ移動
    header("Location: http://{$_SERVER['SERVER_NAME']}/websystem/chap06/login_form.php");
    exit();
  }
```

```php
    // MySQL に接続する
    $db=mysql_connect('localhost', 'root', '');
    if (!$db) {
      exit ('MySQL に接続できません．');
    }

    // 使用するデータベースを選択する
    $rc=mysql_select_db('support_db');
    if (!$rc) {
      exit ('データベースを選択できません．');
    }

    // フォームに入力されているかどうか
    $snum="";
    if (isset($_GET['snum'])) {
      // 入力フォームの内容を取得する
      $snum=@trim($_GET['snum']);

      // select コマンドを実行する
      $query="select * from gakusei_t where snumber=$snum";
      $result=mysql_query($query);
      if (!$result) {
        exit ('コマンドを実行できません．');
      }
    }
?>

<form action="" method="GET">
<p>学籍番号：<input type="text" name="snum" value="

<?php
  echo $snum;
?>

"/> <input type="submit" value="送信する"/>
</form>

<p>

<?php
  if (isset($snum)!="" && is_numeric($snum) && mysql_num_rows($result)==1) {
    $row=mysql_fetch_array($result);
    echo "<table border=\"1\">\n";
    echo "<tr>\n";
    echo "<th>学籍番号</th>\n";
    echo "<th>氏名</th>\n";
    echo "<th>出身</th>\n";
    echo "<th>クラス</th>\n";
    echo "</tr>\n";
    echo "<tr>\n";
    echo "<td align=\"right\">" . $row['snumber'] . "</td>\n";
    echo "<td>" . $row['sname'] . "</td>\n";
    echo "<td>" . $row['syusshin'] . "</td>\n";
```

```
            echo "<td align=\"right\">" . $row['class'] . "</td>\n";
            echo "</tr>\n";
            echo "</table>\n";
        }
    ?>

</p>

<p><a href="logout.php">[ログアウト]</a></p>

</body>
</html>
```

リスト **6.10**　ログアウト処理を実行する PHP プログラム (logout.php)

```
<?php
    // セッションの開始
    session_start();

    // スーパーグローバル変数からログイン状態などを削除
    $_SESSION['sessid'] = FALSE;
    $_SESSION['uname'] = FALSE;

    // 新しいセッションに切り替える
    session_regenerate_id();

    // ログイン画面に移動
    header("Location: http://{$_SERVER['SERVER_NAME']}/websystem/chap06/login_form.php");
    exit();
?>
```

リスト **6.11**　ログイン失敗時の PHP プログラム (login_error.php)

```
<!DOCTYPE HTML PUBLIC "-//W3C//DTD HTML 4.01//EN"
"http://www.w3.org/TR/html4/strict.dtd">
<html>
<head>
<meta http-equiv="Content-Type" content="text/html;charset=utf-8"/>
<title>Web システム（ログイン失敗）</title>
</head>
<body>
<h1>ログイン失敗</h1>
<p>ログインが失敗しました．</p>
<p><a href="login_form.php">ログイン画面へ戻る．</a></p>
</body>
</html>
```

　ユーザがログイン画面にアクセスし，ログインしてからログアウトするまでの処理の流れを図 6.12 に示す．

　ユーザが Web ブラウザを起動してログイン画面を表示する PHP プログラム（リスト 6.7）にアクセスするとセッションが開始される．そしてリスト 6.7 の PHP プログラムはセッショ

ン ID を取得して（\$sess_id=session_id()）スーパーグローバル変数\$_SESSION に格納する（\$_SESSION['sessid'] = \$sess_id）．また，ログイン画面のフォームの隠しフィールド（<input>タグの type 属性の値が"hidden"のフォーム部品）の value 属性にセッション ID を設定する．さらにこのとき，Web ブラウザには Cookie の仕組みによりセッション ID が記憶される．

　ログイン画面で，ユーザがユーザ名とパスワードを入力しログインボタンをクリックすると（図 6.12 の (1)），入力されたユーザ名とパスワードがログイン処理を実行する PHP プログラ

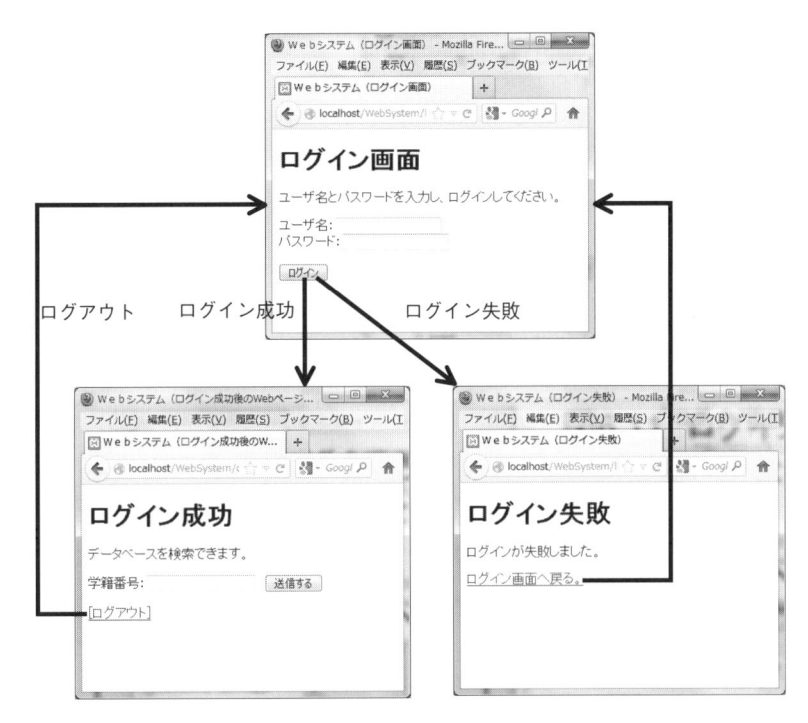

図 6.11　ログインの実行結果（成功と失敗）

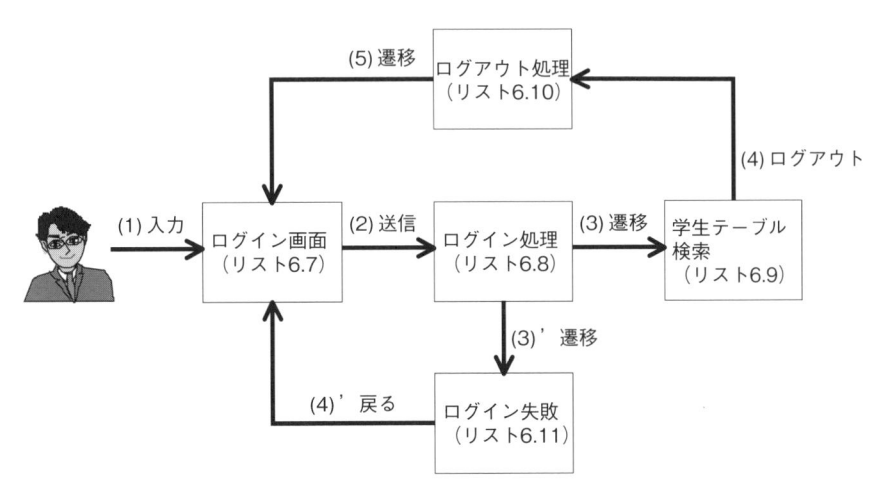

図 6.12　ログインからログアウトまでの処理の流れ

ム（リスト 6.8）に送信される（図 6.12 の (2)）．このときフォームの隠しフィールドに設定されたセッション ID も送信され，また Cookie（セッション ID）もリクエストメッセージのヘッダを利用して送信される．ログイン処理の PHP プログラムは，フォームにより送信されたセッション ID とスーパーグローバル変数に格納されたセッション ID が等しいかどうかを判定し，両者が等しければユーザ名とパスワードが正しいかどうかを判定する．そして，ユーザ名とパスワードが正しいと判定されれば，新しいセッションに切り替え (session_regenerate_id())，スーパーグローバル変数にログイン状態（ユーザ名）を格納し ($_SESSION['uname']=$uname)，ログイン成功後のページの学生テーブルの検索へ遷移する（図 6.12 の (3)）．PHP では関数 header に遷移先の URI を与えるとページ遷移を実行することができる．

フォームにより送信されたセッション ID とスーパーグローバル変数に格納されたセッション ID が等しくない場合や，ユーザ名とパスワードが正しくない場合はログイン失敗のページ（リスト 6.11 の PHP プログラム）に遷移する（図 6.12 の (3)'）．そして，そのページからログイン画面に戻る（図 6.12 の (4)'）．

学生テーブルの検索を実行している間，スーパーグローバル変数にログイン状態が格納されているため，ユーザは学生テーブルの検索が可能である．学生テーブルの検索が終了しログアウトという文字列をクリックすると，ログアウト処理を実行する PHP プログラム（リスト 6.10）に移動する（図 6.12 の (4)）．ログアウト処理ではスーパーグローバル変数に格納したユーザ名などを削除し，新しいセッションに切り替え，ログイン画面に遷移する（図 6.12 の (5)）．

6.4 Web システムのセキュリティ

6.4.1 Web システムのセキュリティとは

最近，Web システムで稼働しているアプリケーションに存在するセキュリティ上の欠陥（脆弱性）が注目を浴びており，そこに付け込まれる事件が多発している．これらの脆弱性を突いて不正アクセスが行われると，ページの書き換えやデータの改ざん，機密データの漏えいやシステムの破壊といった脅威に Web システムがさらされることとなる．最近では営利目的の犯行も目立ち，悪質化が一層進む傾向にある．独立行政法人情報処理推進機構 (IPA) が 2004 年 7 月に Web サイトの脆弱性関連情報の届出受付を開始してから約 8 年で，届出件数は 7,752 件となった．その中で Web アプリケーションに関する届出が 82 ％を占めており，Web アプリケーションの脆弱性が一際目立っている．なお，2012 年第 2 四半期では，87 ％がクロスサイト・スクリプティングによる脆弱性であり，セッション管理の不備やディレクトリ・トラバーサルなどが続いている [14]．

従来安全と考えられていた Web システムのセキュリティ対策としては，ファイアウォールや IDS（Intrusion Detection System；不正侵入検知システム）を導入する，OS および Web サーバなどのミドルウェアに対する設定をきちんとしたうえで公表されたセキュリティパッチをなるべく早く適用する，さらにはコンピュータウィルス対策ソフトを常駐させパターンファイルを最新のものに更新するというものであり，一般的に広く使われている Web システムであればこ

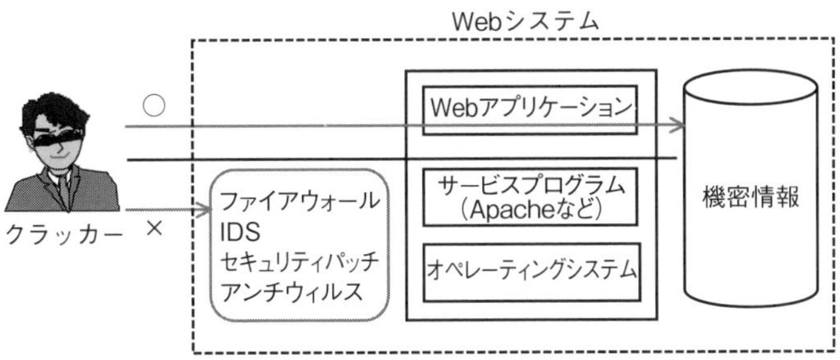

図 6.13 Web システムへの攻撃

うした対応を共通して実施すればよかった．

しかし，Web システムのほとんどが独自に開発されたものであるため，一般的なパターンを検知するだけでは攻撃を防げないのが現状である（図 6.13）．したがって，この種の攻撃から Web システムを守るには，それぞれの Web システムに対してアプリケーションレベルで個別にセキュリティ対策を実施する必要がある．すでに運用を開始している Web システムにセキュリティ上の問題が発覚した場合，設計レベルから修正することは困難であるために場あたり的な対策となる場合が少なくないため，可能な限り Web システムを開発する段階でセキュリティ上の欠陥が生じないよう Web アプリケーションを設計することが望まれる．

Web アプリケーションの脆弱性のほとんどは，開発時のささいなミスから生じる．たとえば，ユーザにより Web ブラウザから送信されるデータは，基本的にユーザが自由に入力可能なため，Web サーバ側が受け取る情報はすべて疑って処理を行う必要があるが，入力情報をチェックし不適切な文字を無効化せずに処理させた場合などに，意図しない動作が行われてしまう．

以後，Web アプリケーションの脆弱性をつく代表的な攻撃手法として，クロスサイトスクリプティグ，SQL インジェクション，OS コマンド・インジェクション，ディレクトリ・トラバーサル，セッション・ハイジャック／リプレイを取り上げ，それぞれの脆弱性の特徴および発生しうる脅威や対策方法を説明する．

6.4.2 クロスサイト・スクリプティング

クロスサイト・スクリプティング (XSS：Cross Site Scripting) とは，Web アプリケーションに悪意のあるスクリプト（JavaScript など）を埋め込み実行させることを可能とする脆弱性を利用した攻撃手法をいう．ユーザからすれば単に信頼しているサイトにアクセスしているつもりなのだが，実際にはクラッカー（悪意を持ってコンピュータに侵入し，データの盗聴・流出や改ざん，プログラムの破壊などを行う者）により別のサイトから密かに埋め込まれた不正なスクリプトを含む Web ページがユーザに気づかれないまま送り込まれ，ユーザの Web ブラウザ上でそのスクリプトをそのまま実行してしまう．クロスサイトと呼ばれる所以は，クラッカーが仕掛けた Web サーバとクロスサイト・スクリプティングの脆弱性がある Web サーバ間をまたがった攻撃が仕掛けられることにある．具体的に例を示す（図 6.14）．

① クラッカーはまず，クラッカーが罠ページを保存した Web サーバ A から，標的とする脆

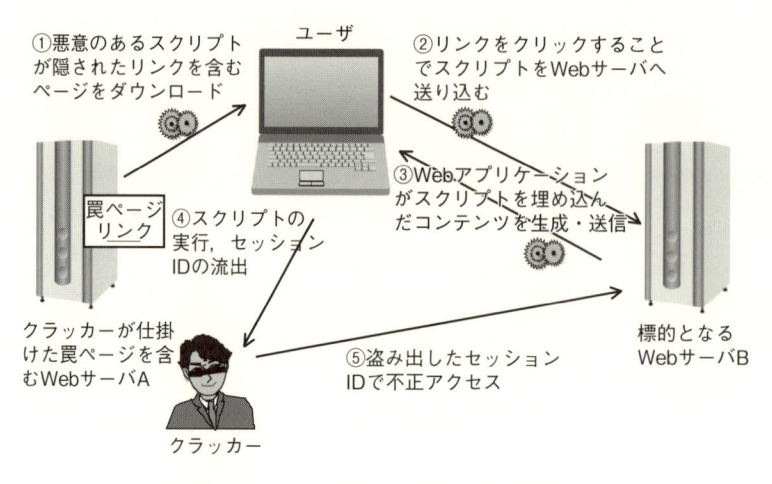

図 6.14 クロスサイト・スクリプティング

弱性を持つ Web サーバ B への訪問を促すための興味をひくメッセージとともに，悪意あるスクリプトを潜ませたリンクを含む Web ページ（罠ページ）をダウンロードさせる．
② 罠ページと気づかないユーザがこのリンクをクリックすることにより，クラッカーが狙った Web サーバ B へスクリプトが送り込まれる．
例：http://www.xss.com/xss.cgi?param=<script>alert("XSS")</script>
③ Web サーバ B は受け取ったパラメータをそのまま受け付け，ユーザからのリクエストに応じて Web アプリケーションがコンテンツを生成し Web ブラウザに返信する．このとき，ユーザからのリクエストとして含まれていたパラメータ，すなわちスクリプトをそのままコンテンツに埋め込んで Web ブラウザに返信してしまう．
④ 返信を受け取った Web ブラウザでは，スクリプトまで含めて Web サーバ B から送られてきたデータと解釈して実行してしまう．その結果，クラッカーは Web サーバ B に関するセッション ID を含む Cookie を取得することができる．
⑤ クラッカーは盗み出したセッション ID を使うことにより正規ユーザになりすまして Web サーバ B へアクセスし不正行為を行う．

　クロスサイト・スクリプティングでは，クラッカーは直接ユーザにスクリプトを送り込まずに，わざわざ Web サーバを経由させてスクリプトを送り込むわけだが，このように遠回りな手口を使うのは，クラッカーの意図が，自分が狙った Web サーバがエンドユーザに送り出す情報を盗んだり，Web ページを書き換えたりすることにあるからである．狙いをつけた Web サーバをいったん経由させてスクリプトを送り込めば，クラッカーはその Web サーバの Cookie にアクセスできるようになり，どのパソコンからでも正規ユーザになりすまして Web サーバに不正アクセスが可能となる．こうして，登録してある個人情報を盗んだり，正規ユーザになりすまして勝手に買い物したりすることができてしまう．さらに，狙いをつけた Web サイトにクラッカーの意図した Web ページを表示することによる偽情報の流布や，フィッシングサイトへの誘導など，ユーザの予期しない動作を引き起こす．

この脆弱性の厄介な点は，ユーザがドメイン名を確認しても信頼できるWebサイトに見えるため，疑いもなくリンクをクリックしてしまうことにある．URIに<script>の文字列が入っていたら危険を察知しクリックしなければよいようにみえるが，次のようにURLエンコードされると，単に長いURIに見えるだけなので，一見しての識別は困難である．

```
http://www.xss.com/xss.cgi?param=%3c%73%63%72%69%70%74%3ealert%28%27XSS%27%29
%3c%2f%73%63%72%69%70%74%3e
```

クロスサイト・スクリプティングはSSLを使っていても防げないため，問題を抜本的に解決するには，ターゲットとなるWebアプリケーション側の対策が必要となる．クロスサイト・スクリプティングの原因は，脆弱性を持ったWebアプリケーションがクラッカーによって書かれたスクリプトの中身を検査せずにユーザに送ってしまうことにある．したがって，ユーザからスクリプトが仕込まれたHTTPリクエストを受け取った場合には，そのまま転送してユーザのWebブラウザで意図しないHTMLタグやJavaScriptなどを表示・実行しないよう，処理を施してからユーザへ送信しなければならない．そのためにはサニタイジングという処理が必要になる．

サニタイジングとは，受け取ったパラメータの長さや構成要素をチェックしたり，テキストデータ上の「&」や「<」など特殊文字をチェック・検出したり，問題となる文字列を無害化，つまり不要な文字ならブロックしたり，表示に必要なら別の文字列に変換したりする処理のことである．一般的には，表6.4のような変換処理（エスケープ処理）が行われる．表6.4の変換は代表的な一例である．

加えて，ユーザIDやパスワードは極力Cookieには含めないようにし，セッションIDはセッションごとにランダムな値を生成することで推測できないようにする．

クロスサイト・スクリプティングの脆弱性を持つWebアプリケーション自体は直接的な被害を受けることがないため，Webシステムを運用している企業にとっては直接的な脅威とはならない．しかし，エンドユーザのWebブラウザに攻撃を転送する役割を担わされることになるため，Webサイトを公開する企業はサービスとして提供しているWebアプリケーションにクロスサイト・スクリプティングの脆弱性がないことをペネトレーションテスト（脆弱性評価試験，侵入テスト）により確認し，存在する場合は適切な対処をすることが必要である．クロスサイト・スクリプティングの脆弱性を放置した状態で，万一クラッカーに悪用されユーザに被害が出た場合は，損害賠償責任を問われる可能性があるため注意が必要である．

表 6.4 サニタイジングによる文字列の変換例

変換前	変換後
&	&amp;
"	&quot;
'	&#39;
>	&gt;
<	&lt;

6.4.3 SQL インジェクション

　検索処理や会員情報の閲覧など，多くの情報の中から一部を表示させる場合，多くはデータベースを利用しており，データベースとの通信には SQL と呼ばれる言語を使用している Web アプリケーションが多い．ユーザからの入力情報に基づいてデータベースへの命令文である SQL 文を組み立てるのであるが，SQL 文の組み立て方法に問題がある場合，意図しない SQL コマンドが注入（インジェクション）され実行される可能性がある．このような問題を SQL インジェクションの脆弱性と呼び，この問題を悪用した攻撃手法を，SQL インジェクションと呼ぶ．

　クラッカーが SQL インジェクションに成功すれば，Web アプリケーションの背後にあるデータベースに不正にアクセスし自由に操作することができる．そのために発生しうるリスクとしては，データベースに蓄積された非公開情報が閲覧されてしまうことによる情報漏えい，データベースに蓄積された情報の改ざんや消去，ユーザ ID やパスワードが漏えいすることによる不正アクセスの助長などがある．Web サイトによっては，動的に生成する Web ページの部品をデータベースに保存し，Web アプリケーションがユーザからの情報と合わせて Web ページを組み立てることがよくあるため，SQL インジェクションに成功してデータベースが改ざんされてしまえば，ユーザに表示される Web ページが改ざんされてしまう．さらに，クラッカーが Web ページの部品を改ざんしてウイルスへのリンクを貼り付ければ，ユーザにウイルスをばらまき，ユーザのパソコンをボット化したり個人情報を奪取することもできる．

　たとえば，ユーザ ID とパスワードの入力によりログイン処理をする際に，次のような SQL 文を利用しているとする．

```
$sql="select * from test_table where id='$id' and password='$password'";
```

○正常な入力データの場合

id :0001　　password :testpass

```
select * from test_table where id='0001' and password='testpass ';
```

　正常なアクセスでは，エンドユーザが入力したデータは，HTTP リクエストの中に「id=0001」「password=testpass」として付与される．Web アプリケーションは，このデータを Web サーバ経由で受け取り，データベースを操作するために SQL コマンドを実行する．

　この文はユーザにユーザ ID (id) とパスワード (password) を入力させ，それらが一致したレコードが取り出されることを想定しており，その意味は，test_table テーブルから (from test_table)，id が 0001 かつ password が testpass (where id='0001' and password='testpass') の全項目を表示せよ (select *) となる（詳細は 4.4 節を参照）．つまり，データベースに登録してある id と password が一致した場合に，該当するユーザの情報の全項目を表示するということになる（図 6.15）．

○不正な入力データの場合

id: 0001　　password: 'OR '1'='1

```
select * from test_table where id='0001' and password=' ' or '1'='1';
```

クラッカーにどんな場合でも必ず検索条件を満たすように password 値として「or '1'='1」が入力されると，「or '1'='1」は必ず成立するため条件句として指定されている「id」「password」が一致しなくても問い合わせが必ず成功し，test_table の持つすべてのユーザの全項目を返してしまう（図 6.16）．

しかも，SQL コマンドは「;」で区切ることで，異なる命令を続けて記述できる．つまり，SQL インジェクションにより，SQL コマンドを連ねて使えば，Web アプリケーションの背後にあるデータベースに対してどんな操作でも実行できてしまう．つまり，個人情報を搾取するのはもちろんのこと，データベースに格納されている内容を自由に消去・書き換えすることも可能となる．

Web システムの性質を問わず，データベースを利用する Web アプリケーションに存在しうる問題であるため，個人情報などの重要な情報をデータベースに格納している場合は特に注意が必要である．Web アプリケーションでデータベースの内容を更新しないようにしていても，その制限は SQL インジェクションに対しては働かない．

SQL インジェクションは，Web サーバのログを見ても正常なアクセスとの区別はほとんどつかないため検知が非常に難しく，被害発見が遅れることが多い．対策としては，Web ブラウザから送信されたパラメータをチェックし，SQL インジェクションのために送られてきた値（クォート（'），セミコロン（;）など）をブロック・変換するサニタイジングが有効である．なお，Web アプリケーションにサニタイジングさせなくても，データベース管理システムが備えるバインド・メカニズムという機能を使うことができる（Oracle，MySQL 5.0 以降など）．バインド・メカニズムは，SQL 文をあらかじめデータベース管理システム側に持たせておき，値

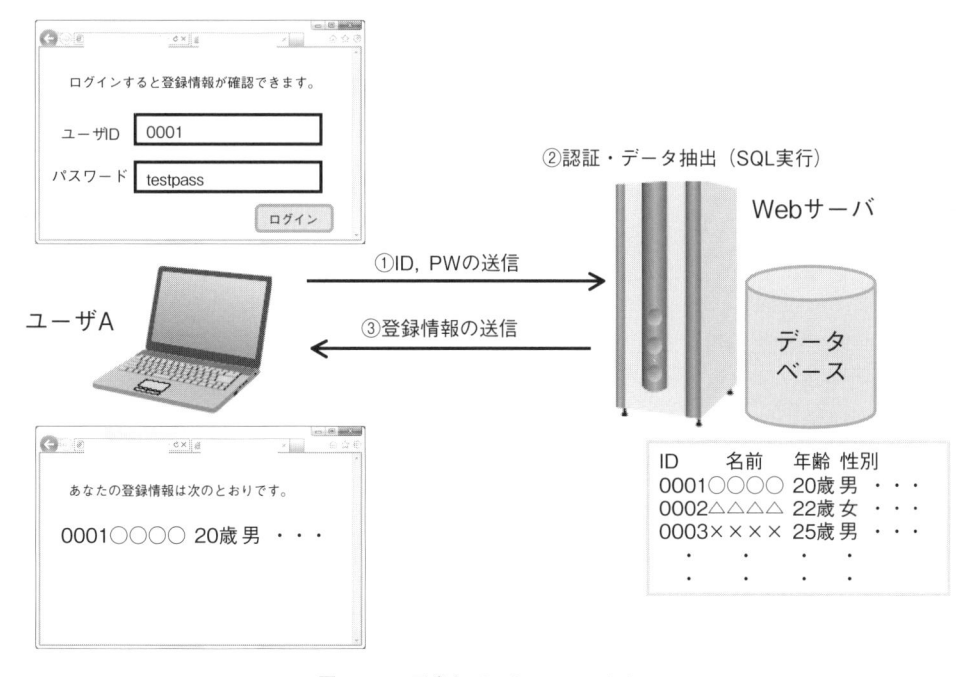

図 6.15 正常なデータベースアクセス

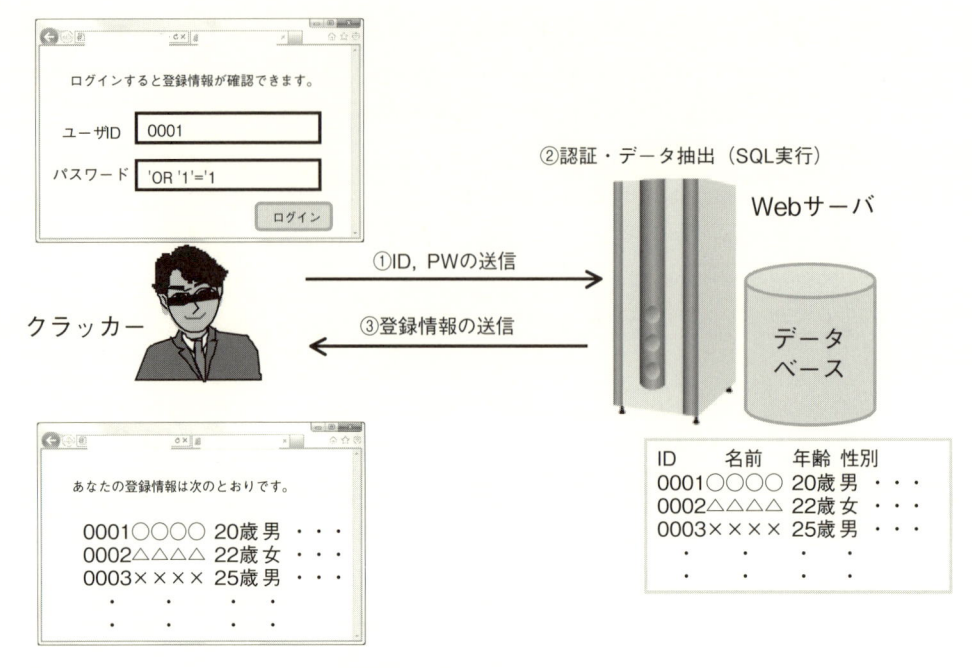

図 6.16 SQL インジェクション

だけを Web アプリケーションからデータベース管理システムに渡して実行させるため，クラッカーがコマンドとして送ってきた値を，コマンドとしてではなく文字列または数値として扱うことができる．

また，SQL インジェクションを防止するその他の方法としては，ユーザが Web ブラウザを通じてデータベースにアクセスできる権限を制限しておくことも有効である．アクセスできる範囲や内容を制限しておけば，万一のときの被害を最小にできる．さらに，データベースからのエラーメッセージ「SQL Error…」を Web ブラウザに返さないよう注意し，クラッカーにデータベースの構造を見えないようにすることも必要である．

6.4.4 OS コマンド・インジェクション

OS コマンド・インジェクションとは，Web アプリケーションのパラメータに不正な OS コマンド（コンピュータの基本ソフトウェアを操作するための命令）を挿入し，Web サーバの脆弱性をついて外部から OS コマンドを不正に実行する攻撃手法である．これにより，実行可能な動作のすべてが不正に行われ，情報の改ざん・破壊，機密データの流出，Web システムのダウン，さらには Web サーバが乗っ取られて，そこを足がかりに他の Web サーバなどへの攻撃の踏み台にされるなど，極めて深刻な事態に発展する恐れがある．

OS コマンド・インジェクションの例として，ユーザによりフォームに入力されたメールアドレスに対して自動的にメールを送信する Web アプリケーションがあり，入力されたメールアドレスを引数にして sendmail コマンドを実行するケースを例として考える（図 6.17）．

Web のフォーム送信ボタンがクリックされた際に，ユーザが入力したメールアドレスを Web

6.4 Webシステムのセキュリティ

図 6.17 OSコマンド・インジェクションに利用されるWebアプリケーションの例

サーバへ渡すプログラムは次のようであるとする．

```
$test_mail=$q->param('test_mail');
open(MAIL, "|/usr/lib/sendmail $test_mail");
```

メールアドレスとして正常な入力データ「test@test.com」が入力された場合，上のプログラムでは「/usr/lib/sendmail test@test.com」となり，test@test.comへメール送信（出力用パイプをオープンしてファイルハンドル (MAIL) への出力をsendmailへ渡して実行）される．

一方，クラッカーによりメールアドレスとして不正な入力データ「test@tset.com ; rm -rf /」が入力された場合，「/usr/lib/sendmail test@test.com ; rm -rf /」となり，不正なコマンドが実行されてしまう（「;」は複数のコマンドを区切る文字）．つまり，test@test.comにメールを送信した後に，続いて「rm -rf /」が実行され，そのコンピュータ内の全ファイルが消されることになる．

また，破壊攻撃でなくても「test@tset.com ; mail test@tset.com < /etc/passwd」のような不正な入力データにより，「/usr/lib/sendmail test@test.com ; mail test@tset.com < /etc/passwd」となり，test@test.comにメールを送信した後に，続いて「mail test@tset.com < /etc/passwd」が実行され，Webサーバ内にある非公開ファイル（/etc/passwd）の内容を書き出してtest@tset.comへ送信してしまう．

OSコマンド・インジェクションの被害に遭わないためには，開発の際にWebアプリケーションから安易に外部プログラム（OSコマンド）を呼ぶようなプログラムを書かないことが重要である．先ほどの例では，メール送信を処理が簡単な外部プログラムに任せていたが，メール送信ライブラリなどを利用すべきである．OSコマンドを実行する必要性は現実には極めて限定的であるが，どうしても利用する必要がある場合には，あらかじめユーザが入力可能な文字を限定しておき，それ以外の文字が含まれていた場合に実行せずエラーとするサニタイジングを徹底する必要がある．さらに，open関数ではなく，第2引数の文字列がパイプで始まっていても外部コマンドを実行しないsysopen関数を利用するようにするべきである．また，Webサーバ側ではWebアプリケーションは最小限の権限を設定した専用ユーザで実行させることにより，外部プログラムを実行する場合でも想定外の処理を防ぐことができる．

6.4.5 ディレクトリ・トラバーサル

ディレクトリ・トラバーサルとは，Web アプリケーションがファイルを使用する場合に，相対パス表記を用いて任意のファイルにアクセスしてしまう脆弱性をつく攻撃である．Web サーバ上には，管理者より公開されているディレクトリと，非公開のディレクトリが存在する．一般ユーザは通常管理者よりアクセスを許可されている公開ディレクトリのみを閲覧・更新している．だが，脆弱性のある場合，ディレクトリのパスを指定する際に「1 つ上の階層へ上がる」ことを指示する「../」のパスを組み合わせて指定することで，公開されているディレクトリの上階層から管理者がユーザに見せるつもりのない非公開のディレクトリやファイルへアクセスを可能としてしまう．こうしたディレクトリのトラバース（横断）により，システム内のパスワードファイルや設定ファイル，個人・機密情報を盗まれたり，悪意あるコードを書き込まれたりといった被害を受ける危険性が生じる．

/traverse/public/ という公開ディレクトリとその中に public1.txt, public2.txt… という公開情報，および /traverse/secret/ という非公開ディレクトリとその中に password.txt という秘密情報を保管する Web サーバがあり，ユーザがファイル名をテキストボックスに入力して Web アプリケーションから公開情報を得るケースを例に示す（図 6.18）．

① ユーザは，アクセスしたいファイル名「public1.txt」をテキストボックスに入力し，「閲覧」ボタンを押すと，テキストボックスに入力した文字列が Web サーバに送られる．
② Web アプリケーションはその文字列を受け取り，公開ディレクトリのパス「/traverse/public/」に，ユーザが入力したファイル名「public1.txt」を結合して「C：/traverse/public/public1.txt」というパスを作成して当該ファイルにアクセスし，ファイルをユーザに送信する．

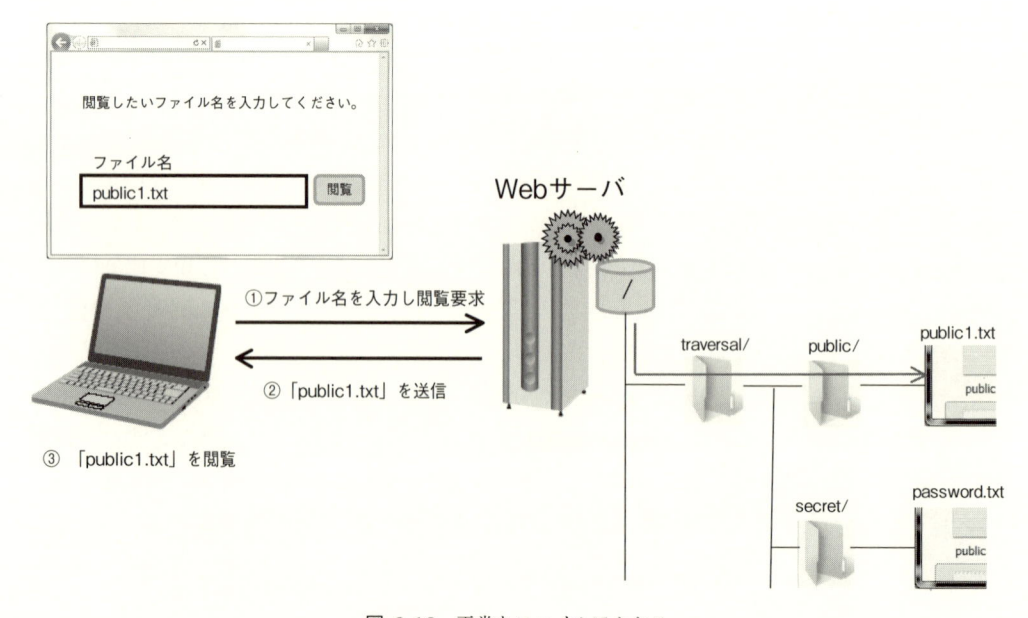

図 6.18 正常なファイルアクセス

③ ユーザの Web ブラウザには，目的の「public1.txt」が表示される．

このように，Web アプリケーションが公開ディレクトリのパス「/traverse/public/」を付与するため，ユーザが参照するディレクトリは固定できる．そのため，ユーザからのアクセスをこの Web アプリケーション経由に限定すれば，他のディレクトリへのアクセスが不可能のように見える．しかし，Web アプリケーションに入力される可能性のあるデータに対する考慮がなかった場合，以下のようなことが起こり得る（図 6.19）．

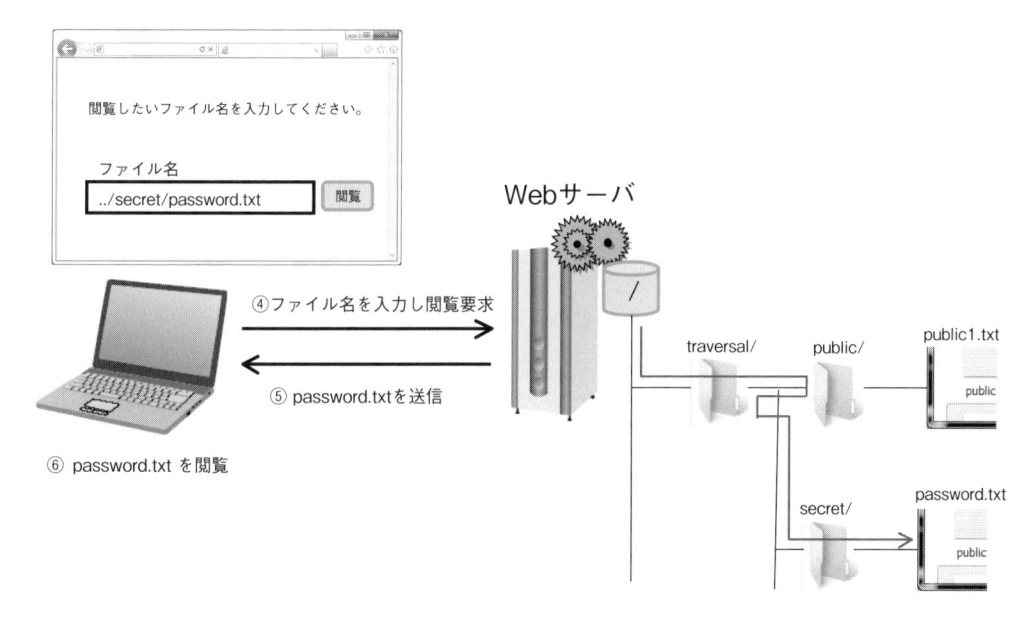

図 6.19 ディレクトリ・トラバーサル

④ クラッカーが，アクセスしたいファイル名に「../secret/password.txt」と入力して送信する．
⑤ Web アプリケーションは，その文字列を受け取って「/traverse/public/」にユーザが入力したファイル名「../secret/password.txt」を結合して，「/traverse/public/../secret/password.txt」というパスを作成する．すなわち，「/traverse/secret/password.txt」にアクセスし，本来公開していない秘密情報をクラッカーに送信する．
⑥ クラッカーの Web ブラウザには，非公開の「password.txt」が表示される．

ディレクトリ・トラバーサルは，パスの指定を制御するための処理の仕方に不備がある場合に問題となる．ディレクトリ・トラバーサルを防ぐためには，パスの文字列に「../」の文字列，およびエンコード後に「../」の文字列と等価になる文字列が含まれているかをチェックし無効化するサニタイジング，ファイルを取得するような処理を実行する際には上層階層へのアクセスを禁止する，あるいはホワイトリスト・ブラックリストを利用して表示させるファイルを固定しておくことで無関係なファイルのダウンロードを行わないようにすることなどが必要である．

6.4.6 セッション管理の不備

6.3節で解説したとおり，セッションをWebサーバが常に保持することでWebサーバが特定のユーザを認識したり行動を捕捉したりすることができ，この仕組みを「セッション管理」という．セッション関連の脆弱性は，基本的にセッション管理の不備が原因で発生する．セッション管理の不備とは，セッションを維持する方法や生成アルゴリズム，発行のタイミング，有効期間に問題があるということである．

セッション管理は基本的に「ログイン状態を維持する方法」であるため，この部分に脆弱性があるとセッションを管理するセッションIDやセッション管理用のCookieを盗むことで，悪意のある者が別のユーザになりすまして，そのユーザが使用するマシンとは別のコンピュータからWebシステムへ不正アクセスすることにより，機密情報が取得されたり，改ざんされたりする危険性がある．

セッション関連の脆弱性には，主に「セッション・ハイジャック／リプレイ」と「セッション・フィクセーション」がある．

(1) セッション・ハイジャック／リプレイ

セッション・ハイジャック／リプレイとは，ユーザのログイン状態などのセッションを管理するセッションIDを，推測または盗聴などの手段でクラッカーが乗っ取り（ハイジャック），ログイン済みユーザのセッションIDを再利用（リプレイ）することで別のユーザになりすます攻撃のことである．セッション・ハイジャックの動作例を示す（図6.20）．

まず，通常の動作は次のようになる．

① ユーザがWebサーバへリクエストを送信する．
② WebサーバはセッションIDを発行してレスポンスを返す．

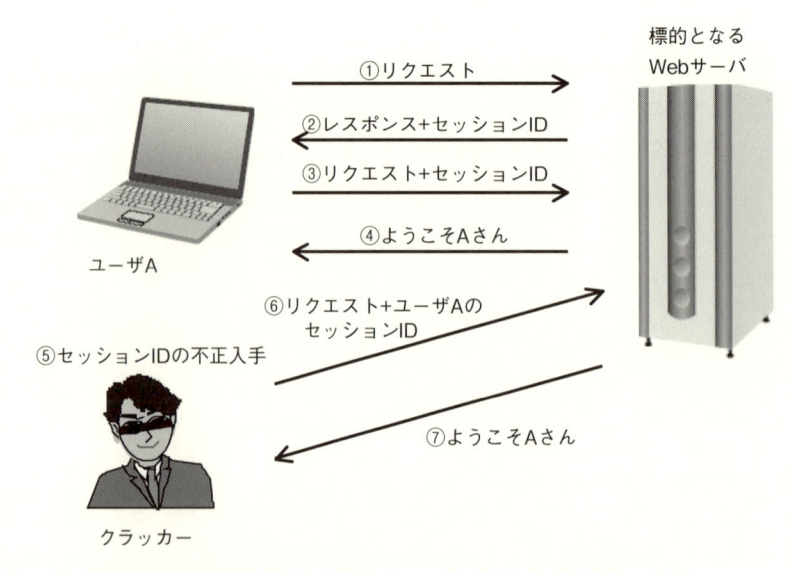

図6.20 セッション・ハイジャック／リプレイ

③ ユーザがこのセッション ID を使ったリクエストを送信する．
④ Web サーバはセッションを維持しながらレスポンスが返す．

しかし，クラッカーが何らかの手段（推測や盗聴など）によりそのユーザが利用するセッション ID を不正に入手（⑤）した場合，次のことが可能となる．

⑥ クラッカーがユーザに発行されたものと同じセッション ID を使ってリクエストを送信する．
⑦ ユーザ向けのレスポンスがクラッカーに返ってくる．

つまり本来であればユーザしか見られないはずのページをクラッカーも見ることができてしまう．さらにユーザになりすまして以降の処理を継続することもできる．

クラッカーがセッション・ハイジャック／リプレイを行うには，他人に発行されたセッション ID を取得する必要があるが，セッション ID が簡単で短い文字列や規則性・法則性のある方法で生成された文字列を使っていた場合，推測やブルートフォース攻撃と呼ばれる総当たりによって有効なセッション ID を見つけられてしまう．また，通信路がセキュアでない場合，クライアント／サーバ間の経路にパケットをモニタリングできる Sniffer を仕掛けておけば，ネットワーク上を流れるデータからセッション ID を盗聴される可能性がある．さらに，クロスサイト・スクリプティングの脆弱性を使って Cookie を格納したセッション ID を盗むこともできる．URI やフォームに含まれているセッション ID を盗める場合もある．

セッション・ハイジャック／リプレイを防ぐには，使用する文字の種類を増やし，文字列を長くすることが有効である．文字種を増やし長くすることで，類推を困難とし，総当たり攻撃でも調べなくてはいけないパターンを増やすことができる．セッション ID はパスワードと違って，ユーザが記憶したり入力したりする必要はないため，長くても問題はない．また，セッションの有効期間を短くすることも効果がある．たとえば総当たりでの検索に 1 時間かかるのであれば，セッションの有効期間を 1 時間未満に設定しておけば，仮に正しいセッション ID が見つかってしまったとしてもそのときには無効になっているようにするのである．ただし，あまり短くしすぎると正規のユーザがアクセスした際にいつの間にかセッションが無効になり不便を強いることになりかねないため，正規のユーザがどのくらいの頻度でアクセスしてくるのかを把握したうえで有効期間を決める必要がある．さらにクリティカルな処理では，別途 ID ／パスワードによる再認証を行い，さらには，Web サイト全体を SSL でのアクセスとし，セッション ID を入れる Cookie に Secure 属性を付けることでセッション・ハイジャック／リプレイの危険性を低減することが可能である．

(2) セッション・フィクセーション

セッション・フィクセーションとは，クラッカーによりセットされたセッション ID をユーザに使わせて，ユーザが確立したセッションをクラッカーが悪用してユーザになりすます攻撃のことである．ログイン前にセッション ID が発行され，ログイン後もそのセッション ID が変化せず固定化（フィクセーション）されるようになっている Web サーバでは，この攻撃を受ける可能性がある．すでに Web サーバとブラウザ間で確立しているセッションに対しクラッカーがセッション ID を盗聴や類推により横入りするのではなく，クラッカーが用意したセッショ

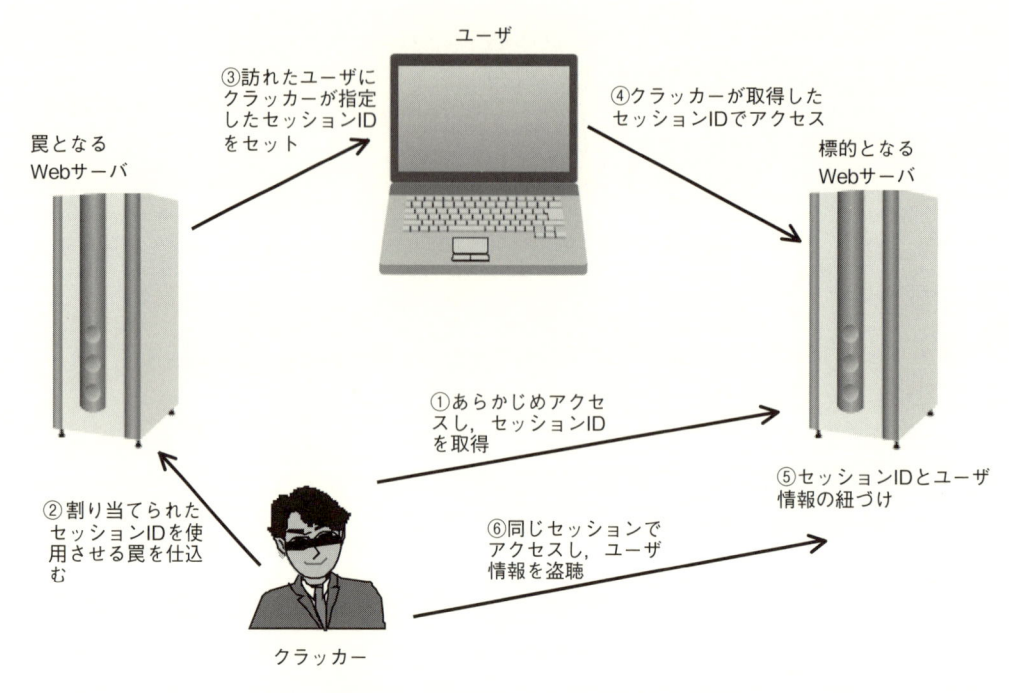

図 6.21 セッション・フィクセーション

ン ID をユーザに使わせるという点でセッション・ハイジャック／リプレイとは異なる．セッション・フィクセーションの例を示す（図 6.21）

① クラッカーがターゲットとする Web サーバのログイン画面を開くと，ログイン画面が表示されると同時に，セッション ID がクラッカーに割り当てられる．
② クラッカーはその割り当てられたセッション ID を使用させる罠ページを別の Web サーバに保存する．
③ クロスサイト・スクリプティングなどにより，罠ページを仕掛けた Web サーバを訪れたユーザにリンクをクリックさせ，ターゲットとする Web サーバへ誘導する．
④ ユーザは，クラッカーが取得したセッション ID 付きのログイン画面でユーザ ID，パスワードを入力してログインする．
⑤ ターゲットとする Web サーバは，セッション ID とユーザ情報を紐づける．
⑥ クラッカーは同じセッションでターゲットとする Web サーバへアクセスすることで，ユーザの個人情報などを参照・盗聴する．

セッション・フィクセーションの回避には，ログイン後に今まで使用していたセッション ID を無効化・破棄したうえで，画面遷移後に改めてセッション ID を発行することが有効である．

演習問題

設問 1 Twitter では，本書で紹介したウィジェットの他にも複数の埋め込み用ウィジェットが提供されている．他のウィジェットのコードを生成し，実際に Web ページやブログに設置してみよう．

設問 2 Twitter，Facebook の他にもウィジェットを提供している Web サービスを探してみよう．

設問 3 種類の異なる Web ブラウザを 2 つ起動し，それぞれの Web ブラウザでリスト 6.2 の PHP プログラムにアクセスしたとき，異なるセッション ID がリクエスト時に送信されることを確認しよう．

設問 4 Cookie 以外の仕組みでセッション管理を実現する方法と，その方法のセキュリティ上の欠点を調べよう．

設問 5 Web システムにおいて，脆弱性が発生する主な理由について説明しよう．

設問 6 脆弱性がある Web システムには，どのような脅威があるのか説明しよう．

設問 7 Web システムから脆弱性を排除するためには，どのような対策が有効であるのか説明しよう．

参考文献

[1] Andy Dornan, "Mashup Basics: Three for the Money," Network Computing (2007). http://www.networkcomputing.com/data-networking-management/229606107

[2] 新谷虎松，大囿忠親，「知的 Web のためのマッシュアッププログラミング」，情報処理，Vol. 50, No. 5, pp. 444-453 (2009).

[3] Twitter ウィジェットの作成と管理　https://twitter.com/settings/widgets

[4] Facebook ソーシャルプラグイン　https://developers.facebook.com/docs/plugins/

[5] WAFL　http://wafl.net/

[6] Google マップでの KML： https://developers.google.com/kml/documentation/mapsSupport

[7] 宇宙航空研究開発機構 地球観測研究センター 「世界の雨分布速報」 http://sharaku.eorc.jaxa.jp/GSMaP/index_j.htm

[8] 世界の雨分布速報 KMZ 形式ファイル http://sharaku.eorc.jaxa.jp/GSMaP/archive/kmz/201203/gsmap_nrt.20120304.1300.kmz

[9] DiNaLI Mapping API（茨城大学工学部情報工学科 米倉研究室） http://yard.cis.ibaraki.ac.jp/dinalimapping/

[10] 速水治夫，五百蔵重典，古井陽之助，服部哲，「グループウェア」，森北出版 (2007).

[11] 小森裕介,「プロになるための Web 技術入門」，技術評論社 (2010).

[12] 羽室英太郎,「情報セキュリティ入門」，慶應義塾大学出版会 (2011).

[13] 永安佑希允，相馬基邦，勝海直人，高木浩光，独立行政法人産業技術総合研究所,「安全なウェブサイトの作り方 ——ウェブアプリケーションのセキュリティ実装とウェブサイトの安全性向上のための取り組み—— 改訂第 5 版」，情報処理推進機構 (2011).

[14] 「ソフトウェア等の脆弱性関連情報に関する届出状況 [2012 年第 2 四半期（4 月～6 月）]」，情報処理推進機構
http://www.ipa.go.jp/security/vuln/report/vuln2012q2.html　（2012 年 8 月 31 日取得）

[15] 「Web アプリケーションに潜むセキュリティホール」，@IT
http://www.atmarkit.co.jp/fsecurity/rensai/webhole01/webhole01.html　（2012 年 8 月 31 日取得）

[16] 「情報セキュリティ入門」，ITpro
http://itpro.nikkeibp.co.jp/article/COLUMN/20060214/229302/　（2012 年 8 月 31 日取得）

第7章
Webシステムの事例

―□ 学習のポイント ―――――――――――――

　これまでに学んだ知識を土台にして，具体的にどのようなWebシステムを構築することができるのか．実践的な事例を概観し，Web技術の活用方法を理解することは，自身がWebシステムを開発する立場になったとき，非常に役に立つ．特に，わたしたちの生活や地域社会に溶け込んでいるシステムを分析的な視点で見ておくことは，実際にWebシステムを開発するときのヒントととして有益である．

　本章では，Webシステムの具体的な事例として，ここ数年の成長が著しいソーシャルメディアを解説する．また，地域での活用事例として，地域情報システムを解説する．地域情報システムを定義した後，それを地域ポータル，地域SNSなどのカテゴリに分類し，3つのポイント（ベースとなっているシステム，中心的な機能，アクセス制限）をチェックしながら，代表的なシステムを紹介する．

　本章では次の項目の理解を目的とする．

- ソーシャルメディアの特性と，代表的なソーシャルメディアが提供するWeb APIとそれを用いたマッシュアップによる活用事例（7.1節）．
- 地域情報システムの発展過程とその定義，地域情報分野におけるWebシステムの活用の概略，および非日常の地域情報を扱うWebシステム（7.2節）．

―□ キーワード ―――――――――――――

　ソーシャルメディア，Twitter，Facebook，ソーシャルプラグイン，地域情報システム，電子市民掲示板，地域SNS，地域ポータル，市民放送局，地域ブログポータル，市民放送局，地域ECサイト，非日常の地域情報を扱うWebシステム，マッチングサービス，復興支援ポータル，地域アーカイブ

7.1 ソーシャルメディア

7.1.1 ソーシャルメディアとは

　ソーシャルメディアとは，インターネット上のサービスで，ユーザ自身が情報を発信し形成していくメディアである．ソーシャルメディアに含まれる主なサービスとして，マイクロブログ，ブログ，SNS (Social Networking Service)，位置情報サービス，画像共有サイト・動画共有サイトなどが挙げられる．各サービスの具体例を表7.1に示す．

　従来のマスメディアと対比しながら，ソーシャルメディアの特徴を説明する．新聞，テレビ，

表 7.1 ソーシャルメディアの具体的サービス

サービス	特徴	具体例
ブログ	Web 上に日記や特定の話題に関する意見などを記録（ログ）として残すサービス	アメーバブログ [1] Blogger [2]
マイクロブログ	ブログのようなまとまった文章ではなく，比較的短文を投稿するようデザインされたサービス	Twitter [3]
SNS	他者とのコミュニケーションを行うための社会的ネットワークをインターネット上に構築するサービス	mixi [4] Facebook [5] LinkedIn [6] Google+ [7]
位置情報サービス	携帯電話などのモバイル端末を利用し，他者と位置情報を共有するサービス	foursquare [8]
画像共有サイト	写真の共有を目的としたコミュニティサイト	Flickr [9] Instagram [10] Pinterest [11] Picasa [12] Pixiv [13]
動画共有サイト	動画の共有を目的としたコミュニティサイト	YouTube [14]

雑誌，ラジオなどのマスメディアは，新聞社，出版社，放送局などが行う大衆に向けた一方的な情報発信である．これに対し，ソーシャルメディアでは，誰でも自由に参加し，発言でき，他者との双方向なコミュニケーションを可能とする．加えて，人々の共感を得た情報は，Twitterの「リツイート」，Facebookの「いいね！」などにより他者へ伝達される．さらに，それが連鎖的に発生することで，情報が拡散される．これにより，マスメディアが直接到達困難な利用者に対し，情報を伝達することができる．このようにソーシャルメディアの利用により，一人ひとりが情報発信源となり，個人が活躍することが可能といわれる．

ソーシャルメディアの利点として，「情報収集」，「情報発信」，「人脈形成」の 3 点が挙げられる．まず，情報収集に関しては，ソーシャルメディアは人を介した情報収集が可能であるといえる．従来の Google 検索をはじめとするキーワード検索とは異なり，興味のある人をフォローするだけで，情報の入手が可能となる．たとえば，自分の所属する組織以外の人の意見を直に聞くことができる．このような情報収集はソーシャルフィルタリングと呼ばれ，誰をフォローするかで得られる情報の量や質などに差異が生じる．次に，情報発信に関して，ソーシャルメディアは手軽な情報発信ツールであり，その情報はインターネット上に半永久的に公開される．これにより，通常であれば知り合う機会のない人物に認知される可能性があり，その人物と出会うきっかけとなりうる．そのため，組織の枠を越えた人脈の形成が可能である．ソーシャルメディア上での情報発信により，専門性を主張し自分の価値を高める行為は「パーソナルブランディング」と呼ばれ，今後の個人が活躍する時代においては重要な概念となる [15]．

一方，ソーシャルメディアには欠点も存在する．ソーシャルメディア上での情報発信にはリスクがあり，個人情報や他者の誹謗中傷などに注意を欠くと問題が発生する可能性がある．そのため，高校，大学などの教育機関，企業の社内研修においても，ソーシャルメディアに関するリテラシー教育が着目されつつある．ソーシャルメディアの利用は，基本的には普段の人付き合いと同様であり，他者とのコミュニケーションにソーシャルメディアをツールとして使う

という点を理解することがポイントとなる．ただし，そこでの発言はインターネット上のさまざまな利用者が閲覧しているという意識を持つことが大切である．相手のことを考え，相手が言って欲しくないことや相手を傷付ける発言はしないなど，当たり前のことに気をつけることが必要である．

ソーシャルメディアは，これまで着目していなかった情報に出会えるツール，誰かとつながるきっかけの1つを提供してくれるツールであり，情報発信により活動の共感者を集める手段としての有効活用が期待できる [16]．

7.1.2　ソーシャルメディアが提供する Web API

ここでは，Twitter API と Facebook のソーシャルプラグインについて説明する．Twitter の API は HTTP でリクエストを行う REST 方式の Web サービスの API である．具体的には，以下の URI に対し，タイムラインやユーザ情報関連などのメソッド（以下の api_name），およびその引数を指定してリクエストを行う．結果は，XML や JSON など任意のフォーマット（以下の format）を指定することで，それに対応した結果を取得できる．

```
http://api.twitter.com/1/[api_name].[format]        ・・・(1)
```

たとえば，以下の URI に対してアクセスすると，Twitter のパブリックタイムラインの情報を XML 形式で取得できる．

```
http://api.twitter.com/1/statuses/public_timeline.xml    ・・・(2)
```

ここで PHP，Ruby などの言語からの利用方法について記述する．Twitter API を利用した PHP のサンプルコードをリスト 7.1 に示す．リスト 7.1 は，ユーザのタイムラインを取得し表示するプログラムである．実行結果を図 7.1 に示す．

リスト **7.1**　Twitter API を利用したサンプルコード (PHP)

```
<?php
  $username = 'YukaObu';
  $url = "http://api.twitter.com/1/statuses/user_timeline.xml?id=" .
$username . "&count=20";
  $rss = simplexml_load_file($url);
  echo "<img src=\"" . $rss->status->user->profile_image_url . "\">";
  echo $rss->status->user->description;

  foreach ($rss->status as $i) {
    $val = $i->text;
    $val = ereg_replace("(http)(://[[:alnum:]\S\$\+\?\.-=_%,:@!#~*/&]+)",
"<a href=\"\\1\\2\" target=\"_blank\">\\1\\2</a>",$val);
    $val = ereg_replace("(@)([[:alnum:]\S\$\+\?\.-=_%,:@!#~*/&]+)",
"<a href=\"http://twitter.com/\\2\" target=\"_blank\">\\1\\2</a>",$val);
    $val = ereg_replace("(>)(http://twitpic.com/)([[:alnum:]\S\$\+\?\.-=_%,:
@!#~*/&]+)(</a>)","><img src=\"http://twitpic.com/show/mini/\\3\"
/></a>",$val);
    echo "<p>" . $val . "<br />";
```

```
    echo "<a href=\"http://twitter.com/" . $i->user->screen_name .
"/status/" . $i->id ."\">";
    echo date( "Y年m月d日H時i分", strtotime( $i->created_at ) );
    echo "</a>";
    echo "</p>";
  }
?>
```

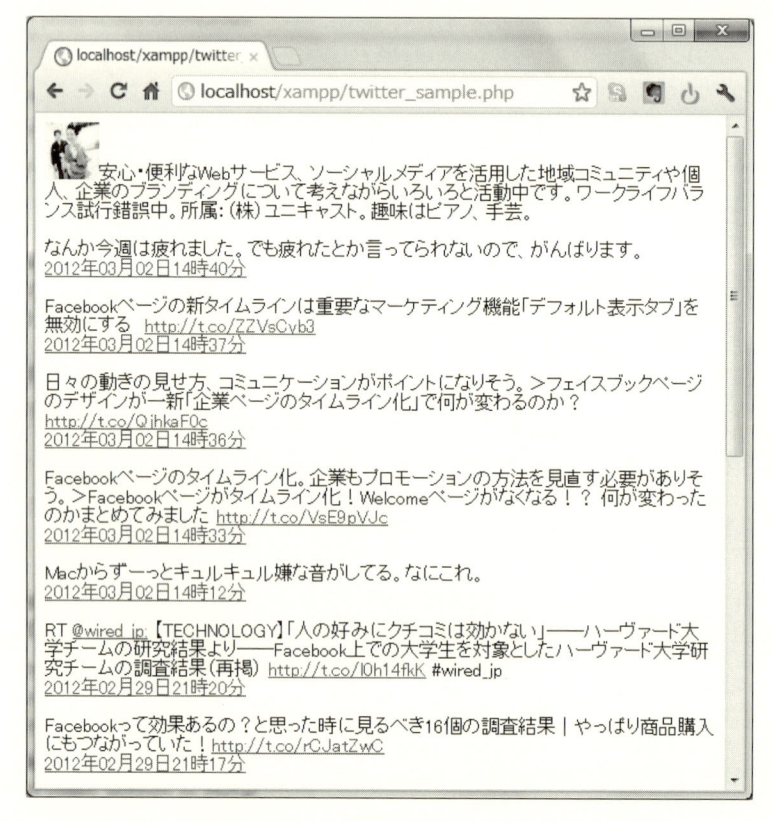

図 7.1　Twitter のタイムラインを取得するプログラムの実行結果

　リスト 7.1 の 2 行目では，タイムライン取得対象のユーザ名を指定している．3 行目では上記 (2) の URI を利用し，タイムラインの情報を XML 形式で取得している．この際に引数として 2 行目で指定したユーザ名と取得するツイート数（count=20）を指定している．これにより取得した XML を 4 行目以降でパース処理を行い，表示している．まず，5, 6 行目でプロフィール画像，プロフィール文をそれぞれ表示する．次に，8 行目の foreach($rss->status as $i) 以降で各ツイートの表示を行っている．

　なお，ここでは Twitter Streaming API version 1 を用いている．version1.1 でも，同様の操作が可能である．しかしながら，JSON のみのサポートとなっており，加えて OAuth 認証が必要となっている [17]．

　一方，Ruby によるタイムライン取得のプログラムをリスト 7.2 に示す．これは，リスト 7.1

と同様のプログラムではあるもの，非常に簡潔に記述されている．Twitter API のリクエスト処理，取得した XML 文書のパース処理など，一連の処理が Ruby の API によって実装されている．

具体的には，リスト 7.2 の 2 行目で読み込んだ twitter API ライブラリで実現されている．これにより，4 行目の Twitter.user() 関数にユーザ名を指定することで，指定したユーザのツイート取得処理，取得した XML のパース処理が実行される．

リスト **7.2** Twitter API を利用したサンプルコード (Ruby)

```
require 'rubygems'
require 'twitter'
require 'pp'
pp Twitter.user("YukaObu")
```

次に，Facebook のソーシャルプラグイン [18] について説明する．ソーシャルプラグインとは，SNS が企業サイトやブログなどにその機能を設置できるよう提供しているプログラムである．Facebook のソーシャルプラグインでは，「いいね！」ボタンやコメントボックスなどの設置が可能である．これらの設置には，[18] のリンクから利用したい機能を選択し，必要事項を入力しコードを生成する（図 7.2）．図 7.2 は，「いいね！」ボタンの設置コードを生成するためのダイアログである．Web サイトの URI やボタンのレイアウトなどを入力し，[Get Code] ボタンをクリックすると，JavaScript のコードが自動生成される（リスト 7.3）．生成されたコードを各自の Web ページに埋め込むことで，「いいね！」ボタンを設置可能である．同様に，コメントボックスの設置コードをリスト 7.4 に示す．

リスト **7.3** 「いいね！」ボタンの設置コード

```
<div id="fb-root"></div>
<script>(function(d, s, id) {
  var js, fjs = d.getElementsByTagName(s)[0];
  if (d.getElementById(id)) return;
  js = d.createElement(s); js.id = id;
  js.src = "//connect.facebook.net/ja_JP/all.js#xfbml=1";
  fjs.parentNode.insertBefore(js, fjs);
}(document, 'script', 'facebook-jssdk'));</script>

<div class="fb-like" data-href="http://example.com/"
data-send="false" data-width="450" data-show-faces="true"></div>
```

リスト **7.4** コメントボックスの設置コード

```
<div id="fb-root"></div>
<script>(function(d, s, id) {
  var js, fjs = d.getElementsByTagName(s)[0];
  if (d.getElementById(id)) return;
  js = d.createElement(s); js.id = id;
  js.src = "//connect.facebook.net/ja_JP/all.js#xfbml=1";
  fjs.parentNode.insertBefore(js, fjs);
}(document, 'script', 'facebook-jssdk'));</script>
```

```
<div class='fb-comments' data-href='"http://example.com/'
data-num-posts='5' data-width='500'/>
```

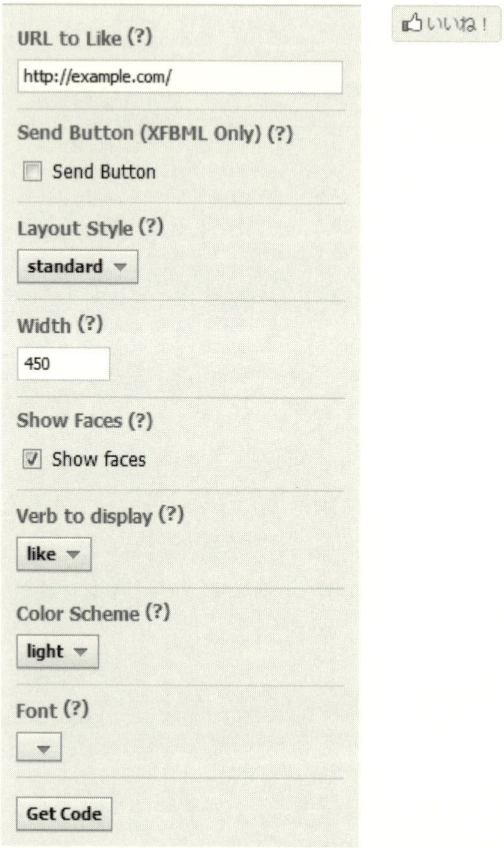

図 7.2 「いいね！」ボタン用のダイアログ

　図7.3には，ブログにFacebookの「いいね！」ボタン，コメントボックスを設置した例である [19]．このブログでは，Facebookの他にもLinkedInやGoogle+などのソーシャルプラグインも設置されている．

7.1.3　ソーシャルメディアの活用事例

　ここではソーシャルメディアの活用事例として，自治体・ビジネスに分けて紹介する．

(1) 自治体での活用事例

　まず，佐賀県武雄市の事例を紹介する．武雄市では，市長の樋渡啓祐氏がTwitter，Facebookなどのソーシャルメディアを積極的に活用しており，市政にも取り入れている．武雄市は，2011年8月1日に市のホームページをFacebookページに完全移行し [20]，市からの情報発信，問い

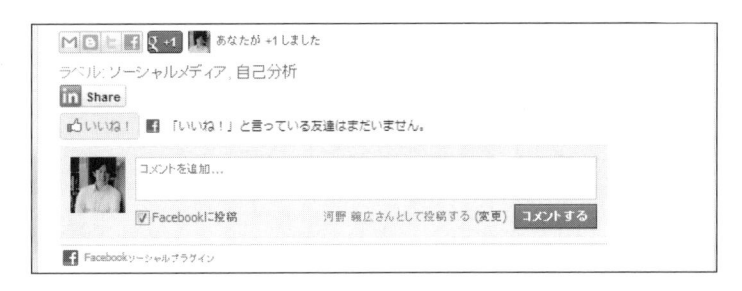

図 7.3　ソーシャルプラグイン設置の例

図 7.4　佐賀県武雄市の Facebook ページ

合わせはすべて Facebook 上で行う方針とした（図 7.4）．これにより，「いいね！」やコメントでの市民との相互コミュニケーションが可能となり，透明性のある市政を実現しつつある [21]．武雄市がこのような対応を取った理由は，Facebook ページがアカウントを持たなくても閲覧可能であることに加え，コミュニケーションを取るための機能が Facebook に備わっているためである．そのため，従来ホームページから発信していた情報の閲覧だけでなく，市民とのより密接なコミュニケーションが可能となった．

次に，秋田県横手市での活用事例を紹介する．横手市では，Twitter を活用した街おこしを目的とし，Web サイト「Yokotter」を設立した [22]．Yokotter では，横手市のハッシュタグ「#yokote」をもとに，Twitter 経由で横手市民，県外在住の秋田県出身者，市や横手市訪問者などから寄せられた情報をサイトに集約している（図 7.5）．Yokotter により，横手市内外の人々の交流が可能となり，また当事者以外からもその交流が見えるため，よりオープンな横手市の魅力発信が可能となった．

(2) ビジネスでの活用事例

ビジネスでの活用事例として，Facebook のイベント機能を活用した勉強会，読書会，朝活などが注目されている．Facebook のイベント機能を利用することで，イベントの作成，集客，参加表明を行うことができ，利用者間での交流に積極的に活用されている．

図 7.6 は 2012 年 11 月 18 日に開催されたイベントの Facebook イベントページである．こ

図 7.5　秋田県横手市「Yokotter」

図 7.6　ビジネスでの活用例（Facebook イベントページ）

のイベントは，公開イベントとして作成されているため，Facebook アカウント保持者であれば誰でも参加表明が可能である．Facebook のイベントページでは，イベントの趣旨，開催日，参加者からの情報共有がなされている．また，イベント情報のシェア，友人の招待機能により，イベント情報の拡散が可能である．

　Facebook イベントの活用により，会いたい人と会える「場」の発見が容易となるとともに，同じ興味を持つ人々との交流がより活発となった．

> **コラム　CMS**
>
> 　CMS とはコンテンツ・マネジメント・システム，すなわち「Web コンテンツを管理するためのシステム」である．
> 　HTML を手で書いていると，Web サイトが複雑化し，また更新が頻繁であるほど負荷が増える．また，複数人による管理にも無理が生じる．そもそも HTML を書

けない者も Web サイトを更新・管理できればなおよい．このような発想から CMS は生まれた．

システムなしに Web サイトを更新するために必要な知識・スキルは，HTML・CSS の他，サーバの基礎，利用するサーバのディレクトリ構造など多岐にわたる．CMS を利用する際には，CMS を用いたサイトの総合的な管理者こそそれらの知識を要求されるが，更新権限を付与されたユーザはただログインして書きこみなどをすればよい．

そのような操作性が可能になるのは，CMS がサーバサイドにそのリソースを置いているためである．一般的な CMS を使うには，まずサーバ上の Web サイト用のスペースに CMS のパッケージを設置する．その後，CMS を用いた Web サイト用のデータベースおよびそのユーザを 1 つ登録する．そして CMS のインストールプログラムを実行する．すなわち，CMS はサーバサイドのプログラムとデータベースによって動いているのである．

CMS のパッケージには各種機能を実現するプログラムファイルの他，外見を制御するためのテンプレート（CSS ファイルとそれが用いる画像セット）も含まれており，ユーザはそこにアクセスして書き込みを行い，サーバ上に更新を保存する．

なお，本書では CMS を公開指向の Web サイトを作成するツールとして，SNS を比較的クローズドな「つながり」のためのツールとして紹介しているが，SNS の発言も広義にはコンテンツであることから，CMS を広い意味でとらえると，SNS は CMS の一部であるともいえる．

7.2 地域情報システム

7.2.1 地域情報システムとは

地域情報という語はさまざまな文脈で，それぞれ異なる意味に用いられる．そこで本節ではまず，歴史を簡単にさらってその意味を整理することを通し，地域情報システムの定義を行う．

(1) 地域情報化

地域情報が情報システムと結びついて用いられるときにもっとも多く使われる語に，「地域情報化」がある．これはもともと政策分野から起きた概念である．日本の情報化は他の分野と同様，「上からの近代化」がなされてきたといわれる [23]．その中では地域情報化は一方で情報産業振興を意味し，もう一方では行政の情報化を意味した．

インターネットの一般化以前から，さまざまな省庁によって情報システムを用いた「地域情報化」施策が行われてきた．「テレトピア構想」，「ニューメディア・コミュニティ構想」，「グリーントピア構想」といった政策のもとに大量の資本が投下された，いわばブームであった [24]．1980 年代以降には，国家の支援を受け，自治体レベルでも地域情報化が推進された．インター

ネット一般化以前の情報システムであるから，その技術的な実態は CATV の導入であったり，あるいは電話線を通じて送信した静止画をテレビ画面に映すシステムの配布であったりした．大分の地域情報ネットワーク COARA など，先進的な事例がないわけではないが，そのはたらきは限定的なものに留まる．これらのシステムは総じて，技術的にも社会的にも，現在に大きな影響を残しているとは言いがたい．

地域情報化が行政の，いわば「お上」のものであったとはいえ，地域の市民たちによる情報機器を用いた活動がなかったわけではない．インターネット以前の商用ネットワーク・パソコン通信にも市民団体の活動は存在していた [25]．しかし，それらはいずれも草の根的な活動に留まっていた．ビジネス分野においても同様で，一定の資本力を持っていない場合，地域発信の小規模ビジネスに情報通信システムを用いる事例は稀であった．

(2) Windows95 の発売と阪神・淡路大震災

1995 年，2 つのできごとによって，その流れが変わった．

1 つは Windows95 の発売をきっかけとする PC の急速な普及である．ティム・バーナーズ＝リーによる Web の設計および実装が 1991 年から 1992 年，彼の所属する CERN がその無償開放を宣言したのが 1993 年，ブラウザ Mosaic の公開が同年．Web は急速に扱いやすくなり，一般化が進んだ（1.3 節を参照）．人気の Windows95 マシンを購入した人が Web にも興味を持つ素地は，十分にできていた．インターネットの普及率は急速に伸びはじめ，1998 年の段階で人口あたり 20 ％を超えた．

1995 年に起きたもう 1 つのできごとは，阪神・淡路大震災である．被災地の大学がいち早くインターネットで被災情報を発信，主に電子メールを通じて，世界中からメッセージが届き，ボランティアの申しこみは 300 通を超え，当時インターネットにつながっていなかったパソコン通信上でも，地震関連の情報が共有された．ユーザ数の増加などから，阪神・淡路大震災は皮肉にも，コンピュータを用いたコミュニケーションの社会的な認知度を向上させたといわれる [25]．

(3) Web システムの一般化

そのような経緯から，90 年代後半以降は，各地で住民が主体的な課題解決のために利用できる情報システムも生まれはじめ，議論や政策にもそれを後押しするものが増え [27, 28]，2000 年代からは研究レベルでのプロトタイプも増加している [29, 30]．公共のネットワークにおいても，官民システム横断を意図した「地域情報プラットフォーム」の仕様が策定されている [31]．

こうした背景のもと，地域ビジネスの情報化も急激に進み，観光地の情報発信，特産品の販売など，地域ビジネスに情報システムを利用する事例も増加した．その後，現在に至るまで，Web，そして Web システムがさらに一般化し，Web 上のさまざまなサービスが数多くのユーザを獲得している．地域情報に限定すると，市民電子会議室，インターネット市民放送局，地域ポータル，地域 SNS，その亜種としての地域ブログポータル，地域活動を行う団体を（地域を問わず）支援するためのサービス，地域 EC サイトなどが挙げられる．

(4) 地域情報システム

　これらの名称を改めて見てみると，市民電子会議室はフォーラム（掲示板），インターネット市民放送局はストリーミングサービス，地域ポータルはポータルサイト，地域SNSはSNS，地域ブログポータルはブログポータル，地域ECサイトはECサイトと，既存のメジャーなシステム・サービスの名称に地域ないしその構成員としての市民という語がついたものであることがわかる．

　これはなぜだろうか．冒頭で説明した歴史を振り返ってみよう．1980年代にあちこちの地域に配られた「地域情報システム」には，多くのコストがかかっていた．地域情報でしか利用できないシステムであった．それにひきかえ，Web上にすでに豊富にあるシステムやサービスを地域向けにアレンジするのであれば，いろいろな団体や個人が行うことができる．そのため，急激にシステムの利用が拡大した，と考えることができる．汎用性の高いシステムと技術的には同一であることによって低コストで使用でき，だからこそ普及したと考えると，地域情報システムの本質はその目的と運用にあるといえる．

　そこで本書では，地域情報の流通を目的とするWebシステムが地域情報システムであると定義する．そのように定義すると，地域情報システムを知るためには，目的に沿ってどのようなシステムの応用がなされ，運用されているかを知る必要があることがわかる．

　ここまでに列挙した地域情報システムの種類は以下のとおりである．

- 市民電子会議室
- 地域SNS
- 地域ポータル
- 市民放送局
- 地域ECサイト

　システムの目的や運用に関して着目すると述べたが，具体的には，以下の着目点が考えられる．

- ベースとなっているシステム
- 中心的な機能
- アクセス制限（オープン／クローズド）

　次項ではこれらのカテゴリごとに代表的な利用事例を挙げ，着目点として挙げたポイントをチェックすることで，地域情報分野におけるWebシステムの活用の概略をつかむ．

7.2.2 地域情報分野におけるWebシステムの活用

(1) 市民電子会議室

　市民電子会議室とは，市民が地域の自治に参画することを目的としたクローズドなフォーラム（掲示板）を指す．もっとも著名な事例である神奈川県藤沢市の場合，実験が1997年から，本格稼働が2001年からで，2012年にソーシャルメディアと連携するなど新機能のついたシステムに入れ替えた（図7.7，図7.8（presentationマッシュアップ．6.2節を参照））．

　市民電子会議室は他にもさまざまな自治体で開設されたが，機能せず閉鎖したものも多い．

市民電子会議室の基本的な機能はクローズドな掲示板である（藤沢市の事例では，リニューアル後はさまざまな付加機能を備えている）．掲示板という機能が選ばれているのは市民どうしないし市民と行政の対話の場であるからで，なぜクローズドであるかといえば，参加者は市民に制限されなければならないためである．

　藤沢市の事例は掲示板メインのシステムではじまり，2011年のリニューアル以降は防災科学技術研究所が開発した「eコミュニティ・プラットフォーム（通称「eコミ」）」を使用している（図7.9）．本システムは地域利用のために開発されたものであり，「プラットフォーム」という名称は前述の「地域情報プラットフォーム」構想に由来している．

　多機能のシステムであることから，藤沢市の事例でも当然，利用時に機能を取捨選択するカ

図 7.7　藤沢市市民電子会議室

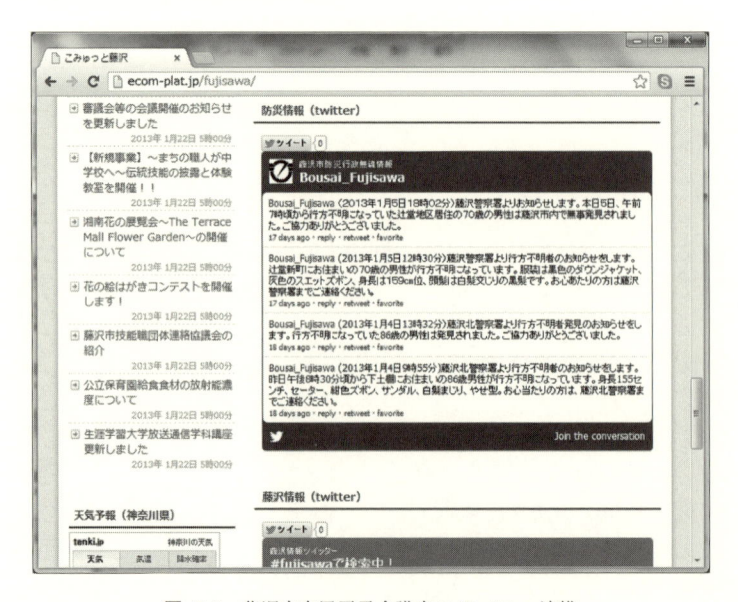

図 7.8　藤沢市市民電子会議室の Twitter 連携

図 7.9 eコミュニティ・プラットフォーム

スタマイズが行われている．市民電子会議室という性質上，掲示板・コミュニティ機能にあたるものを主として構成したと考えるのが相応である．

このeコミュニティ・プラットフォームは，汎用 CMS などのシステム利用事例などの成果を受けて地域社会での利用を前提に開発されたシステムとして代表的な例といえる．そこで，このシステムの詳細を見ることで，地域に必要とされている機能を把握する．

このシステムの主要な機能は以下の3つである．

- CMS (Contents Management System)
- SNS (Social Networking Service)
- Web-GIS (Geographic Information System)

これらの機能はそれぞれ，地域にとってどのような意味を持つだろうか．

CMS はコンテンツ管理の機能だが，管理機能の詳細を見ると，複数ユーザがそれぞれの領域を管理する分散管理を指向しており，その上位に全体の管理者がいる構造になっている．「集合知」，「参加型」を謳っていることからも，地域住民・小コミュニティ・地域全体の各レイヤでコンテンツを蓄積することを想定しているといえる．

ユーザどうしのつながりの強化・創出を指向する SNS がコミュニティである地域向けのシステムに組み込まれるのは当然ともいえるが，CMS の構造を振り返ると，「つながりから生まれた知を地域内に蓄積，発信する」という流れが見えてくる．

Web-GIS については，地域は必ず地理を持つために極めて親和性の高い機能であることが当然とはいえ，やはり Google maps をはじめとする外部リソースによって CMS・SNS との連携が容易になったことが，地域利用における意味を高めたと考えられる．

eコミュニティ・プラットフォームでは，システム上でこれらの機能が統合され，一元的に

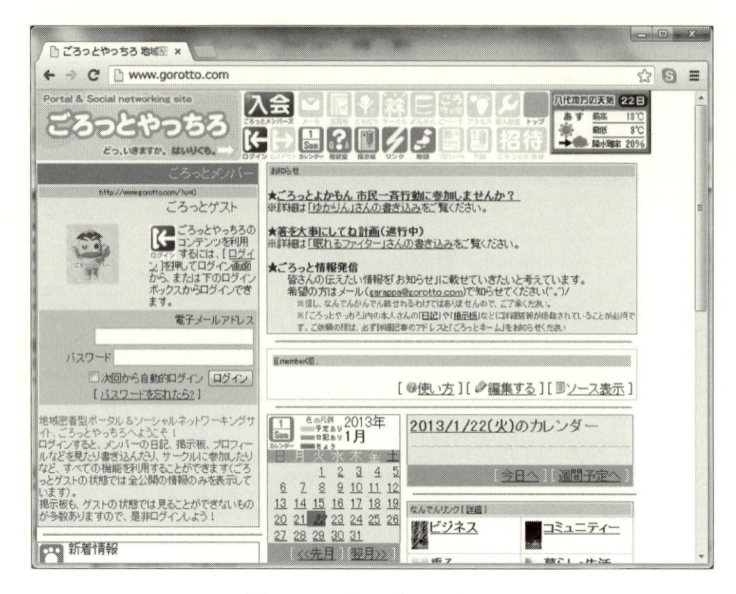

図 7.10　ごろっとやっちろ

利用することができる．これらの機能をすべて利用することはおそらく開発者も想定していない．機能がモジュール化されており，モジュールを取捨選択することが前提のシステムである．

地域利用を想定したeコミュニティ・プラットフォームにおいて，CMSとSNSの双方が装備されていることから，「コンテンツを管理し，公開する」，「ユーザとユーザを結びつける」機能が重視されていることがわかる．この2つは別々のものというより，境界線を接し，融合している．以下，地域SNSとして運用されている事例と，コンテンツを公開している事例（地域ポータル，市民放送局，ブログポータル，地域ECサイト）を見ることで，その構造を解説する．

(2)　地域SNS

SNSは人と人とのつながり・コミュニケーションを促進する会員制のサイトを指すが，地域SNSの場合，この会員が特定地域の住民に制限されており，地域関連の話題・つながりが多くなる仕掛けが備わっているものも多い．

図7.10の例「ごろっとやっちろ」では，市民が登録して相互に日記の執筆・閲覧やメッセージのやり取りによってコミュニケーションをとり，地域コミュニティへのコミットメントを深める，あるいは新しい地域内コミュニティを作りだすことを目的としている．

SNSと称するWebサイトにはクローズドが多い．この点は市民電子会議室と同じだが，例に挙げた「ごろっとやっちろ」をはじめ，複数の地域SNSでは，閲覧のみオープンにする，あるいは書き込みも不特定多数に許可することのできる権限を，SNS内の各スペース（ごろっとやっちろの場合は「掲示板」）の管理者に与えている．

部分的な開示によって外部の人間の地域に対する関心を高める，地域内にいるがSNSに参加していない人の注意を引くといった効果があると考えられる．情報をオープンにする傾向が高まると，サイトの役割は後述の地域ブログポータルに近くなり，オープンにした情報が編集されると，やはり後述する地域ポータルに近づく．

図 **7.11** マイタウンクラブ

　前項の市民電子会議室は地域自治への参画を目的としていたが,「ごろっとやっちろ」は市民どうしのコミュニケーションそのものが目的であり,「行政への参画」,「市民の意見の吸い上げ」といった意図はない.「市民どうしで『馴れ合い』をする場」とされている.

　「ごろっとやっちろ」の用いているシステムは八千代市職員の構築したオリジナルである.

(3) 地域ポータル

　地域ポータルとは,地域に関する情報の「入り口」となることを意図したサイトである.通常のポータルサイトと同様,他の情報源に対する一時窓口になることを意図したものであるが,地域の場合は特に,「地域」という語にふくまれるコンテンツの種別が多彩であるため,それを目的に沿って取捨選択・配置しなければならない.

　多くのユーザを集めている例として,神奈川県厚木市の「マイタウンクラブ」を図 7.11 に示す.行政の住民サービスなど,公共の情報がベースであるが,商用目的の情報もあわせて提供され,多様な主体による情報が横断的に利用可能な仕組みができている.こうした運営体制は他の地域ポータルでも見られ,行政が双方の情報を管轄するケースや,官民協働のケースがある.厚木市の場合は市が行っており,人口の半数近い十万件の登録実績がある.

　情報発信の対象は主に地域内向けである.マイタウンクラブの例ではすべての情報が住民向けであるように見える.図書館・スポーツなどの施設予約といった公共系情報と,チケット予約・お店といった商業系情報が横断的に利用できるようになっているようすが見てとれる.

　他の例では,地域を訪れる外部の人向けの情報も散見される.観光地では,観光客向けと住民向けの情報を分割して発信する地域ポータルもある.アクセス制限については,完全にクローズドであるものは通常地域ポータルと呼ばない.部分的にメンバ制をとることもあるが,基本的にはオープンである.

　図 7.11 の右上を見ると,「地域 SNS」という文字が見られる.地域ポータル事例であるが,

図 7.12 横浜市民放送局

地域 SNS を内包しているのである．本事例のようにポータルに SNS がついているケース，それに，前項の SNS から出発して，内容がオープンになり編集が加わってポータル的な役割が出てくるケースがあるが，それぞれが発達すると外見上は区別がつかない．

マイタウンクラブの事例が利用しているシステムは，富士通の「e-Pares」(http://jp.fujitsu.com/group/kyushu/services/local-gvt/epares/) という，自治体向けの施設情報管理システムである．公共の施設として想定されている部分に商業施設の情報を入力し，「施設」と「お店」を分けて表示する運用をすることで公共・商業の地域情報を一元的に利用可能にしたものである．

地域ポータルの運用が長く続けられると，地域の時系列的な情報が蓄積される．これを地域アーカイブとして運用する構想も提案されている [31]．

(4) 市民放送局

インターネット市民放送局とは，マスコミとは別に市民による情報発信が必要であるという思想から，地域の情報発信のために作成される Web サイトである．

図 7.12 の「横浜市民放送局」のように，地域内のイベントや定点観測カメラの動画などがよく見られるコンテンツである．

横浜市民放送局のような市民放送局で利用されているシステムは CMS であり，なかでも動画配信機能に力を入れたものが多い．とはいえ，図 7.12 の下部に示すように，youtube や ustream といった動画配信サービスが一般化した現在，動画データそのものは外部サイトに置き，それを呼び出して表示するケースが一般化しつつある（presentation マッシュアップ．6.2 節を参照）．

(5) 地域ブログポータル

地域ブログポータルは地域内の，あるいは地域に関心ある書き手のブログを集約することによ

図 7.13　したらブログ村

図 7.14　はまぞう

り，書き手どうしの交流を促進し地域情報の集積を狙うシステムである．典型的な例を図7.13と図7.14に挙げる．ポータルトップに新着記事を表示するなど，通常のブログポータルと同様に集積効果を狙う機能がついている．

情報は基本的にオープンであり，主な読み手は地域住民と想定される．また，地域SNSに対し，情報はオープンである（クローズドであればSNSと称することが多い）．対象は当然地域内向けであるが，やや地域外にもアピールし，発信される情報に編集が加わると，地域ポータルに近づく．「CMS-SNS」のシステム的二項で見ると，その中間に位置するものである．

(6) 地域 EC サイト

EC (Electronic Commerce) とは電子商取引を指し，本書では Web を経由したそれを指す．地域 EC サイトの典型は，特産品など地域で生産された商材の販売に使用されるものである．図 7.15 に徳島県上勝町「いろどり」の EC サイトでユーザが買い物をしている例を示す．

地域 EC サイトはその目的から情報公開を指向するため，基本的なシステムは CMS であり，決済機能を有する．決済機能として一般的なものは「ショッピングカート」で，ユーザが商品を「カート」に入れ，クレジットカードなどの決済システムに送信する仕組みである．

EC は一般には営利目的のサイトを指すが，契約・決済機能を備えた非営利の地域事例として，地域経営参画の手段として地域内 NPO に対する少額からの寄付の決済機能を備えた「鶴ヶ島 TOWNTIP」（図 7.16）がある．

情報公開の範囲は商圏に依存する．ビジネス目的の多くの EC サイトでは集客の観点から決済機能以外はオープンで運用されることが多いが，鶴ヶ島 TOWNTIP のように地域を限定した事例では住民会員以外参加できないクローズドである．さらに，ユーザーズコミュニティをマーケティングに利用する目的でクローズドな SNS 機能を備えた EC サイトも存在する．

以上，CMS と SNS という 2 つの大きな機能を軸として，地域情報システムには「情報を発信する」と「人とつながる」という 2 つの指向性があることを解説し，その後，事例を通してさまざまなアレンジについて学んだ．その結果，CMS 的指向性と SNS 的指向性は明確に弁別されるものではなく，機能の連携というかたちで「地域の人々の活動を可視化し，それを発信する」という目的を達成していることを確認した．

図 **7.15** いろどり

図 7.16　鶴ヶ島 TOWNTIP

7.2.3　非日常の地域情報を扱う Web システム—東日本大震災からの復興のための地域情報システム

2011 年 3 月 11 日，東日本大震災が起きた．本書が書かれているのは 2012 年，その被害は記憶に新しいが，改めて簡潔に記すと，東北から北関東にかけての広い地域，特に沿岸部が，地震そのものの被害に加え，津波による甚大な被害をこうむった．さらに福島第一原発の事故が発生，継続する余震もあいまって，2012 年現在に至るまで事態は収束を見ていない．

地域情報システムの一般化に阪神・淡路大震災が影響していた事実を思い出していただきたい．その時分よりさらに Web が一般化し，Web システムが普及していることから，被災地の復興支援を目的とした Web システムの利用もさかんに行われた．本項ではそれを，前項と同様に事例を通して概観し，地域情報システムとしての特徴を整理する．

(1)　ブログ

地震の直後から利用されたのが，一般のブログサービスを転用した被災地支援のためのブログである．直後から利用された第一の理由は，開設・運用が簡便で個人でも容易に利用できるためである．

支援者によるブログの利用例として図 7.17 に「Save-Support 亘理・山元」（復興期に別ブログに移行．アーカイブは「日本社会情報学会 (JSIS-BJK) 災害情報支援チーム」の名称で公開．http://ss-watari.blogspot.jp/）を示す．

ブログを利用した事例では主に，地域内で活動する支援団体が必要とされている情報が発信された．多くのブログサービスは携帯電話での閲覧に対応していることから，PC やネットワーク回線といった機器が破損した被災地でも，携帯電話の電波が届いていれば利用可能であった．それは地域住民にとって不可欠な「生き延びるための情報」，「生活するための情報」であると同時に，地域外に対する援助の要請としても機能した．

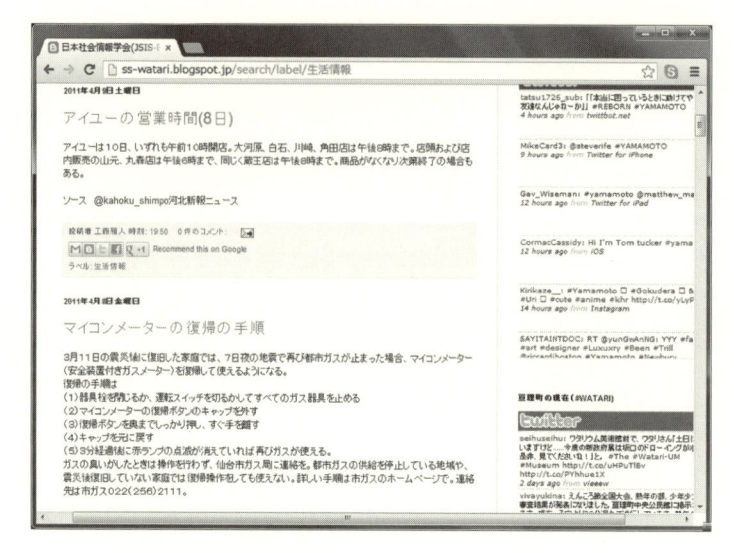

図 7.17 「Save-Support 亘理・山元」掲載の生活情報

図 7.18 りんごラジオブログ

　ブログサービスの簡便さは被災当事者にとっても利便性が高い．災害に見舞われた地域では他のインフラと同様に情報インフラも遮断されてしまうが，避難・復旧双方のフェーズにおいて，情報は生命を左右する重大な資源である．そのため，人的・物質的リソースがあった場合に限ってではあるが，被災コミュニティ自身によっても Web システムが活用された．例として，図 7.18 に災害臨時 FM 放送局「りんごラジオ」のブログを示す．

　災害臨時 FM とは，災害時のみ臨時に開設を許可されるラジオ局を指す．りんごラジオは 3 月 11 日の被災後，迅速に放送を始めており，ブログ開設は 4 月 7 日であった．この時点では外部団体によるブログ作成・運営補助があったが，3，4 ヵ月目にはラジオのパーソナリティによる自主運営となり，約一年後の 2012 年 4 月 19 日現在の累計アクセス数は 276,250 を数える．ラジオ自体は地域住民を対象とするが，ブログは外部からのアクセスが多い．情報はすべて公

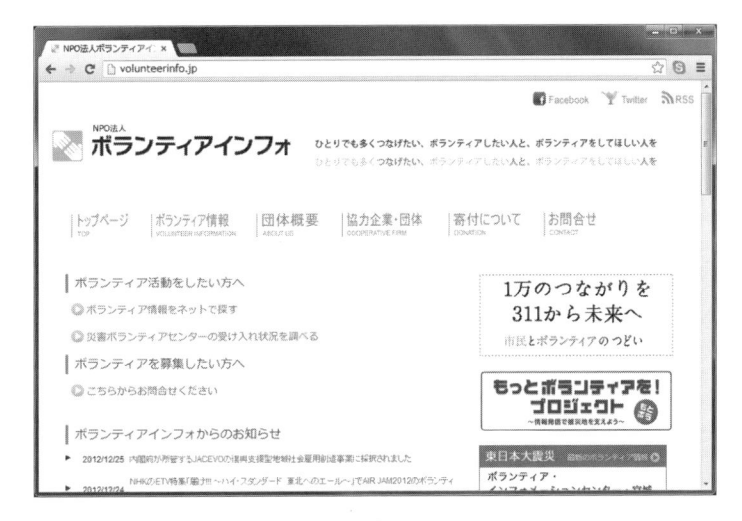

図 7.19 ボランティアインフォ「ボランティア情報データベース」

開である．

　一般的に，ブログは個人利用がメインである．地域が利用する場合，前項で紹介した地域ブログポータルのように，集積によって情報量を増やし，交流を促進する（SNS的機能を加える）ことでその目的を達成する．しかし，災害という非日常においては，まず情報発信が可能であることが価値を持ったと考えられる．

(2) マッチングサービス

　被災直後の混乱の後，ボランティア・支援物資などのリソースと現地の需要がかみあわない事態が発生した．この問題の解決のためには情報システムが最適であることは明白で，実際に，大手ポータルサイトなどによるボランティアマッチングサービスが立ち上がった．例として被災地域内に立ち上がったNPOによる「ボランティアインフォ」を図7.19に，それと連携した大手ポータルYahoo!による「Yahoo!復興支援」を図7.20に示す．

　システムの主な機能はデータベースを用いたマッチングである．ボランティアはおおむね被災地の外から参加するため，情報は対地域外に発信される．サイトに登録したボランティアの個人情報は，マッチングの対象以外には秘匿される．

(3) 復興支援ポータル

　図7.20の「Yahoo!復興支援」は，「ボランティア情報データベース」と連携しているマッチングサービス例であると同時に，東日本大震災の被災地に対する復興支援情報全般を扱う，いわば「東北の復興支援をテーマとしたポータルサイト」でもある．前項で紹介した通常の地域ポータルサイトとの違いはコンテンツ設計であり，機能としては同一であるといってよい．地域ポータルの定番コンテンツと復興支援ポータルでの対応例を挙げると，商品・商店情報は募金や応援のための消費，観光客向け情報はボランティアに行く際の情報提供，天候は放射線情報といったぐあいである．

　支援者としての大手ポータルによるものだけではなく，被災当事者によるものもある．図7.21

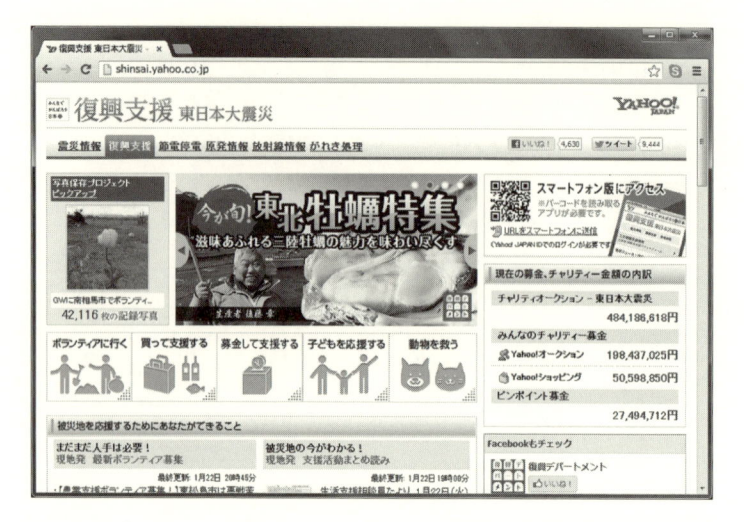

図 7.20 「ボランティア情報データベース」と連携している Yahoo! 復興支援

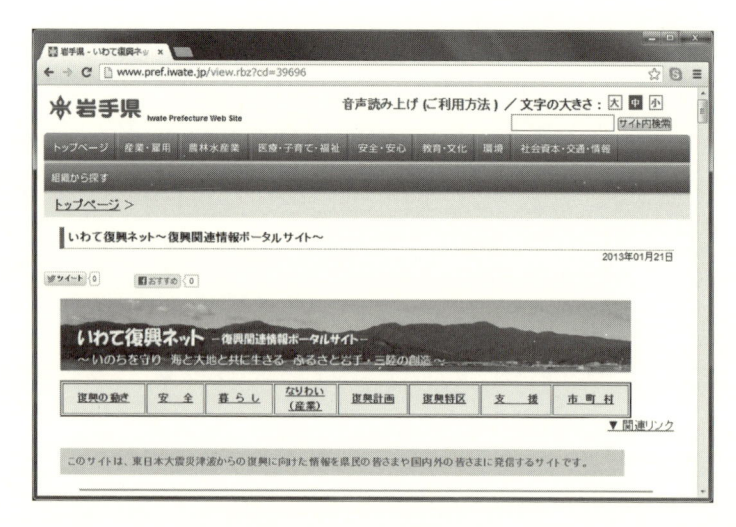

図 7.21 いわて復興ネット

に，岩手県による「いわて復興ネット」を示す．地域全体をカバーするポータルという性質上，一定のコストを必要とすることから，前項での通常の地域ポータルサイト事例と同様に，自治体による運営である．

(4) 被災アーカイブ

　被災から数ヵ月が過ぎ，混乱がある程度おさまった後には，被災前・被災後のデータや記録にも注目が集まった．東日本大震災では他の災害にもまして広範な地域が被災し，しかもその性質が津波という，地域のようすを根こそぎ変えるものであったこと，原発事故の影響もともなう長期的な避難・移住（および，もちろん大量の犠牲者）の影響で地域の構成員も大幅な変更を見たことから，地域そのものが大きく変容し，被災以前・被災中・被災後の記録が大きな役割を果たすことになったためである．

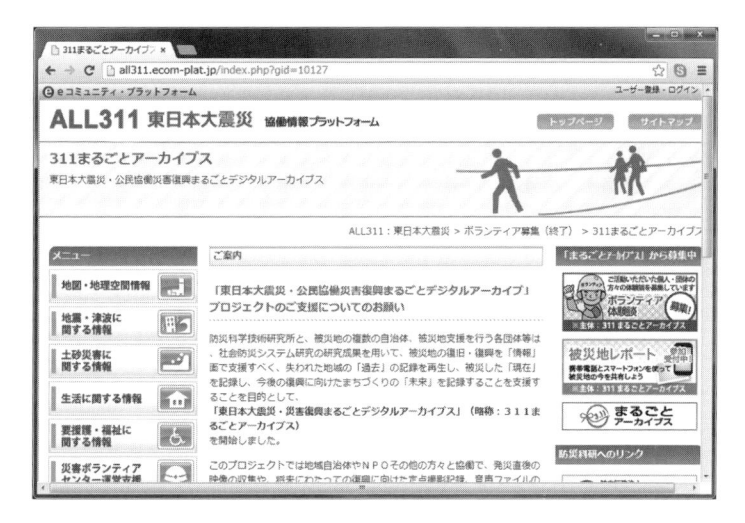

図 7.22 東日本大震災・公民協働災害復興まるごとデジタルアーカイブ

　そこで要請された Web システムが，地域アーカイブである．アーカイブのシステムはデータベースであり，地域アーカイブにおいてはカテゴリとして地理的分類・情報内容による分類が行われる．東日本大震災関連のアーカイブについては，第一に関連情報を大量に蓄積することを意図した「東日本大震災・公民協働災害復興まるごとデジタルアーカイブ（略称・311まるごとアーカイブ）」が構築された（図 7.22）．

　大規模災害の影響を東北全域にわたって，被災前・被災中・被災後のすべてを対象とし，しかもその影響のあった事象すべてについてアーカイブ化するといえば，情報量・カテゴライズや登録，運用のコストが莫大であることは見当がつく．本事例は公費を投入されて独立行政法人防災科学技術研究所が実施しているもので，2012 年 10 月現在も多くの部分が計画中の段階である．

　より目的を絞った地域アーカイブの例としては，いち自治体内の被災前に撮影された紙媒体の写真に限ってそのすべてをデータ化しアーカイブを構築した「思い出サルベージアルバム・オンライン」がある．図 7.23 に示す．

　この事例では，津波に流された写真を洗浄し，デジタルカメラでの複写によってデータ化したものをアーカイブにしている．対象となった写真は約 70 万枚で，写真の量としては少なくはないが，地域アーカイブの情報量としては限定的であり，2011 年 11 月の段階でいったん完成している．システムにはニフティ社による商用の CMS を使用し，写真探索のためにフリーの画像管理ソフトをベースにした顔認識モジュールを組み込んでいる．

　以上の被災地での地域のための情報システムの活用—「非日常」の地域情報システム事例—をまとめ，その Web システム的な特徴を確認する．

　発災直後の混乱期には，情報発信の必要性が極めて高かったこと，およびネットワークなどの Web システム的なリソースも被害を受けていたことから，支援者・当事者ともに個人でも手軽に使用可能なブログが利用された．携帯電話などで受信できることから，主たる情報受信者である被災当事者にとってもメリットの高いシステムであったといえる．

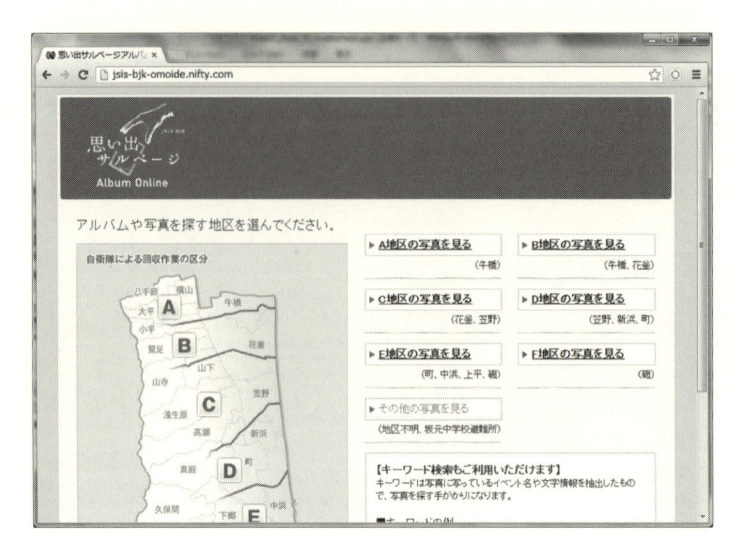

図 7.23　思い出サルベージアルバム・オンライン

　支援物資・支援者が大量に被災地に投入された時期には，マッチングサービスが登場した．日常的な地域情報システムとしては人材マッチングサービスなどに用いられるが，大規模災害という性質から地域において単独で高い需要があったためである．

　状況がある程度落ち着いた復興期には，復興のための活動やその支援活動が多様化し，復興支援を目的とした地域ポータルが構築された．さらに，被災の性質上，地域アーカイブが要請され，構築されつつある．

　地域情報システムはシステム的な特徴で定義づけられるものではないことを確認し，地域のために構築されたシステム例をもとに，CMSとSNSを軸として，市民電子会議室・地域SNS・地域ポータル・市民放送局・地域ブログポータル・地域ECサイトの事例を概観することによって，具体的なシステムのアレンジと適用について理解した．また，「非日常の地域情報システム」として，東日本大震災後の地域情報システム事例を列挙し，被災後の時系列的な変化によって，支援者や被災当事者によるブログ・マッチングサービス・復興支援ポータル・地域アーカイブが出現したことを確認した．

演習問題

設問1　7.1.1項で紹介した以外のソーシャルメディアを探し，どのような情報が共有されているか調べてみよう．

設問2　Twitter APIを使って，自分のTwitterアカウントのツイートを取得してみよう．

設問3　Facebookの「いいね！」ボタンをWebページやブログに設置してみよう．

設問4　自治体によるFacebookの活用事例を探してみよう．

設問5　ソーシャルメディアの利点，「情報収集」，「情報発信」，「人脈形成」をふまえ，今後ソーシャルメディアをどのように活用していきたいかを考えてみよう．

設問6　自分が住んでいる，あるいは好きな地域の地域情報システムを調べ，会員制であれば登録して，ベースとなっているシステム，中心的な機能，アクセス制限についてまとめよう．

設問7　ソーシャルメディアを活用した地域情報システムを具体的に提案しよう．

設問8　東日本大震災の復旧支援活動ではソーシャルメディアも活躍したといわれている．具体的な事例を調査してまとめよう．

参考文献

[1] アメーバブログ　http://ameblo.jp/
[2] Blogger　http://www.blogger.com/
[3] Twitter　https://twitter.com/
[4] mixi　http://mixi.jp/
[5] Facebook　https://www.facebook.com/
[6] LinkedIn　http://www.linkedin.com/
[7] Google+　https://plus.google.com/
[8] foursquare　https://ja.foursquare.com/
[9] Flickr　http://www.flickr.com/
[10] Instagram　http://instagr.am/
[11] Pinterest　http://pinterest.com/
[12] Picasa　http://picasa.google.com/
[13] Pixiv　http://www.pixiv.net/
[14] YouTube　http://www.youtube.com/
[15] 大元隆志，「ソーシャルメディア実践の書 Facebook・Twitterによるパーソナルブランディング」，リックテレコム (2011)．
[16] 河野義広，"第5回SNS講座〜Facebookの魅力，ソーシャルメディアの使い分け〜" http://www.slideshare.net/YoshihiroKawano/snslecture20111213
[17] Twitter The Streaming APIs　https://dev.twitter.com/docs/streaming-apis, 2012.10
[18] Facebook Social Plugins　https://developers.facebook.com/docs/plugins/
[19] 河野義広，"「穏やかに楽しく生きる」研究者のブログ" http://www.yoshihirokawano.com/

[20] 佐賀県武雄市　https://www.facebook.com/takeocity
[21] NetIBNews,"Facebookを行政ツールにした武雄市"
http://www.data-max.co.jp/2011/09/15/facebook_dm1127.html
[22] Yokotter　http://yokotter.com/
[23] 大石裕,「地域情報化——理論と政策」,世界思想社 (1992).
[24] 吉井博明,「情報化と現代社会」,北樹出版 (1996).
[25] 遠藤薫,「ネットメディアと「コミュニティ」形成」,東京電機大学出版局 (2008).
[26] 小栗浩二,「インターネット時代の情報発信入門 —あなたにもできる情報発信—」,リバティ書房 (1996).
[27] 中村陽,「地域社会のネットワーク化と地域情報」,情報の科学と技術,Vol. 47, No. 3, pp. 116-122(1997).
[28] 丸太一,国領二郎,公文俊平,「地域情報化　認識と設計」,NTT出版 (2006).
[29] Sayaka Matsumoto, Shigeki Yokoi "Web Based Support for Citizens' Groups", The 2009 International Conference on e-Commerce, e-Administration, e-Society, and e-Education (2009).
[30] 河合孝仁,「創発型地域経営を導くための情報技術の活用に関する研究」,名古屋大学大学院情報科学研究科博士論文 (2007).
[31] 総務省,平成22年度情報通信白書,第2部「情報通信の現況と政策動向」,第5章「情報通信政策の動向」,(2)「地域におけるICT利活用の推進」(2010).
http://www.soumu.go.jp/johotsusintokei/whitepaper/ja/h22/pdf/22honpen.pdf

索　引

記号・数字

<![CDATA[.................... 136
<?= ～ ?> 92
<?php ?> 92
<?xml-stylesheet 129
& 75, 81, 82
* 103
.. .. 11
... . 11
.html 32
.kml 162
.kmz 162
.NET 93
/* ～ */ 53
// 53
<!– ～ // –> 52
? 81
@ 128
#yokote 199
$_POST 75, 92
$_REQUEST 92
$_GET 75, 92
$_SESSION 169
% 104
%ENV 85
200 OK 21
311 まるごとアーカイブ 215
3層構成 95
3層構造 13, 95
404 Not Found 21
500 Internal Server Error 22

A

a 58
action 74
action=" " 114
ActionScript 51
Ajax 67
alter table 102
and 105
Apache 6
Apache HTTP Server 6
Apache Struts 94

API

API 63, 118, 130
application/json 148, 153
application/pdf 22
application/x-www-form-urlencoded .. 76
ARPANET 3, 23
Array 56
array() 79
asc 103, 105
ASP 7
attributes 134
Attr ノード 130
auto_increment 100

B

binding 142
Blogger 194
body 37

C

C# 93
CakePHP 94
CDATA セクション 136
CERN 4
CGI 7, 70, 84
CGI.pm 87
CGIの問題点 87
checkbox 78
checked 78
childNodes 134
class 45
CMS 200
color 44
cols 77
Content-Type 20, 22, 83
CONTENT_LENGTH 85, 87
Cookie 20, 166, 167
create database 100
create table 100
create user 108
CSS 41
CSS ファイル 42

D

data マッシュアップ............ 158, 159
Date 55
delete............................ 107
desc 103
DiNaLI Mapping API 163
DNS.............................. 24
document 55
documentElement................. 134
DocumentRoot 10
Document ノード 130
doGet 88
DOM................... 63, 119, 130
DOM ツリー 63, 130
doPost............................ 88
drop database 102
drop table....................... 102
drop user 108
DTD 147

E

EC 210
echo............................. 92
ECMA 51
ECMAScript 51
Element ノード 130
Embedded Timelines 161
enctype.......................... 76
e コミュニティ・プラットフォーム 204, 205

F

Facebook 194
Facebook のイベント機能 199
Facebook のソーシャルプラグイン 158, 195, 197
Firefox 6, 18
Flash 6, 51
Flickr........................... 194
font-size 45
foreach 文 79
form................... 70, 74, 113
for 文 58
foursquare 194
Frameset......................... 49
from 句 103
function 57

G

GET 20
getAttributeNode................. 134
getBody 154
getElementById()................. 65
getElementsByTagName() 63
GET メソッド 20, 75, 80, 82, 147
Google Chrome.................... 19
Google Earth..................... 162
Google Maps..................... 162
Google+ 194
grant 108, 115

H

head............................. 36
header 153, 178
hidden 77
Host............................. 20
href 40
HTML............ 2, 9, 32, 33, 119
html............................. 35
HTML 4.01 6
HTML5....................... 6, 31
HTML タグ 34
HTML のルール 38
HTML ファイル 32
HTML 文書 2
HTTP............... 4, 11, 15, 166
HTTP/1.1 15
HTTPd............................ 4
HTTP メソッド 148
HTTP ユーザエージェント 46

I

id 44
IDS 178
ieHTTPHeaders 17
IETF 27
if 文 60
IIS 6
image/jpeg....................... 22
innerHTML 65
input 74, 76–78, 80
insert........................... 103
Instagram 194
Internet Explorer 6, 17
IP............................... 24
ipconfig......................... 24
IPv4............................. 28
IPv6............................. 28
IP アドレス 24
isset 79

J

Java............................. 93
JavaScript 6, 51
jQuery........................... 67

索引 ◆ 221

JScript	51
JSON	9, 148
JSP	7, 70, 88, 90
JSP コンテナ	90
JSP タグ	90

K

| KML ファイル | 162 |
| KMZ ファイル | 162 |

L

LAN	3, 22
like 述語	104
LinkedIn	194
Live HTTP Headres	18
LiveScript	51
Location	22
logic マッシュアップ	158, 159

M

Math	56
maxlength	76
meta	37
method	75
MIME	83
MIME タイプ	83
mixi	194
Mosaic	6
multipart/form-data	76
multiple	79
MySQL	7, 99
mysql_close	111
mysql_connect	111
mysql_fetch_array	111
mysql_insert_id	111
mysql_num_rows	111
mysql_query	111
mysql_select_db	111

N

name	74, 76–80
natural join	106
navigator	54
NCSA	6
NCSA HTTPd	6
new	56
ngixn	6
noscript	53
not null	100
nslookup	26
null	100

O

OAuth 認証	196
onMouseOut	57
onMouseOver	57
option	80
or	105
order by 句	103, 105
OSI 基本参照モデル	27
OS コマンド	184
OS コマンド・インジェクション	184

P

p	39
PEAR	154
Perl	84
PHP	7, 70, 91
PHP エンジン	91
Picasa	194
Pinterest	194
Pixiv	194
POST	20
PostgreSQL	7
POST メソッド	20, 75, 81, 82
presentation マッシュアップ	158, 203, 208
primary key	100
public_timeline.xml	195
Python	7, 93

Q

| QUERY_STRING | 85, 86 |

R

radio	77
REQUEST_METHOD	85
reset	80
REST	147, 163
REST 方式の Web サービス	147
revoke	108, 115
RFC	23, 27
rows	77
Ruby	93
Ruby on Rails	93

S

Safari	19
Save-Support 亘理・山元	211
script	52
select	76, 79, 103, 127, 129
selected	80
SEO 対策	50
SERVER_NAME	85

service 142
session_id 177
session_regenerate_id 178
session_start 168, 169
set password 108
Set-Cookie 22
Shift_JIS 82
show databases 108
show fields 108
show tables 108
size 76
Sniffer 189
SNS 193
SOAP 118, 137
Sokcet ライブラリ 24
SQL 94, 99, 182
SQL インジェクション 182
SSL 181
standalone 122
STDIN 86
Strict 49
style 42
submit 80
switch 文 61
Symfony 94

T

table 109
TCP 23
TCP/IP 4, 22
text 76
text/html 22, 84
text/xml 84, 153
textarea 76, 77
textContent 63
title 37
Tomcat 88
Transitional 49
Twitter 194
Twitter API 148, 195
Twitter Streaming API version 1 .. 196
Twitter.user() 197
Twitter ウィジェット 158, 161
type 74

U

UDDI 143
unique 100
update 107
URI 9, 11
URL 9, 11
URL エンコーディング 82
URN 9, 11

use 100
User-Agent 20
UTF-8 82

V

value 76, 77, 79, 80
var 53
varchar 101
VBScript 51

W

W3C 6, 48
WAN 3
Web 1
Web API 8, 118, 158
Web API の持つ課題 165
Web Developer 18
Web-GIS 205
Web アプリケーション 2
Web アプリケーションフレームワーク ... 94
Web インスペクタ 19
Web サーバ 5
Web サーバソフトウェア 4
Web サービス 8, 118
Web サービス技術 8, 118
Web サイト 12
Web システム 1
Web システムの構成 13
Web システムのセキュリティ 178
Web データベース 8, 94
Web 標準 48
Web ブラウザ 4, 33
Web ブラウザ間の互換性 51
Web ページ 2
Well-known ポート番号 10, 24
where 句 103, 104
while 文 59, 111
window 54
window.alert() 61
window.document 55
window.document.image 55
WorldWideWeb 4
WSDL 140

X

XML 8, 118
XML Schema 142, 147
XML Web サービス 118, 136
XML Web サービス技術 118, 136
XML インスタンス 122
XML 宣言 121
XML パーサ 130

XML 文書 119
XPath 128
XSL 119
xsl:apply-templates 127
xsl:choose 129
xsl:for-each 128
xsl:if 129
xsl:output 127
xsl:stylesheet 126
xsl:template 127
xsl:text 127
xsl:value-of 127
XSLT 119, 124
XSLT スタイルシート 124
XSS 179

Y
Yahoo! 復興支援 213
Yokotter 199
YouTube 194

あ行
悪意のあるスクリプト 179
アクション (action) 163
アクセシビリティ 31, 44, 49
値 44
アプリケーション層 23, 95
アメーバブログ 194
アメリカ国防総省 3
「いいね！」ボタンの設置 197
位置情報サービス 193
イベント 57
イベントハンドラ 57
入れ子構造 36, 122
いろどり 210
いわて復興ネット 214
インスタンス 55, 93
インスタンスメソッド 56
インターネット 3, 22
インターネット市民放送局 .. 202, 208
インターネット層 23, 24
インタプリタ言語 50, 51
インライン要素 31, 39
ウィジェット 160
宇宙航空研究開発機構地球観測研究センター
.... 162
エスケープ処理 181
オープン／クローズド 203
オープンソース 7
オブジェクト 54, 63, 93
オブジェクト指向 51, 93
オブジェクト指向言語 51
オブジェクトベース言語 51

思い出サルベージアルバム・オンライン . 215

か行
開始タグ 35, 122
階層構造 122
隠しフィールド 77
拡張子 83
拡張子 (extention) 163
画像共有サイト 193
カレントノード 128
環境変数 85
関数 52, 57
関数従属性 97
行 95
空白文字 122
空要素 35, 122
空要素タグ 122
クエリ 81
クライアント・サーバ方式 4
クライアントサイド技術 31
クライアントサイドの動的処理技術 6, 50
クラス 93
クラス変数 56
クラスメソッド 56
クラッカー 179
繰り返し 58, 128
クロスサイト・スクリプティング .. 179, 189
継承 37
検索 103
公開識別子 35
降順 105
更新時不整合 95
国土数値情報 163
コネクション型 23
コネクションレス型 23
コメント 53
コメントボックスの設置 197
ごろっとやっちろ 206
コンストラクタ 55
コンテンツ 6, 11
コンテンツ・マネジメント・システム ... 200
コンテンツモデル 31
コントローラ (controller) ... 163
コンパイル 50
コンピュータウィルス対策ソフト 178

さ行
サーバサイド技術 69
サーバサイドの動的処理技術 70
サーバ名 9
サービスプロバイダ 136
サービスリクエスタ 136
サービスレジストリ 136

サーブレット............... 7, 70, 88
サーブレットコンテナ............. 88
サーブレットの問題点............. 90
削除........................ 107
サニタイジング....... 181, 183, 185, 187
サブルーチン................... 57
視覚要素...................... 41
システム識別子................. 35
自然結合.................. 99, 106
したらブログ村................ 209
市民電子会議室............ 202, 203
終了タグ.................. 35, 122
主キー........................ 97
昇順........................ 105
情報無損失分解................. 99
処理命令..................... 129
ジョン・レシグ................. 67
推移的関数従属性................ 98
スーパーグローバル変数...... 75, 92, 169
スキーム....................... 9
スクリプト................ 50, 179
スクリプト言語............. 50, 51
スクリプトファイル.............. 52
スタイルシート................. 41
ステータスコード............... 21
ステータスライン............... 21
ステートメント................. 57
ステートレスなプロトコル....... 166
スレッド...................... 88
正規化........................ 95
制御構造...................... 58
整形式文書................... 122
脆弱性...................... 178
静的なコンテンツ................ 6
世界の雨分布速報.............. 162
セキュリティ対策.......... 158, 178
セキュリティパッチ............ 178
セッション................ 166, 172
セッション ID 168, 169, 177, 180, 188, 189
セッション管理........... 158, 166, 188
セッション管理の不備........... 188
セッション・ハイジャック／リプレイ... 188
セッション・フィクセーション....... 189
絶対 URI..................... 10
絶対 (absolute) パス........... 10
セレクタ...................... 44
セレクトメニュー............... 79
送信先 URI................... 74
送信方法..................... 75
送信ボタン.................... 80
相対 URI..................... 10
相対 (relative) パス........... 10
相対パス表記................. 186
挿入........................ 103

ソーシャルネットワークサービス......... 7
ソーシャルフィルタリング........... 194
ソーシャルプラグイン.............. 197
ソーシャルメディア................ 193
ソーシャルメディアの活用事例....... 198
ソーシャルメディアの利点........... 194
属性...................... 39, 122
属性値.................... 40, 122
属性ノード................. 63, 130
属性を省略.................... 113
属性名....................... 122

た行

第 1 正規形................... 95
第 2 正規形................... 97
第 3 正規形................... 98
タグ...................... 33, 118
妥当な文書................... 122
地域 EC サイト............ 202, 210
地域 SNS................. 202, 206
地域アーカイブ............ 208, 215
地域情報化................... 201
地域情報システム.......... 201, 203
地域情報プラットフォーム........ 202
地域ブログポータル......... 202, 208
地域ポータル.............. 202, 207
チェックボックス............... 78
ツリー構造................... 122
鶴ヶ島 TOWNTIP............. 210
ティム・バーナーズ＝リー.......... 4
ディレクトリ・トラバーサル...... 186
データ型..................... 100
データベース................ 7, 94
データベース管理システム........ 94
データベース層................. 95
データベースの作成............. 99
テーブル...................... 94
テーブルの結合............... 105
テキストエリア................. 77
テキストスタイル要素....... 42, 43
テキスト入力フィールド.......... 76
テキストノード................. 63
電子商取引................... 210
テンプレート................. 127
テンプレートルール............ 127
問合せ...................... 103
動画共有サイト............... 193
等結合...................... 105
動的処理技術................ 6, 7
動的なコンテンツ............... 7
ドキュメントタイプ............. 34
ドメイン...................... 24
ドメイン名.................. 9, 12
トランスポート層............... 23

| ドロップダウンメニュー 79

な行

ナビゲータオブジェクト 54, 63
名前空間 123
名前空間接頭辞 123
ネットワークアーキテクチャ 27
ノード 63, 130

は行

パーサ 46
パーセントエンコーディング 81, 82
パーソナルブランディング 194
ハイパーテキスト 2, 32, 33
ハイパーリンク 2, 32
配列 56
バインド・メカニズム 183
パケット 3, 27
パス 10
パターンファイル 178
はてなのサービス 148
パブリックタイムライン 195
はまぞう 209
パラメータ名 81
比較述語 104
非キー 97
被災アーカイブ 214
被災地の復興支援を目的としたWebシステム
の利用 211
非第1正規形 95
標準入力 85, 86
ビルトインオブジェクト 55
ファイアウォール 178
ファイルのアップロード 76, 83
フォーム 70, 113
フォーム処理 71
フォームの送信 74
フォーム部品 70
不正侵入検知システム 178
部分関数従属性 97
プラグイン 51
ブラックリスト 187
ブルートフォース攻撃 189
プルダウンメニュー 79
プレゼンテーション層 95
ブログ 193
ブログパーツ 160
ブロックレベル要素 31, 39
プロトコル 4, 12, 23
プロパティ 44, 54, 63
分岐 60
文書型宣言 122
文書型定義 35

変更 107
変数 53
ポート番号 10, 23
ホスト名 9, 12
ボランティアインフォ 213
ボランティア情報データベース 213
ホワイトリスト 187

ま行

マークアップ言語 33
マーク・アンドリーセン 6
マイクロブログ 193
マイタウンクラブ 207
マッシュアップ 9, 158
マッチングサービス 213
メソッド 20, 54, 63, 93
メッセージヘッダ 20, 22
メッセージボディ 21, 22, 82
文字コード 47, 82

や行

要素 35, 122
要素ノード 63, 130
要素の内容 122
要素名 35, 122
横浜市民放送局 208

ら行

ライブラリ 67
ラジオボタン 77
リクエスト 4
リクエストパラメータ (parameters) 75, 163
リクエストメッセージ 16, 20, 171
リクエストライン 20, 81
リクエストレスポンス方式 16
リソース 11, 148
リソースの表現 148
リテラシー教育 194
リレーショナルデータベース 7, 94
リンク 2, 32, 39
リンク層 23, 24
りんごラジオ 212
ルートディレクトリ 10
ルートノード 128
ルート要素 122
レスポンス 4
レスポンスメッセージ 16, 21, 171
列 95
列属性 100
レンダラ 46, 47
ログアウト処理 178
ログイン処理 172

論理演算子........................ 105

わ行
ワイルドカード..................... 104

Memorandum

Memorandum

著者紹介

[編著者]

速水治夫(はやみ はるお)　(執筆担当章：第4章)

略　　歴：1972年3月　名古屋大学大学院工学研究科応用物理学専攻修士課程修了
　　　　　1972年4月　日本電信電話公社（現日本電信電話株式会社）入社
　　　　　1993年6月　博士（工学）
　　　　　1998年3月　日本電信電話株式会社　退職
　　　　　1998年4月　神奈川工科大学　教授
　　　　　2018年4月　神奈川工科大学　名誉教授
受賞歴：2000年10月　情報処理学会 創立40周年記念論文賞
　　　　　2002年3月　WfMC (Workflow Management Coalition) Marvin L. Manheim Award
　　　　　2004年6月　WfMC Fellow
　　　　　2007年3月　情報処理学会フェロー
主　　著：『ワークフロー：ビジネスプロセスの変革に向けて』日科技連出版 (1998),『基礎から学べる 論理回路』森北出版 (2002),『IT Text データベース』オーム社 (2002),『情報処理技術者試験すべてに対応　計算問題徹底理解』森北出版 (2003),『グループウェア- Web時代の協調作業支援システム-』森北出版 (2007),『リレーショナルデータベースの実践的基礎』コロナ社 (2008),『Webデータベースの構築技術』コロナ社 (2009),『データベースの実装とシステム運用管理』コロナ社 (2010),『解答力を高める　基本情報技術者試験の解法』コロナ社 (2012),『基礎から学べる論理回路』第2版 森北出版 (2014),『リレーショナルデータベースの実践的基礎』改訂版 コロナ社 (2020).
学会等：情報処理学会員（終身会員）

[執筆者]

服部　哲(はっとり　あきら)　(執筆担当章：第1, 2, 4, 5, 6章)

略　　歴：2004年3月　名古屋大学大学院人間情報学研究科博士後期課程単位取得退学
　　　　　2004年4月　神奈川工科大学情報学部　助手
　　　　　2005年3月　名古屋大学大学院人間情報学研究科　博士（学術）学位　授与
　　　　　2007年10月　神奈川工科大学情報学部情報メディア学科　助教
　　　　　2010年4月　神奈川工科大学情報学部情報メディア学科　准教授
　　　　　2014年4月　駒澤大学グローバル・メディア・スタディーズ学部　准教授
　　　　　2018年4月 – 現在　駒澤大学グローバル・メディア・スタディーズ学部　教授
学会等：情報処理学会員，社会情報学会員，地理情報システム学会員

大部由香(おおぶ ゆか)　(執筆担当章：第 6, 7 章)

略　　歴：2004 年 3 月　茨城大学大学院理工学研究科博士前期課程情報工学専攻修了 修士（工学）
　　　　　2004 年 4 月　株式会社富士通ソーシアルサイエンスラボラトリ入社
　　　　　2010 年 3 月　茨城大学大学院理工学研究科博士後期課程情報・システム科学専攻修了 博士（工学）
　　　　　2010 年 4 月　茨城大学イノベーション創成機構ベンチャービジネス部門非常勤研究員
　　　　　2011 年 4 月　茨城大学工学部非常勤研究員
　　　　　2012 年 4 月　株式会社ユニキャスト執行役員
　　　　　2013 年 4 月　大妻女子大学社会情報学部，神奈川工科大学　非常勤講師
　　　　　2014 年 4 月　実践女子大学　非常勤講師
　　　　　2015 年 4 月　中央大学　非常勤講師
　　　　　2016 年 10 月　プログラミング教室 Candy 代表
受賞歴：2016 年 1 月　市川市レディースビジネスコンテスト 2015
　　　　　　　　　　　最優秀賞受賞：「博士が教えるコンピュータサイエンス教室」
　　　　　2016 年　　　2016 年度市川市女性等創業支援補助金 採択
学会等：電子情報通信学会員

加藤智也(かとう ともや)　(執筆担当章：第 3, 6 章)

略　　歴：2004 年 3 月　名古屋大学大学院人間情報学研究科博士後期課程単位取得退学
　　　　　2004 年 4 月　名古屋芸術大学短期大学部講師
　　　　　2007 年 4 月　名古屋芸術大学人間発達学部講師
　　　　　2011 年 4 月　名古屋芸術大学人間発達学部准教授
　　　　　2019 年 4 月　名古屋芸術大学人間発達学部教授
　　　　　2022 年 4 月 – 現在　金城学院大学生活環境達学部准教授
学会等：社会情報学会員，情報文化学会員

松本早野香(まつもと さやか)　(執筆担当章：第 3, 7 章)

略　　歴：2008 年 3 月　名古屋大学大学院人間情報学研究科博士後期課程単位取得退学
　　　　　2011 年 3 月　名古屋大学大学院人間情報学研究科　博士（学術）学位　授与
　　　　　2011 年 4 月　サイバー大学 IT 総合学部助教
　　　　　2011 年 9 月　サイバー大学 IT 総合学部専任講師
　　　　　2015 年 4 月　大妻女子大学社会情報学部専任講師
　　　　　2020 年 4 月 – 現在　大妻女子大学社会情報学部准教授
学会等：情報処理学会員，社会情報学会員

未来へつなぐ デジタルシリーズ 19 Web システムの開発技術と活用方法 *Web system technology and* *practical applications*	編著者　速水治夫 著　者　服部　哲 　　　　大部由香 　　　　加藤智也　　ⓒ 2013 　　　　松本早野香 発行者　南條光章
2013 年 3 月 15 日 初 版 1 刷発行 2024 年 2 月 25 日 初 版 3 刷発行	発行所　**共立出版株式会社** 　　　　郵便番号 112-0006 　　　　東京都文京区小日向 4-6-19 　　　　電話　03-3947-2511（代表） 　　　　振替口座　00110-2-57035 　　　　URL www.kyoritsu-pub.co.jp
	印　刷　藤原印刷 製　本　ブロケード
	NSPA 一般社団法人 　　　自然科学書協会 　　　会員
検印廃止 NDC 547.483 ISBN 978-4-320-12319-9	Printed in Japan

JCOPY ＜出版者著作権管理機構委託出版物＞
本書の無断複製は著作権法上での例外を除き禁じられています．複製される場合は，そのつど事前に，出版者著作権管理機構（ＴＥＬ：03-5244-5088，ＦＡＸ：03-5244-5089，e-mail：info@jcopy.or.jp）の許諾を得てください．

編集委員：白鳥則郎（編集委員長）・水野忠則・高橋 修・岡田謙一

未来へつなぐデジタルシリーズ

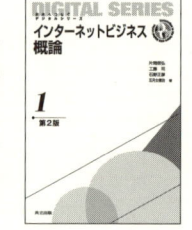

21世紀のデジタル社会をより良く生きるための"知恵と知識とテーマ"を結集し，今後ますますデジタル化していく社会を支える人材育成に向けた「新・教科書シリーズ」。

❶ **インターネットビジネス概論 第2版**
片岡信弘・工藤 司他著‥‥‥‥208頁・定価2970円

❷ **情報セキュリティの基礎**
佐々木良一監修／手塚 悟編著‥‥244頁・定価3080円

❸ **情報ネットワーク**
白鳥則郎監修／宇田隆哉他著‥‥208頁・定価2860円

❹ **品質・信頼性技術**
松本平八・松本雅俊他著‥‥‥‥216頁・定価3080円

❺ **オートマトン・言語理論入門**
大川 知・広瀬貞樹他著‥‥‥‥176頁・定価2640円

❻ **プロジェクトマネジメント**
江崎和博・髙根宏士他著‥‥‥‥256頁・定価3080円

❼ **半導体LSI技術**
牧野博之・益子洋治他著‥‥‥‥302頁・定価3080円

❽ **ソフトコンピューティングの基礎と応用**
馬場則夫・田中雅博他著‥‥‥‥192頁・定価2860円

❾ **デジタル技術とマイクロプロセッサ**
小島正典・深瀬政秋他著‥‥‥‥230頁・定価3080円

❿ **アルゴリズムとデータ構造**
西尾章治郎監修／原 隆浩他著‥160頁・定価2640円

⓫ **データマイニングと集合知** 基礎からWeb，ソーシャルメディアまで
石川 博・新美礼彦他著‥‥‥‥254頁・定価3080円

⓬ **メディアとICTの知的財産権 第2版**
菅野政孝・大谷卓史他著‥‥‥‥276頁・定価3190円

⓭ **ソフトウェア工学の基礎**
神長裕明・郷 健太郎他著‥‥‥202頁・定価2860円

⓮ **グラフ理論の基礎と応用**
舩曳信生・渡邉敏正他著‥‥‥‥168頁・定価2640円

⓯ **Java言語によるオブジェクト指向プログラミング**
吉田幸二・増田英孝他著‥‥‥‥232頁・定価3080円

⓰ **ネットワークソフトウェア**
角田良明編著／水野 修他著‥‥192頁・定価2860円

⓱ **コンピュータ概論**
白鳥則郎監修／山崎克之他著‥‥276頁・定価2640円

⓲ **シミュレーション**
白鳥則郎監修／佐藤文明他著‥‥260頁・定価3080円

⓳ **Webシステムの開発技術と活用方法**
速水治夫編著／服部 哲他著‥‥238頁・定価3080円

⓴ **組込みシステム**
水野忠則監修／中條直也他著‥‥252頁・定価3080円

㉑ **情報システムの開発法：基礎と実践**
村田嘉利編著／大場みち子他著‥200頁・定価3080円

㉒ **ソフトウェアシステム工学入門**
五月女健治・工藤 司他著‥‥‥180頁・定価2860円

㉓ **アイデア発想法と協同作業支援**
宗森 純・由井薗隆也他著‥‥‥216頁・定価3080円

㉔ **コンパイラ**
佐渡一広・寺島美昭他著‥‥‥‥174頁・定価2860円

㉕ **オペレーティングシステム**
菱田隆彰・寺西裕一他著‥‥‥‥208頁・定価2860円

㉖ **データベース ビッグデータ時代の基礎**
白鳥則郎監修／三石 大他編著‥280頁・定価3080円

㉗ **コンピュータネットワーク概論 第2版**
水野忠則監修／太田 賢他著‥‥288頁・定価3190円

㉘ **画像処理**
白鳥則郎監修／大町真一郎他著‥224頁・定価3080円

㉙ **待ち行列理論の基礎と応用**
川島幸之助監修／塩田茂雄他著‥272頁・定価3300円

㉚ **C言語**
白鳥則郎監修／今野将編集幹事・著 192頁・定価2860円

㉛ **分散システム 第2版**
水野忠則監修／石田賢治他著‥‥268頁・定価3190円

㉜ **Web制作の技術 企画から実装，運営まで**
松本早野香編著／服部 哲他著‥208頁・定価2860円

㉝ **モバイルネットワーク**
水野忠則・内藤克浩監修‥‥‥‥276頁・定価3300円

㉞ **データベース応用 データモデリングから実装まで**
片岡信弘・宇田川佳久他著‥‥‥284頁・定価3520円

㉟ **アドバンストリテラシー** ドキュメント作成の考え方から実践まで
奥田隆史・山崎敦子他著‥‥‥‥248頁・定価2860円

㊱ **ネットワークセキュリティ**
髙橋 修監修／関 良明他著‥‥272頁・定価3080円

㊲ **コンピュータビジョン 広がる要素技術と応用**
米谷 竜・斎藤英雄編著‥‥‥‥264頁・定価3080円

㊳ **情報マネジメント**
神沼靖子・大場みち子他著‥‥‥232頁・定価3080円

�439 **情報とデザイン**
久野 靖・小池星多他著‥‥‥‥248頁・定価3300円

＊続刊書名＊

・コンピュータグラフィックスの基礎と実践

・可視化

（価格、続刊署名は変更される場合がございます）

【各巻】B5判・並製本・税込価格　　共立出版　　www.kyoritsu-pub.co.jp